木工接合全书

The complete illustrated
guide to joinery

〔美〕加里·罗格夫斯基◎著　李　辰◎译

北京科学技术出版社

免责声明： 由于木工操作过程本身存在受伤的风险，因此本书无法保证书中的技术对每个人来说都是安全的。如果你对任何操作心存疑虑，请不要尝试。出版商和作者不对本书内容或读者为了使用书中的技术而使用相应工具造成的任何伤害或损失承担任何责任。出版商和作者敦促所有操作者遵守木工操作的安全指南。

Originally published in the United States of America by The Taunton Press, Inc. in 2002
Translation into Simplified Chinese Copyright © 2022 by Beijing Science and Technology Publishing Co., Inc., All rights reserved. Published under license.

著作权合同登记号 图字：01-2019-2244

图书在版编目（CIP）数据

木工接合全书 /（美）加里·罗格夫斯基著；李辰译. —北京：北京科学技术出版社，2022.9

书名原文：The Complete Illustrated Guide to Joinery

ISBN 978-7-5714-2215-8

Ⅰ . ①木… Ⅱ . ①加… ②李… Ⅲ . ①木工 - 基本知识 Ⅳ . ① TU759.1

中国版本图书馆 CIP 数据核字（2022）第 048926 号

策划编辑：刘　超　张心如	邮政编码：100035
责任编辑：刘　超	电　　话：0086-10-66135495（总编室）
责任校对：贾　荣	0086-10-66113227（发行部）
营销编辑：葛冬燕	网　　址：www.bkydw.cn
封面制作：异一设计	印　　刷：北京利丰雅高长城印刷有限公司
图文制作：天露霖文化	开　　本：889 mm × 1194 mm　1/16
责任印制：李　茗	字　　数：600 千字
出 版 人：曾庆宇	印　　张：23.25
出版发行：北京科学技术出版社	版　　次：2022 年 9 月第 1 版
社　　址：北京西直门南大街 16 号	印　　次：2022 年 9 月第 1 次印刷

ISBN 978-7-5714-2215-8

定　　价：168.00 元

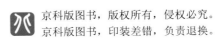

致谢

我要感谢所有帮助和支持我的朋友。我对戴维·米尼克（David Minick）火线加盟帮助我完成本书照片的拍摄表示无限感激。同样深切地感谢文森特·劳伦斯（Vincent Laurence）的及时加盟，帮助我的创作团队保持了顺利运转。

非常感谢狄波拉·豪威尔（Deborah Howell）的耐心和细致。感谢巴克（Buck）和吉米（Jimmy），没有他们，我不可能完成这本书的创作。同样感谢马克（Marc）、安吉（Angie）、埃琳娜（Elena）、莱尼（Lenny）、罗布（Rob）、丽斯（Lisl）、凯特扎努西（Ketzel）、斯普隆（Splons）、布鲁克斯（Brooks）和埃德（Ed），感谢大家的理解和支持。特别感谢约翰（John）和莉迪亚·罗戈夫斯基（Lydia Rogowski）的陪伴和支持。

还要感谢朗尼·伯德（Lonnie Bird）和安迪·雷（Andy Rae），他们是我的战友和好兄弟。

真挚地感谢汤顿出版社（The Taunton Press）的编辑海伦·阿尔伯特（Helen Albert）和詹妮弗·仁吉莉安（Jennifer Renjilian），他们以其专业的眼光发现和解决了很多问题。

还要感谢所有为本书的出版提供帮助的人：瑞安·韦恩（Ryan Wynne）、劳雷·德怀尔（Laure Dwyer）、亚伦·莱尔德（Aaron Laird）和埃弗特·比德勒（Evertt Biedler）。

感谢为我提供工具和专业建议的各位朋友：艾略特·阿帕托夫（Eliot Apatov）、比尔·约斯特（Bill Yost）、特里·安德森（Terry Anderson）、约翰·埃里克·拜尔斯（John Eric Byers）、丹·斯塔福德（Dan Stafford）和吉姆·托尔平（Jim Tolpin）。

此外，还要感谢我的学生玛特·库伯（Matt Cooper）、戴维·沃林（David Waring）、卡尔·施密特（Karl Schmidt）、保罗·韦斯（Paul Weiss）和卡梅隆·戈登（Cameron Gordon）。温迪·福伊尔（Wendy Feuer）与我一起构思了这本书，同样谢谢他。

感谢来自"电影实验室"（The Film Lab）的各位摄影师，他们是凯蒂（Katy）、布莱恩（Brian）、马特（Matt）和克里斯（Chris）。

最后，我要感谢查尔斯·海沃德（Charles Hayward）、欧内斯特·乔伊斯（Ernest Joyce）、塔戈·福雷德（Tage Frid）、乔治·埃利斯（George Ellis）和伊恩·科尔比（Ian Kirby）对这本书的整体贡献。

向迪亚兹（Dziadz）和布西亚（Busia）致敬，正是他们促成了本书的出版。

引言

和其他许多人类行为一样，我们将家具的制作方法进行分类。比如一个盒子可能有许多种方法来制作，我们会用最丰富的想象力和执行力来将大部分方法成功实施。

但事实上，在木工中只有两种最基本的结构系统——箱体结构（板式结构）和框架结构。箱体结构是利用实木或木质层板接合成宽板来制作架子、柜子或是更小的珠宝盒，而框架结构是用多个小部件组装在一起形成框架，框架中可以镶入嵌板来制作床或柜子，没有嵌板的话可以用来制作椅子和桌子。

在这两种结构的基础上，人类研究发展出了丰富多样的榫卯种类。即使是制作一个最简单的盒子，也有多种榫卯结构可供选择来解决盒子的接合问题，而且其中许多榫卯是可以互换使用的，那么问题来了：我们到底该选择哪种接合方式呢？

选择何种榫卯结构首先应该基于该件作品的功能或用途做决定。在制作一个收藏珍宝的盒子或一个注定被油烟污染的配料盒时选择的榫卯样式肯定是不同的。

接合较大的箱体、面板时燕尾榫是最好的选择，但一个放在窗台上的花箱并不需要使用燕尾榫来实现其功能。

其次，榫卯的选择也要考虑经济性，也就是制作时的便利程度和所花费的时间。

如果一件作品是利用周末的时间来制作，那么所选的榫卯就会对这个项目产生很大的影响。选择手工制作榫卯部件必然会花费大量的时间，但同时这也是在忙碌喧闹的日常生活中享受休闲且专注的最好时光。

此外，你的技能水平也可以决定一件作品所选榫卯的种类，我们通常的习惯是在掌握了一种榫卯类型后坚持使用它，这样或许能高效且成功地完成制作，但你不能故步自封，尝试学习一种新的榫卯样式并运用到作品中可能会遇到不少困难和挑战，但记住，你的每一次制作尝试都会带来回报。

榫卯的种类也会对作品产生或明显或细微的影响。制作一个盒子可以选择多种榫卯结构，但选择斜面斜接与选择指状接合肯定会形成不同的外观。在细节层面，一些作品所用的榫卯种类也许能提供榫肩或边缘，为后续胶合或干接提供帮助，从而提高操作效率。

因此，你在为作品选择榫卯结构时应尽量基于上述因素进行考量，它们中总会有一种最适合你自己和你的作品。同时也请记住，本书只是一本参考书，这世间不可能真正存在一种方法、一个辅具、一台机器或者一本书能让你直接掌握一门技术，精通榫卯制作的方法只能是不断地实践。那些你在学习过程中所花费的时间、所犯的错误、不断地返工都将会转化成一件件精美的作品，这些作品就是最好的回报。

如何使用本书

首先，这本书是用来使用的，而不是用来放在书架上积灰的。当你需要使用一种新的或者不熟悉的技术时，你就要把它取来，打开放在工作台上。所以，你要确保它靠近你进行木工制作的地方。

在接下来的几页，你会看到各种各样的方法，基本涵盖了这一领域重要的木工制作过程。和很多实践领域相同，木工制作过程同样存在很多殊途同归的情况，到底选择哪种方法取决于以下几种因素。

时间。你是十分匆忙，还是有充裕的时间享受手工工具带给你的安静制作过程？

你的工具。你是拥有那种所有木工都羡慕的工作间，还是只有常见的手工工具或电动工具可用？

你的技术水平。你是因为刚刚入门而喜欢相对简单的方法，还是希望经常挑战自己，提高自己的技能？

作品。你正在制作的作品是为了实用，还是希望获得一个最佳的展示效果？

这本书囊括了多种多样的技术来满足这些需求。

要找到适合自己的方式，你首先要问自己两个问题：我想得到什么样的结果，以及为了得到这一结果我想使用什么样的工具？

有些时候，有许多方法和工具可以得到同样的结果；有些时候，只有一两种可行的方法。但无论哪种情况，我们都要采用最为实用的方法，所以你可能不会在本书中找到你喜欢的完成某个特殊过程的奇怪方法。这里介绍的每一种方法都是合理的，还有少数方法是为了放松你在木工制作过程中紧绷的肌肉而准备的。

为了条理清晰，本书的内容通过两个层次展开。"部分"把所有内容划分为几个大块，"章节"则是把关联性强的技术及其建议汇总在一起。我们通常按照从最普通的方法到需要特殊工具或更高技能的制作工艺的顺序展开内容，也有少数一些内容以其他的方式展开。

在每个"部分"你首先会看到一组标记页码的照片。这些照片是形象化的目录。每张照片代表一个章节，页码则是该章节的起始页。

每个章节以一个概述或简介开始，随后是相关的工具和技术信息。每一章的重点是一组技术，其中囊括了包括安全提示在内的重要信息。你会了解到本章特定的工具和如何制作必要的夹具。

分步图解是本书的核心部分。操作过程中的关键步骤会通过一组照片展示出来，与之匹配的文字描述操作过程，引导你通过这些文字与图片呼应，相辅相成。根据个人学习习惯的不同，先看文字或者先看图都可以。但要记住，图片和文字是一个整体。有时候，其他章节会存在某种方法的替代方法，书中也会专门提及。

为了提高阅读效率，当某个工艺或者相似流程中的某个步骤在其他章节出现时，我们会用"交叉参考"的方式标示出来。你会在概述和分步图解中看到黄色的交叉参考标记。

如果你看到！标记，请务必仔细阅读相关内容，这些安全警告千万不能忽略。无论何时一定要安全操作，并使用安全防护设备。如果你对某个技术感到不确定，请不要继续操作，而是尝试另一种方法。

另外，我们在保留原书英制单位的同时加入了公制单位供参考，并且为了方便大家学习，统一采用毫米单位。

最后，无论何时你想温故或者知新，都不要忘了使用这本书。它旨在成为一种必要的参考，帮助你变成更好的木工。能够达到这一目的的唯一方式就是让它成为和你心爱的凿子一样熟悉的工作间工具。

——编者

目　录

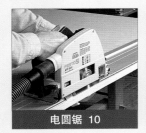

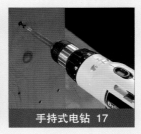

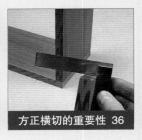

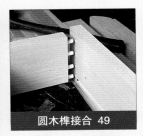

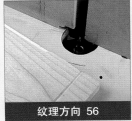

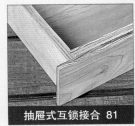

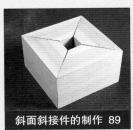

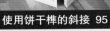

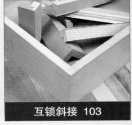

第 7 章　指接榫接合 104

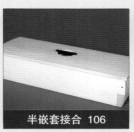

第 8 章　普通榫卯接合 117

第 9 章　燕尾榫接合 128

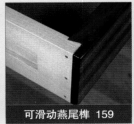

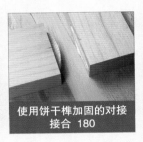

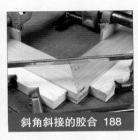

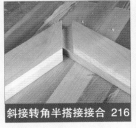

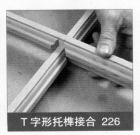

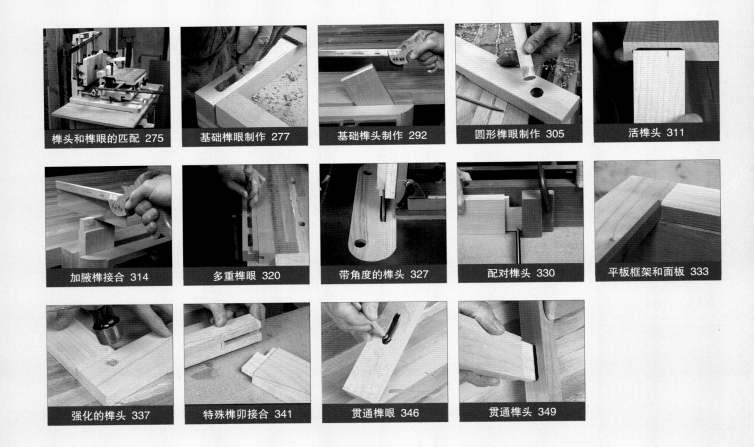

◆ 第一部分 ◆
制作榫卯部件的工具

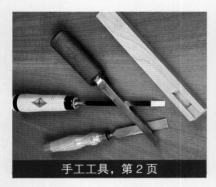

手工工具，第 2 页

手持式电动工具，第 10 页

台式木工机械，第 19 页

　　家具制作者会使用多种多样的工具来完成接合部件的制作。使用手工工具可以得到精确的结果并给操作者带来极大的成就感，但同时也需要足够的耐心来正确执行操作。而对于电木铣这样的手持式电动工具，只要知道如何有效地引导它们，同样可以准确、快速地完成多样的操作，但伴随效率的提升，随之而来的噪声和粉尘是个大麻烦。台式木工机械是工房的中坚力量，因为大部分的木料切削操作都是依靠它们完成的。不仅如此，台式木工机械还可以高效地完成某些特定的接合部件的制作。台式木工机械被设计出来用于快速且轻松地完成重复性操作，但与之对应的安全性问题也会变得突出，如果我们在使用时它们有一丝松懈，那么它们就会变成极其危险的存在。以上这三大类工具对木工操作来说各有优点和短板，经验丰富的家具工匠不会只使用一类工具而抛弃其他工具，他们会根据实际需要，单独地选择某一类，或者搭配使用各类工具。

第 1 章
手工工具

　　熟练的木匠会知道何时使用燕尾榫锯，何时选择电木铣，以及何时使用台锯。他的选择是基于他的经验，以及需要完成的操作和手头拥有的工具。制作接合件的方式有很多种，最终决定性的因素之一还是完成制作需要的时间。手工制作榫卯接合件需要的时间较长，但得到的结果最令人满意，同时，使用手工工具制作榫卯结构的过程可以让你更好地了解木材的特性和工具的性能。

　　制作榫卯结构所用的手工工具种类繁多，根据实际用途可将其分为几个大类：测量和标记工具、切割工具和钻孔工具。此外，还有很多非常有用的辅助工具，例如，木工桌和夹具。

测量和标记工具

　　所有的榫卯制作都是从标记开始的，精确测量和精准标记如何强调都不过分。有了这些标记，你就可以进行锯切、设置电木铣的铣削路径或者设置靠山。

　　测量工具不一定要多么复杂精巧，可能一根足够平直的木条和一支铅笔就可以，它们简单有

测量工具是工房中非常有用的工具。

效，并能马上开始工作。当然，为了测量的准确性和应对不同的需求，我们还是会选用卷尺、平尺、直尺、卡尺和直角尺等工具。

　　在进行测量时，如果使用的是卷尺或直尺，请保持尺身与部件的边缘平行，这样测得的数值会更准确。在同一件作品的制作过程中，最好全程使用同一把尺子，以避免不同的尺子因刻度误差而带来问题。卷尺上有一个代表真零点刻度的钩子，便于用来测量部件边角的内长和外长，在使用时要注意，这个钩子不能太松，否则其在尺身上过多的滑动会影响测量准确性。

　　卡尺有多种形状和尺寸。大型卡尺在检查性测量时非常实用，特别是在测量固定在车床上的部件时。如果需要测量部件厚度或者是开槽锯片的宽度，我更喜欢使用较小的卡尺。无论使用哪种卡尺，一定要保证钳口紧贴被测量物的表面，二者之间不要留有任何缝隙。

　　各种尺子是精确测量必不可少的工具。深度尺可以用来测量锯切深度。深度尺不仅能用来测量具体数值，还能通过观察其是否摇动或者深度

用卡尺测量开槽锯片的宽度。

钢制平尺能帮助你画线或是检查部件表面是否平整。

尺与部件表面是否有光线透过来检查部件表面是否平整。

　　一把钢制平尺可以用来画线、检查部件表面以及辅助机械完成设置。钢制平尺不易磨损，但很常用，所以你应该购买一把高品质的钢制平尺，这是非常值得的。

　　6 in（152.4 mm）直尺非常适合为榫卯部件画线。它的应用场景十分广泛，几乎可以用在任何木板或机械上，用来确定中点或者为榫眼或榫头画线。一把高品质的 6 in（152.4 mm）直尺会有 4 种独立的刻度以及位于两端的端刻度，这种端刻度在横跨缺口进行测量时很方便，最典型的例子就是测量电木铣上的铣头伸出底座的距离。

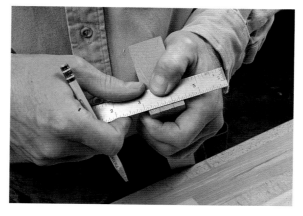

6 in（152.4 mm）直尺，特别是那种在两端有刻度的版本，对木匠有着不可估量的价值。

　　斜角规（滑动角度尺）可以用来标记任何角度。你可以用它从已有的部件或机器设置上得到一个所需的角度，或者用铅笔画线，然后根据画线设置斜角规。使用斜角规时要确保其刀片能够顺畅地向左右翻动，不会受到锁紧螺母的影响。

　　直角尺在绝大多数木匠眼中是一件必不可少的测量工具。直角尺的种类很多，常见的有大型的木工角尺、较小的验方角尺和金工角尺，但从全面性来说，没有哪种直角尺能比得上组合角尺。组合角尺不仅能用来在部件表面进行测量，还可以把它当作深度尺、铅笔规、测量内角的验方角尺以及测量 45° 角的斜角尺来使用。

斜角规能够帮助你标记角度，或者用来设置锯片角度进行角度锯切。

一把组合角尺可以用来确定部件的某个边角的内外是否都是直角，并且还能帮助你画出45°斜角。

你的直角尺是否精准？

可以通过一次简单的测试来检查你的直角尺是否精准。首先将直角尺的靠山顶住一块平直木板的边缘，并用铅笔画一条线，然后把直角尺翻面，用尺身边缘紧贴画线来检查两者是否贴合。如果尺身边缘与画线能够完全贴合，表明这把直角尺是精准的。如果直角尺的量程是 6 in（152.4 mm）或 8 in（203.2 mm），且尺身末端与画线只有千分之几英寸的偏离，这把直角尺对你要完成的大多数操作来说已经足够精准了。但如果直角尺的尺身边缘明显偏离画线，那就直接放弃它吧，它只会给需要精确性的榫卯部件制作带来无尽的麻烦。

用直角尺画线来检查它是否精准。将直角尺翻面，从另一侧检查尺身边缘是否与画线贴合。

所有直角尺都有一些共同特点。第一，它们都需要被爱惜，不要让它们掉到地上或是将它们扔进工具箱中；第二，在使用时最好握住它们的基座而不是尺身；第三，当用直角尺贴靠木板边缘（来检查其端头和边缘是否垂直）使用时，不要过于用力按压直角尺，以希望看到木板是方正的，这样得到的结果完全是自欺欺人；最后，操作时要尽量轻柔，不要让工具和部件有过多硬接触（碰撞）。还要在直角尺后面放置一个光源，利用它你的眼睛可以分辨出千分之几英寸的误差。

标记工具的任务只有一个：清楚地标记出切割路径。在用铅笔做标记时一定要保证笔尖尖细，太宽的铅笔线会给你带来很多麻烦，很多时候需要花更多的时间确定铅笔线的中线后才能进行操作。总之，画线一定要清晰准确。

许多木匠在为卯部件画线时更偏爱使用划线刀而非铅笔。在某些情况下，比如在标记燕尾榫的销件时，铅笔可能无法进入狭小的空间，此时使用划线刀、一次性刀（可替换刀片）甚至是折叠刀是更好的选择，因为它们可以更好地紧贴木板进行画线，从而得到准确的标记。此外，可以

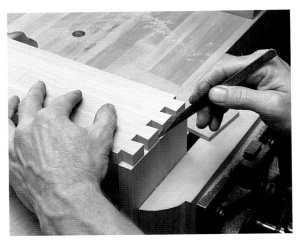

当遇到需要在狭小空间中画线时，最好使用划线刀来完成。

划线锥常用于标记钻孔的中点。

使用划线锥来标记中点，以便于钻孔或者为榫卯部件画线。

划线规使用刀片、钢针或者边缘锋利的圆盘来对部件进行画线。可以移动可调节的端头或者靠山，将刃具定位在部件的正确位置。使用划线规时，要将靠山紧紧顶住木板的边缘，同时沿这个边缘移动划线规，就可以在部件表面留下刻痕作为标记。大多数刀片或者钢针类型的划线规都需要在使用前对刃具进行研磨。对于刀片类型的划线规，可以在刀片靠近靠山的一侧研磨出刃口斜面，这样可以让装有刀片的端头在画线时与靠山拉近。同样的，对于圆盘类型的划线规，也是在靠近靠山的一侧研磨出刃口斜面。这两种划线规在横向于木材纹理画线时都有不错的表现。

榫眼规在横梁的同一侧安装有两根钢针，其中一根是可调节的，这样你就可以根据榫眼或凿子的尺寸来设置两根钢针之间的距离。

切割工具

木匠在制作榫卯部件时可以使用多种不同类型的手锯。手锯是用来将部件横切到所需长度的工具。其中的夹背锯包括燕尾榫锯和开榫锯，它们具有加固的背板，可以保持锯片在锯切榫卯部件时的刚性。此外，各种手锯的锯齿类型也有不同，为了得到最好的操作结果，应使用锯齿经过锉削处理的手锯。横切锯的锯齿刃口被锉削到60°，而纵切锯的锯齿刃口被锉削到与锯身垂直，从而可以沿木板的长纹理方向进行锯切。偶尔，你可能会用手锯进行曲线锯切，这时应该选择线锯、钢丝锯或者弓锯来完成操作。

除了上述影响手锯选择的因素，还有一个重要的条件需要考虑，即你在使用手锯时习惯前推还是后拉？欧式锯都是在前推时锯切，每次锯切都要先把锯片后拉到预期的起始位置，然后向前推动锯片完成锯切。日式锯大多数是通过向后拉动锯片完成锯切的，当你将锯片拉过切口时，锯片受力较小，从而可以把锯片制作得更薄，且锯齿的偏置角度可以更小。

尽管前推锯片锯切和后拉锯片锯切的技巧完全不同，但两者还是有一些共通点的。例如，食指总是指向锯子前端用来帮助引导锯切；锯切时要将锯片保持在画线的废木料一侧；最重要的是，锯切时不要过于用力，而要自然地拉动或推动锯片，只对其进行简单的引导。最后还要记住，锯切操作包含两个方向的锯切，以最简单的横切为例，你要在部件上同时完成水平方向和垂直向下的锯切。

圆盘类型的划线规可以横向于木材纹理刻划出清晰的标记，即使在软木上也同样表现出色。

燕尾榫锯的锯齿刃口被锉削到适合纵切的角度，因此是用来制作燕尾榫和普通榫头的理想工具。

从部件的一个边角始始锯切。不管是欧式锯还是日式锯，都要向着与正常锯切方向相反的方向运动来起始锯切。

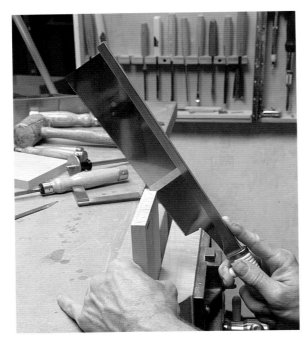

一把日式燕尾榫锯需要拉动锯片来进行锯切，它能得到较窄的锯缝。

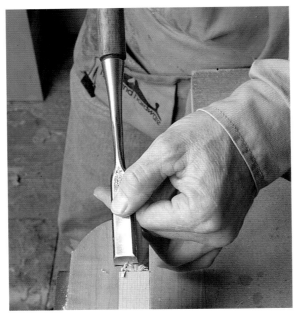

铲形凿最适合完成精细的修整操作。

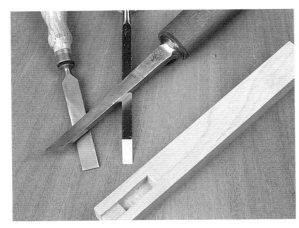

榫眼凿可以被敲击，以深入木材完成去除大量废木料的任务。

木工凿可能是每个木匠都会使用的工具，无论他是狂热的手工工具迷，还是忠诚的电木铣拥趸。使用木工凿的关键在于保持它们足够锋利，你不可能用一把钝化的凿子制作出精美的作品。同时，使用钝化的凿子更难控制，因此增加了操作的危险性。木工凿具有多种用途：切、凿、削和刮（用于清理）。斜边凿是木工桌使用的标配凿子，可以被用来进行任何凿切操作。它们的较短版本则被称为平头凿，用来在较为狭小的空间内进行操作。还有较长的铲形凿，主要用来完成最细微的切削。

榫眼凿有多种不同类型。重型的榫眼凿凿身很厚且正面和背面彼此平行。这种凿子会在手柄和钢制的凿身结合处使用皮质垫圈作为减震器。它们的手柄要么大而圆润，要么会安装金属套箍，以防止大力敲击造成手柄末端散碎成蘑菇状。直边凿是较小的榫眼凿，凿身厚度成锥度变化。这种凿子的凿身很小，可以用来对细节部位进行凿切或切削处理。

手工刨可以对榫卯部件进行精修，使配对部件的接合更加完美，所以工房里应常备几把刃口锋利并设置到位的手工刨专门用来进行榫卯部件的制作。在木工操作中，台刨最为常用，其中3号或4号细刨主要用来精修榫卯部件或者较短的边缘，较大的粗刨主要用来精修需要拼接的木板的边缘。

短刨能够完成多种制作榫卯部件的操作，例如，修整斜角榫和用来加固它们的插片，修整宽大的榫头。制作榫卯部件专用的手工刨有牛鼻刨和榫肩刨，这些手工刨的刨刀与其底座一样宽，这样设计是为了可以对榫头的颊面或榫肩进行精修，刨削出极薄的刨花。

槽刨可以用来处理横向槽或纵向槽的底部，以及较大的半搭接接合件。槽刨的刨刀宽度和底座一样，适合用来在木板边缘制作槽口。在使用时，可以在部件上夹持一块木条作为靠山，也可以直接在槽刨上安装一个靠山引导槽刨刨削。多功能刨在选定刨刀并精确调节后，可以在部件上完成多种刨削操作。想要得到最好的刨削结果，一定要保养好刨刀。

使用较重、较长的 7 号或 8 号粗刨刨平木板的长边缘。

用榫肩刨清理榫头的颊面和榫肩。

可以用一把短刨在胶合前将斜面接合件精修到位，或者在胶合后将斜面接合的加固插片修整平齐。

需要为槽刨安装靠山引导刨子进行刨削。

手摇钻和驱动工具

　　手摇钻和驱动工具的种类很多。打蛋器、杨基钻（Yankee drill）和棘轮式螺丝刀，都可以在特定情况下轻松完成钻孔或驱动螺丝。如果需要进行大型打孔作业，那么曲柄钻（弓形手摇钻）是最理想的工具。螺旋钻头是比较通用的钻头，但是在制作椅子时，许多木匠偏爱使用勺形钻头，因为这种钻头在进行角度钻孔时更易调节。

　　铁锤和木槌也是必不可少的。一把简单的皮槌（橡胶槌）是用凿子进行精修操作时理想的驱动工具。如果需要完成大量的凿切，最好使用实木雕刻槌敲打凿子。一把铁锤则能很好地应对敲

绝大多数手工钻孔操作都是使用曲柄钻搭配钻头完成的。

使用小木槌敲打凿子进行精细的凿切。

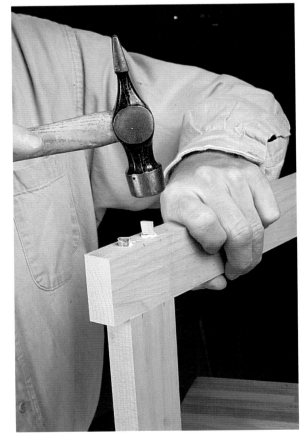

用铁锤来敲入木楔。当木楔深入到位时，铁锤的敲击声会发生变化。

入木楔或木塞子的操作。敲击木楔时，随着它逐渐深入到位，你能够听到铁锤的敲击声发生的明显变化。

防震槌（无弹力槌）在工具箱中也占有一席之地，因为它不仅具有驱动能力，还不会损坏部件表面，所以用防震槌敲击圆木榫或活榫不会使其端头像蘑菇伞盖一样散裂。除此之外，你还会发现，防震槌在检验榫卯部件是否匹配时非常有用，当需要分开接合过于紧密的榫卯部件时，防震槌不会在部件表面留下任何敲击痕迹。

在将任何榫卯部件接合在一起时，谨记只能用手施加压力来驱动工具，以免在榫卯部件不匹配时因为施力过大造成接合部件的崩坏。

每个工房都应配备一套样式多样的螺丝刀。如果你经常使用平口螺丝，最好将螺丝刀研磨到与螺丝头凹槽匹配的程度，这样有助于螺丝

对平口螺丝刀进行研磨，使其能更好地贴合螺钉头上的凹槽。

方口螺丝刀刀头应与螺丝头尽量匹配，才能将螺丝稳妥地拧入部件中。

刀的刀头更准确地与螺丝贴合，并能防止螺丝头上的槽口损坏。相比平口螺丝，十字口螺丝和方口螺丝有助于更好地控制拧入的过程。不论使用哪种螺丝，选择的螺丝刀刀头（批头）一定要与之匹配。在使用黄铜螺丝时，一定要先用钢制螺丝在引导孔内切割出螺纹，再将黄铜螺丝拧入，因为黄铜螺丝较软，直接拧入的话很容易把螺丝头弄断。

固定用辅具

最简单的固定用辅具当属木工桌挡头木，可以制作多个不同长度的挡头木来应对诸如刨削、锯切和研磨等各项操作。挡头木的另一种变式是刨削台，可以在用手工刨刨削木板的长边缘时为其提供支撑。在使用手工刨处理斜接部件时还会用到斜面刨削台。

木工夹

木工台钳是为了让你在加工部件时能够牢牢将它们固定住的重型工具。最好在你的木工桌上安装一个有快速释放机制的台钳，这样你在操作时会方便很多。最重要的是，一定要把台钳正确且牢固地安装在木工桌上。

木工夹有多种尺寸和类型。如果条件允许，使用 C 形夹、管夹或快速夹会比较方便。当需要对小型部件进行钻孔或者担心木工夹对部件表面造成损坏时，可以选择带有木制钳口的木工夹。当需要夹紧斜接部件时，可以使用带夹或者带有垫木的 C 形夹，在特定情况下甚至可以使用遮蔽胶带固定部件。

木工桌挡头木可以在你进行刨削、锯切或研磨时牢牢固定部件。

要确保把台钳牢固地安装到木工桌上。台钳的快速释放机制和夹持挡头都非常有用。

木工夹可能是你永远不会嫌多的工具。尽可能收集各种类型的木工夹来应对任何可能遇到的夹持情形。

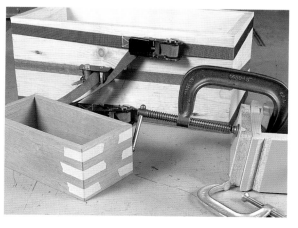

在夹持斜接合部件时，可以使用带夹或者 C 形夹配合垫木进行。如果部件较小，还可以直接用遮蔽胶带进行固定。

第 2 章
手持式电动工具

　　我的一位朋友曾经说过，电木铣是搞砸一块木头的最快的工具。但无可争辩的是，电木铣也是制作榫卯部件时最有用的手持式电动工具之一。学习如何引导电木铣并用它进行精细的加工可能需要花费不少时间，但是一旦你熟练掌握了电木铣的操作技能，就能稳定高效地完成榫卯部件的制作。手持式电动工具总是能快速地完成操作，但如果想得到最好的结果，你还是需要在开机使用前全面地了解它们。只要能够提供正确的引导，手持式电动工具的精确性和多功能性是无可比拟的，唯一的限制可能只是你的想象力。此外，你需要对手持式电动工具保持敬畏之心，因为即使是一个很小的失误也可能对身体造成终身的伤害。按操作类型划分的话，手持式电动工具的种类可能很少，主要包括电圆锯、电木铣、饼干榫机和手持式电钻等，但每种工具对应的型号则是非常多的。

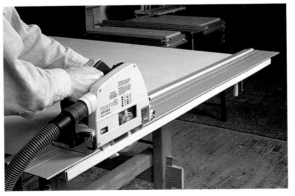

现在的电圆锯配有集尘装置和防撕裂护罩，锯片几乎没有震动，从而能得到极好的锯切结果。

电圆锯

　　很少有电圆锯能够达到家具制作所需的精度要求。但有些生产商已经设计出了几乎或者完全没有震动的电圆锯锯片，使锯切效果获得了质的飞跃。这些电圆锯上可能还配有防撕裂装置，能够有效地防止锯片撕裂木板表面。如果同时使用基准边引导系统，操作效果还可以进一步提升。

只要掌握了正确引导电木铣的技术，你就能够精确、快速地完成榫卯部件的制作。

电木铣和铣头

　　电木铣因为其多功能性已经成了制作榫卯部件的主力工具。它们能在导向轴承铣头、自带的或固定在部件上的靠山的引导下进行铣削，也可以倒装在电木铣台上利用靠山完成操作。此外，电木铣还可以配合模板或夹具进行对齐铣削。特定情况下，甚至可以徒手使用电木铣铣削榫卯部件。成功地掌握引导电木铣的技术，你就掌握了大多数榫卯部件的制作操作，不能制作的榫卯部件已经很少了。电木铣最常见的两种类型是底座固定式和压入式。

底座固定式电木铣有两个独立的主要部分：电机和底座。在安装铣头时，需要将电机部分从底座上取下，装上铣头后再将电机装回底座，调整底座高度以设置铣头的铣削深度。通过多次铣削以获得最终的铣削深度。这种电木铣可以手持放在部件的顶部使用，也可以将其倒装在电木铣台上使用。

压入式电木铣在需要进行插入铣削时（例如制作非贯通槽）时是最适合的工具。它们的电机部分是固定在底座上的，但可以沿弹簧柱上下移动。安装铣头后应先将其调整到所需的铣削深度，在实际操作中则是逐步放低铣头，通过多次铣削获得最终的铣削深度。许多压入式电木铣还有变速调节功能。

电木铣还可以按照所能容纳的最大铣头进行分类。½in（12.7mm）电木铣可能是最全能的，因为它的可选铣头种类较多，铣头柄脚非常结实且更为平直，震动较小。在使用大直径铣头时，最好将电木铣倒装在电木铣台上操作，并且还要确保电木铣可以进行调速，以降低铣头转速。

制作铣头的基本材料和方式有三种：整体使用高速钢、只有刃口部分使用硬质合金和整体使用硬质合金。每种材料都有各自的优势，可以在特定的情况下发挥作用。高速钢铣头的刃口研磨后最为锋利，但其钝化的速度也很快。在需要使用较便宜的铣刀（比如，需要完成大量铣削操作的情况），或者部件的铣削可能会损坏铣头，或者是你不介意每次完成铣削操作后重新研磨铣头时，都可以选择高速钢铣头。用来加工端面的铣头也多采用高速钢制作，它们能出色地完成榫眼的制作。

有很多类型的铣头会使用硬质合金刃口，它们保持锋利的时间可以达到高速钢铣头的10倍，但如果硬质合金刃口变钝，刃口的硬质合金会出现剥落。可以用小型的金刚石磨石重新将硬质合

金刃口研磨锋利。整体使用硬质合金制作的铣头制作榫眼的效果非常好。这种铣头因为含有更多的硬质合金，所以刃口保持锋利的时间也要更长。

也可以根据形状和用途对铣头进行分类。常见的分类包括直边铣头、单刃和双刃铣头、直刃和螺旋刃铣头等。单刃直边铣头是生产最多的铣头，用来快速粗铣去料，而双刃铣头则可以进行更精细的铣削。如果需要进行更为精细的铣削，就要使用螺旋刃铣头。这种铣头在操作时可以保证始终有刃口与部件接触，从而减少了铣头的震动和颤动。螺旋刃铣头中最常见的是有上升螺旋

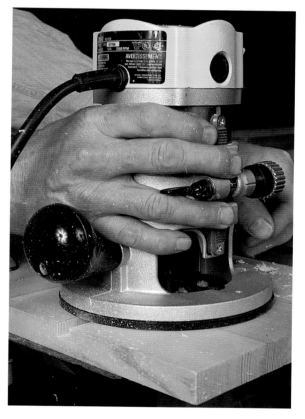

底座固定式电木铣在设置铣削深度时需要在底座范围内调整电机部分。

可以用靠山引导压入式电木铣进行铣削。

这些都是螺旋刃直边铣头，都可以用来制作榫眼。从左到右依次是：全硬质合金铣头、带下降螺旋槽的硬质合金刃口铣头、高速钢铣头和硬质合金刃口铣头。

这种燕尾形铣头可以在部件上加工出燕尾榫的燕尾头。电木铣由安装在其下方的模板提供引导完成铣削。

使用一把端头带刻度的直尺为电木铣设置铣削深度。

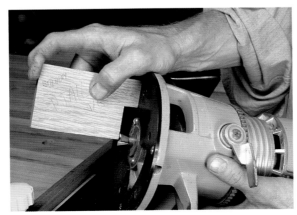

一个高度限位块能帮助你快速完成铣削深度的设置。

槽的类型，它们能像钻头一样从孔中排出木屑。而使用下降螺旋铣头则可以有效地避免撕裂孔的顶部。

造型铣头可以在部件上加工出各种形状。通过观察铣头，查看其互补形状，可以想象出它能加工出的结果。

可以通过多种方法来设置铣头的铣削深度。如果需要精确设置，最好是在电木铣台上用尺子测量。你也可以用铅笔在一个木块上做标记，用来指示相应的铣削深度。如果需要重复使用某个深度，可以加工一个高度限位块来辅助设置。同理，也可以制作一系列常用铣头深度的高度限位块，让设置操作变得更加轻松。在压入式电木铣上，深度的设置是通过限位装置来完成的。

电木铣的使用

手持电木铣时通常会让它沿着部件边缘从左到右铣削。注意，有时铣削方向也会以顺时针或逆时针的方式表示。例如，沿镜框的外边缘将其加工成形需要逆时针方向铣削，而要在镜框内边缘铣削出半边槽口，则需要电木铣顺时针方向运动。但是，最好不要总是考虑顺时针或逆时针使用电木铣的问题，而是要根据铣头的旋转方向来移动电木铣。因为铣头总是顺时针旋转的，所以电木铣从左向右运动有利于铣头切入部件中。

然而，如果你将电木铣从右向左运动，则会产生完全不同的结果，铣头会试图将自己从部件边缘推开，这会让你在操作时感觉电木铣在沿着部件边缘滑动。这种情况被称为"顺铣"，它的产生是因为铣头最初的铣削动作是要直接切入部件边缘的，因此反作用力会把电木铣推离部件。如果你对这种情况毫无准备，它的出现可能会吓到你，继而引发安全问题。但对于手持式电木铣，这种情况问题不大，很容易控制机器。

在使用电木铣台加工部件时，情况则是相反的。观察铣头，它在运转时是逆时针方向旋转的，因此进料方向应该是从右到左，这样的话部件在与铣头接触时会被拉向铣头或者靠山的方向。如果部件从左向右通过铣头，就会出现顺铣的情况，

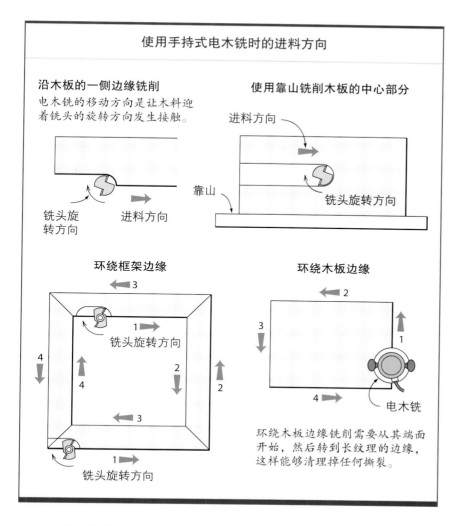

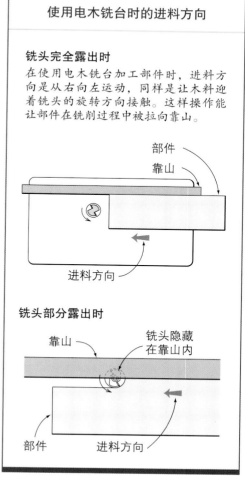

使用手持式电木铣时的进料方向

沿木板的一侧边缘铣削
电木铣的移动方向是让木料迎着铣头的旋转方向发生接触。

使用靠山铣削木板的中心部分
进料方向

靠山

铣头旋转方向

铣头旋转方向 | 进料方向

环绕框架边缘
铣头旋转方向

铣头旋转方向

环绕木板边缘
电木铣

环绕木板边缘铣削需要从其端面开始，然后转到长纹理的边缘，这样能够清理掉任何撕裂。

使用电木铣台时的进料方向

铣头完全露出时
在使用电木铣台加工部件时，进料方向是从右向左运动，同样是让木料迎着铣头的旋转方向接触。这样操作能让部件在铣削过程中被拉向靠山。

部件
靠山
进料方向

铣头部分露出时
靠山　铣头隐藏在靠山内
部件　进料方向

此时如果不是非常小心地操作，可能会导致部件在经过正在旋转的铣头时被抛飞出去，引发安全问题。

在某些情况下，沿着长纹理方向铣削会导致部件边缘出现大量的撕裂，此时可以使用顺铣技术来消除撕裂。但要注意，在电木铣台上加工较短的部件时绝对不能顺铣，这种情况最好使用手持式电木铣进行铣削。还有一种解决撕裂的办法是，沿着木板边缘刻划出刻痕来切断长纹理方向的外层木纤维，然后再将部件以正确的进料方向通过铣头。这样能让任何加工时产生的撕裂在刻痕位置被隔断并清除。

电木铣的引导

引导铣头的工作通常是由安装在其顶部或底部的轴承来实现的。这种带轴承的铣头在手持式或倒装式电木铣上都可以使用。但轴承铣头只能在轴承的允许范围内铣削。使用这种铣头时要确保轴承可以自由转动，不存在任何阻塞或滞涩。在制作榫卯部件时，最有用的一种所用铣头是修边铣头。这种铣头的直径与轴承直径相同，因此可以铣削得到与模板完全相同的部件形状，模板可以是现成的商品模板，也可以是自制的。

这种安装在电木铣台上的方栓铣头（也可以称为侧铣头或开槽铣头），其底部装有轴承，可以限制铣削的深度。

顺铣

正常铣削

有时候，按正常的进料方向进行铣削会导致缺乏支撑的部件边缘出现撕裂。特别是在逆纹理方向铣削的时候。撕裂同样会出现在完成最终深度铣削后的部件底面。（在手持式电木铣运转时，铣头是顺时针方向旋转的）

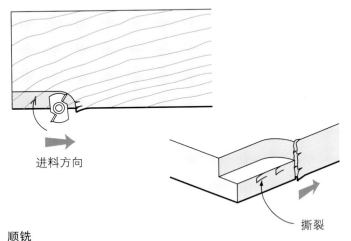

进料方向

撕裂

顺铣

顺铣会在部件边缘留下不整齐的切口，这是因为铣头在运转时会将自身推离部件边缘。

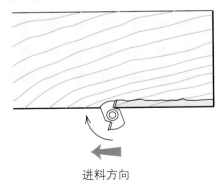

进料方向

清理铣削

清理铣削时，铣头在整个过程中都是全深度工作的，以清理掉之前产生的撕裂。任何新的撕裂也会在铣削过程中被除去。

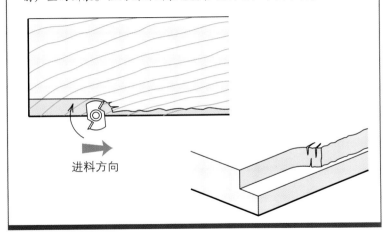

进料方向

在用手持式电木铣平行于部件边缘进行铣削时，可以在机器上安装一个靠山。大多数靠山都会比较松散，容易在操作时晃动，因此一定要将靠山牢牢固定，保持所有的锁紧螺母拧紧。在

修边铣头的直径与其轴承的直径相同，操作时轴承抵靠模板运动，从而铣削出与其形状相同的部件。

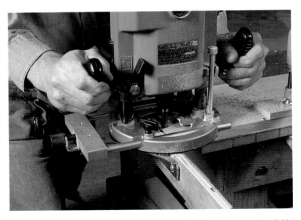

在压入式电木铣上安装靠山可以让其平行于部件边缘铣削。在靠山上加装辅助靠山可以增加靠山与部件的接触面，从而使铣削更为精确。

用木工夹在部件上固定直边木板作为靠山，引导手持式电木铣进行铣削。将直边底板固定在电木铣底座上，可以使电木铣更好地贴紧靠山进行铣削。

靠山上安装木板作为辅助靠山可以有效加长承载面，使铣削操作更为稳定。操作时，将靠山顶住部件边缘从左向右移动电木铣。

　　将直边木板简单地固定在部件上作为靠山也可以很好地引导电木铣操作，但要确保靠山表面平直，同时夹具不会干扰电木铣的铣削路径。使用手持式电木铣需要沿部件从左向右移动，以便将铣头拉向靠山，使电木铣贴紧靠山。确保在操作时不要转动电木铣，因为有些电木铣的底座与铣头并不是共轴的，转动电木铣会让其偏离原本平行于靠山的路径。现在，某些新型电木铣的底座配有内置的平尺导轨，这样在使用靠山时会更方便。也可以将带有平尺导轨的底板单独安装到电木铣底座上，来引导其进行直线铣削。

　　电木铣台同样会经常使用靠山来引导操作，只是这里引导的是部件而不是电木铣。你可以自己制作一个带有吸尘口的靠山来帮助清理木屑，但最重要的是，靠山一定要平直没有扭曲，且垂直于工作台表面。此外，在使用电木铣台进行铣削时，绝大多数情况下都要将部件从右向左移动通过铣头。

　　使用模板进行铣削是另一种引导电木铣操作的方法。使用模板铣削时会利用安装在底座上的引导轴套（也被称为摩擦环或模板衬套）来引导电木铣。轴套有多种形状，它们的尺寸由内径和外径共同决定。操作时要首先量出铣头相对于模板引导边缘的偏移量，从而计算出模板与部件的设置距离。

测量铣头刃口与模板引导边缘的偏移量以计算模板与部件的设置距离。

模板可以帮助你使用压入式电木铣进行重复铣削。模板轴套安装在电木铣的底座上，模板上的凹槽与底座刚好匹配。

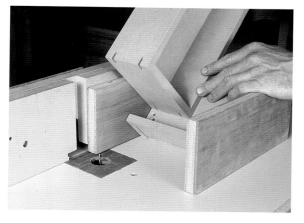

这种夹具是用来在电木铣台上为盒子铣削插片槽的，它可以帮助部件稳定推进通过铣头。

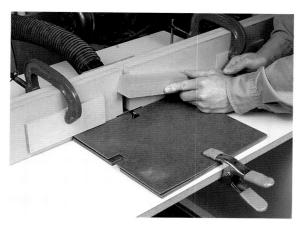

在电木铣台上固定靠山来定位铣削的位置，在靠山上连接真空吸尘器能够帮助收集粉尘。

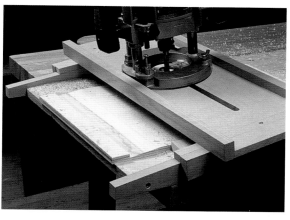

在制作榫卯部件时，这种嵌接夹具能让电木铣悬在部件的上方移动。

直角夹具

这种夹具可以根据实际需要调整制作尺寸，但一定要按照90°角精确进行组装。

8 in×18 in（203.2 mm×457.2 mm）平板，½ in（12.7 mm）厚的波罗的海桦木胶合板或中密度纤维板。

夹具，需要垂直固定于部件的边缘。

硬木平尺导轨，1 in×1 in×16 in（25.4 mm×25.4 mm×406.4 mm）。

部件

模板最大的优点就在于可以重复使用。如果不想自己制作模板，可以考虑购买现成的商品模板。大多数商品模板都是燕尾形的（用于制作燕尾榫），但也有一些商品模板经过合理的设置后，可以用来铣削滑动燕尾榫和普通榫卯部件。

夹具能够引导电木铣进行多种铣削。基础的直角夹具制作起来很简单，可以用来辅助手持式电木铣铣削横向槽或纵向槽。不管是使用手持式电木铣还是电木铣台，还有很多更复杂的夹具可以为铣削提供辅助。夹具可以帮助部件在电木铣台上正确通过铣头，或是引导手持式电木铣正确铣削部件。学习设计和制作夹具能极大地提高你使用电木铣的能力。

饼干榫机

现在有许多工房都会使用饼干榫代替圆木榫和螺丝，将部件对齐并固定在一起。这种接合方式使用压制的榉木饼干榫片作为活动榫头，嵌入到由饼干榫机在两块木板上开出的榫槽中，从而将部件接合在一起。饼干榫多用于人造薄板的接合，因为你可以在部件的任何位置开槽并获得足够的胶合表面。

对于实木板，饼干榫只能用于长纹理表面（不能用于端面）。框架结构部件符合这种要求。拼板时也可以使用饼干榫来帮助对齐木板。

一件精心设计的夹具能让制作榫眼这样的重复性操作变得简单高效。

饼干榫机通过开槽刀片在部件上制作饼干榫槽。在榫槽中嵌入压制的榉木饼干榫片，榫片接触胶水后会膨胀，从而使接合变得紧密。

饼干榫能够帮助你在拼板时更好地对齐木板。

最适合使用饼干榫进行接合的是胶合板和中密度纤维板这样的人造薄板，因为开槽后它们能够获得足够的胶合表面。

框架结构同样适合使用饼干榫进行接合，因为榫槽开在长纹理表面。

手持式电钻

　　现代的手持式电钻主要用来完成两项工作，一是用来快速钻孔，二是用来驱动螺丝。插电型手持式电钻是大多数工房的标准配置，但现在它们很多都被充电型手持式电钻取代了。充电型手持式电钻的电池涵盖了适合中等强度短时操作的 9 伏版本，以及大功率长续航的 24 伏版本。

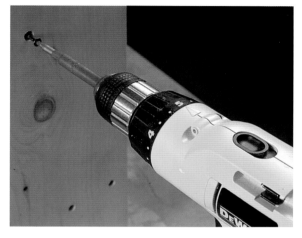

充电型手持式电钻不仅可以用来钻孔，还可以用来驱动螺丝。

一台具有 ½ in（12.7mm）夹头的充电型手持式电钻可以匹配较大的钻头操作。

▶ 手持式电动工具的调试

使用手持式电动工具制作家具不像手工制作家具那样，你需要通过调试来提高它们的精确性，而这点对制作榫卯部件来说是非常重要的。

- 使用平尺来检查电木铣的底座是否平整。底板有时可能会发生扭曲变形，这时需要将其替换掉，也可以用砂纸手工打磨或者用带式砂光机小心将其打磨平整。

- 用喷涂式润滑剂对压入式电木铣的弹簧柱进行润滑，以保持弹簧能够沿弹簧柱自由移动。经常对弹簧柱进行清理，以免积累太多粉尘影响使用。

- 保持铣头整洁以获得更好的铣削结果。可以使

用旧牙刷和烤箱清洁剂进行清理。先将铣头浸泡在清洁剂中，然后用牙刷刷去附着在刃口上的黏性烧焦物。除此之外，还可以用小块金刚石磨石来对铣头的平整面稍加研磨。

- 一定要确保电木铣台的台面是平整的。可以用平尺来检查电木铣台中部是否因为电木铣的重量发生弓弯或下凹。

- 要确保电木铣台的靠山表面平直，并且垂直于电木铣台台面。

- 测试饼干榫机的靠山是否与开槽刀片互相平行。如果稍有偏离，可以在靠山上粘贴胶带加以修正。

为锁眼盖销或无头钉钻孔需要小直径的钻头，你要确保手持式电钻夹头能够夹住这些小钻头。

用蜡来润滑螺纹能让螺丝驱动起来更容易。

如何选择合适的手持式电钻还要考虑其夹头尺寸。夹头标注的尺寸是由它能够夹持的最大柄脚直径来决定的。对于家具制作，大多数夹头直径为 ⅜ in（9.5 mm）的手持式电钻足以胜任，只有在极少数情况下你可能会用到夹头直径 ½in（12.7 mm）的手持式电钻进行钻孔。对于小型部件，有些手持式电钻的夹头或许不能用来固定直径很小的钻头，这就需要在操作前确定电钻的夹头是否能够与小直径的钻头匹配。

现在，大多数工房都会使用手持式电钻来驱动螺丝，注意：使用无级变速且可逆向旋转的手持式电钻完成这项操作。你可以根据部件的材料种类和所使用的螺丝来选择合适的转速。使用手持式电钻带给手掌、手腕和手臂的压力要小得多，并且可以更快更好地完成操作。大多数充电型手持式电钻还带有离合器，可以用来驱动和设置夹头，当达到设定的阻力档位时，钻头会停止运转。还有一个小技巧，在螺丝的螺纹部分上蜡能够让螺丝更顺畅地进入部件。

第3章
台式木工机械

台式木工机械都是为了完成特定操作而被设计出来的，例如，电锯用来锯切木材，而平刨用来刨平木材以得到平整的面（基准面）。但一般来说，这些机械都可以用来制作榫卯部件。还有其他一些机械，是专门设计用来完成榫卯部件制作的，其中最具代表性的就是钻孔机和榫眼机（方榫机）。

使用台式木工机械前一定要检查它们的参考面（基准面）是否平整。使用高品质的平尺检查机械的台面或靠山，如果它们存在弓弯或扭曲，就会在制作榫卯部件时问题不断。同样，在使用台式木工机械前还要确保机械的所有加工面都是干净整洁的，粉尘和木屑的清理可以靠集尘器来完成。最重要的是，一定要仔细阅读机械的安全操作指南，并在操作时严格遵守指南。

钻孔机和榫眼机

钻孔机和榫眼机都可以通过钻孔或挖孔来制作榫眼。大多数机械都是通过钻头旋转完成钻孔的，因此只能得到圆孔，但榫眼机可以直接钻出方孔来得到榫眼。

台钻被认为主要是用来为圆木榫钻孔的工具。它们能钻取垂直孔，也能钻取成角度的斜孔。使用圆木榫进行接合，成功与否完全取决于台钻钻孔的精确性。除了台钻的主轴或夹头的精确性，钻头同样会影响钻孔的精度，如果你使用的钻头是便宜货，是很难钻出非常圆的孔的。使用高品质的钻头并检查它们在操作时是否存在跳动或摇晃，以确定台钻的主轴和夹头是否共轴或存在其他问题。

当台钻配合靠山使用时，同样可以用来制作榫眼，因为靠山能够确定钻头与靠山的距离从而定位钻孔的位置，因此可以在部件上钻取一系列

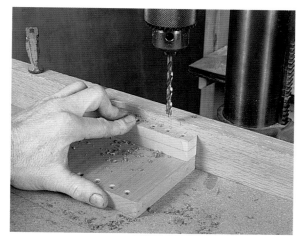

只有使用高品质的钻头，台钻才能得到精确的钻孔。

的孔来制作榫眼。这里需要记住，靠山并不需要与台钻台面的任何一个边缘平行或垂直来完成上述操作，它唯一需要确定的是与钻头中心的距离。台钻也可以通过安装其他类型的钻头来完成榫眼的制作，例如端铣刀和空心凿榫眼钻头，可以安装在台钻上来制作榫眼。

还可以使用多种不同的夹具来帮助台钻制作榫眼，辅助台面就是其中之一。大多数台钻自身

利用靠山来定位钻头，在部件上得到一系列的孔用来制作榫眼。

在台钻台面上安装辅助台面可以让安装其他夹具变得更容易。

的台面都是有肋条的铸铁台面，将辅助台面用夹具或螺栓固定在铸铁台面上后，安装其他夹具就容易多了。辅助台面可以使用 ¾ in（19.1 mm）厚的中密度纤维板（MDF）来制作，其底面需要再胶合固定一块实木板，最后整体固定到台钻的台面侧面。

在台钻上借助靠山制作榫眼。靠山一定要平直，但它可以以任何角度固定到台面上，唯一需要确定的是它与钻头中心的位置关系，这样才能钻出一系列直线排列的孔。有的台钻还可以调整台面角度进行角度钻孔，若你的台钻没有这项功能，也可以使用角度夹具来固定部件，使部件与台钻成所需的角度。此外还有垂直钻孔夹具，它能帮助你在部件的端面进行钻孔。

台钻使用的钻头包括可以加工金属和木材的麻花钻头、只能用来对木材进行粗加工的铲形钻头、可以进行精确中心定位的开孔钻头、开较大孔时使用的多尖端钻头和斜孔钻孔使用的平翼开孔钻头。在需要钻取贯通孔时，需要用废木料来保护台面或辅助台面。

卧式（水平）榫眼机是在工业化生产中专门用来制作榫眼的机械。它的台面可以在水平方向

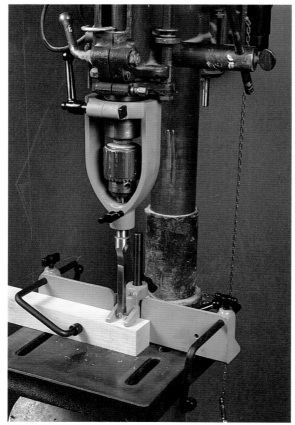

在台钻上安装空心凿榫眼钻头可以直接钻取方孔。

将垂直钻孔夹具用螺栓固定在台钻的台面上,并将台面选择到垂直方向。使用夹具自带的可调节靠山,在部件的端面进行钻孔。

前后移动和左右移动,从而让钻头在部件上开孔。其他的铣削机械,例如多轴铣削机,同样也能用来制作榫眼,因为这种机械可以在前后、左右、上下三个方向移动,其功能性更强,可以完成多种榫眼作业和制作榫头,还可以设置角度进行角度加工。多轴铣削机的水平台面用来固定部件并前后移动和左右移动,电木铣则可以安装在竖直台面上上下移动。任何水平操作的机械都要求台面可以沿主轴平稳运动,不能有任何晃动或倾斜。同时,当你在台面上固定较长或较重的部件时,台面不能出现变形。

空心凿榫眼机是专门设计用来制作榫眼的机械,只有对其进行重大改造才能用来完成其他的

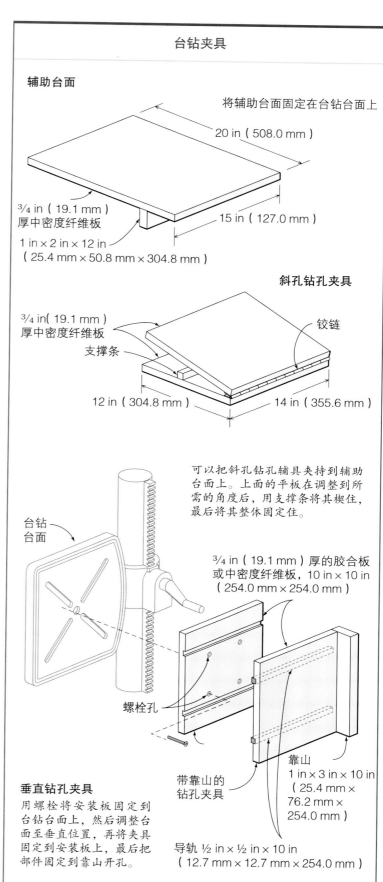

台钻夹具

辅助台面

将辅助台面固定在台钻台面上

20 in (508.0 mm)

15 in (127.0 mm)

¾ in (19.1 mm)
厚中密度纤维板

1 in × 2 in × 12 in
(25.4 mm × 50.8 mm × 304.8 mm)

斜孔钻孔夹具

¾ in(19.1 mm)
厚中密度纤维板

支撑条

铰链

12 in (304.8 mm)

14 in (355.6 mm)

可以把斜孔钻孔辅具夹持到辅助台面上。上面的平板在调整到所需的角度后,用支撑条将其楔住,最后将其整体固定住。

台钻台面

¾ in (19.1 mm)厚的胶合板或中密度纤维板,10 in × 10 in (254.0 mm × 254.0 mm)

螺栓孔

靠山
1 in × 3 in × 10 in
(25.4 mm × 76.2 mm × 254.0 mm)

带靠山的钻孔夹具

垂直钻孔夹具
用螺栓将安装板固定到台钻台面上,然后调整台面至垂直位置,再将夹具固定到安装板上,最后把部件固定到靠山开孔。

导轨 ½ in × ½ in × 10 in (12.7 mm × 12.7 mm × 254.0 mm)

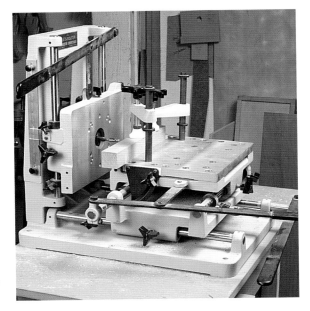

因为多轴铣削机的台面可以在 x、y、z 轴三个方向上移动，让它有能力完成榫眼和榫头的制作，也可以用来制作其他接合部件。

钻孔操作。空心凿榫眼机需要使用经过精细调整和研磨的钻头，但完成方形榫眼制作主要是依靠其优质的杠杆传动系统。空心凿榫眼机自身的重量越大，其制作出的榫眼就越好。

边缘处理机械

边缘处理机械主要是用来完成其他木工操作的，但在某些特定的情况下，它们也能用来制作榫卯部件。

平刨可以将木板的一侧边缘或一个大面加工

平整，但不能将加工边缘或大面的对侧处理得与前者平行，这是因为它的刀盘与参考面（也就是台面）在一条直线上，缺少可参照的平面。确保平刨刀盘上的刀刃在上止点与出料台平面完美对齐。如果刀刃的设置高于出料台台面，部件通过刀头时会出现啃尾现象，因为在部件刚离开进料台时其末端会掉到刀刃上，造成木料过量损耗。如果部件的加工面出现锥度变化，则说明刀刃的设置低于出料台，这是因为随着部件通过刀盘进入出料台，其整体逐渐抬升并脱离刀片，导致部件前段刨削过度，后段刨削不足。你还可以使用平刨沿部件的长纹理边缘制作半边槽，或者只是对木板的边缘进行刨平来完成拼板。

压刨能将部件的一个大面刨削平整且使其与对侧面平行，这是因为它的刀盘与基准面（台面）是平行的。为了能得到一组平行面，你必须先将部件的一个面用平刨刨平，然后把这个刨平面作为基准面平贴在压刨的台面上，将部件推过压刨获得平行面。除此之外，也可以用压刨来制作活榫头或者插片。

还可以使用车床来加工圆形榫头。当然，很多切割工具都可以制作榫头。

圆盘砂光机可以用来修整斜切后的表面。因为大多数圆盘砂光机都是逆时针方向旋转的，所以操作时必须把部件放在砂光机的左侧，这样砂光机会将部件向下推，使其紧贴台面以保证安全。

平刨可以将部件边缘刨削平直进行拼板。

利用压刨可以加工出两个大面完美平行的木板，也可以使用压刨制作活榫头或插片。

锯切机械

锯切机械在制作接合部件时是否有用完全取决于其精度。一般来说，重量越大的机械加工精度越高。可以保持同心转动的主轴和表面平直且牢牢锁定的靠山对于任何锯切机械都是极其重要的。此外，还要保持锯片锋利，如果锯片变钝要及时更换，决不能使用钝锯片强制切割。在进行锯切时，快速切割与精确切割两者只能得其一，

可以用车床在方形或圆形木料末端加工出圆形榫头。

带锯能够出色地完成多种榫卯部件的锯切。确保锯片在运转时不会发生偏移，同时保持较慢的进料速度，可以得到最好的锯切结果。

使用圆盘砂光机来修整斜切的边角。这里要注意，确保台面与砂磨盘彼此垂直。

在靠山上固定限位块，用带锯切指接榫。

鱼与熊掌不可兼得。在使用锯切机械时一定要安装生产商提供的锯片防护罩，并在操作时佩戴耳罩和护目镜。

带锯可以胜任大部分榫卯部件的切割操作，但必须装配锋利的锯片，同时确保转轮及传动胶条精确地同轴转动。使用较宽且每英寸锯齿数（teeth per inch，简称 tpi）更少的锯条对部件进行纵切。一条 ½ in（12.7 mm）宽的 3 tpi 或 4 tpi 的锯条非常适合制作普通榫头或指接榫。如果想得到更为光滑的切割面，需要使用 6 tpi 的锯片，同时还要降低进料速度。为了方便操作，可以使用可调节靠山提供辅助，从而方便重复锯切，但这样操作的前提是靠山与锯片是平行的。可以先在部件上用铅笔画线，然后沿靠山进行锯切，检查锯路与靠山是否平行。如果锯路偏离铅笔画线，则说明锯片与靠山不平行，需要固定一个与锯片偏移角度一致的辅助靠山来解决这个问题。

斜切锯本身就是为木工操作设计的工具，它们重量较轻，便于携带，可以在任何场地使用。在现在的家具工房中，斜切锯同样被大量使用，它们非常适合将部件横切到所需的长度。操作时用木工夹在靠山上固定限位块有助于重复锯切。斜切锯还可以进行 45° 斜面的锯切，用来制作斜接的相框或盒子。如果使用滑动复合斜切锯，可以通过调节锯切深度制作半搭接接头或普通榫头。

台锯可能是工房中使用最多的锯切机械，被用来完成大量的常规锯切工作，包括锯切人造板、将部件纵切到所需宽度和横切到所需长度等。在一些夹具的帮助下，仅用台锯就可以完成榫卯部件的精确锯切。

锯片

硬质合金齿锯片是现在大多数锯切操作的标准配置。这种锯片具有 4 种不同规格的锯齿：交错齿、组合齿（也叫作带耙犁齿交错齿）、平齿和三缺齿。组合齿锯片是所有规格中最适合用来制作接合部件的。

开槽锯片也常被用来制作接合件。这种锯片能得到更好的平底切面，从而为你节省了大量的

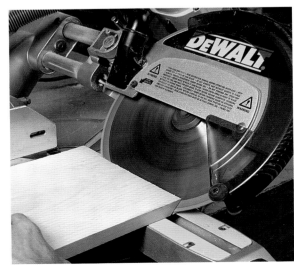

斜切锯能出色地将多个部件锯切到相同的长度。

使用斜切锯为框架或盒子制作斜接部件。

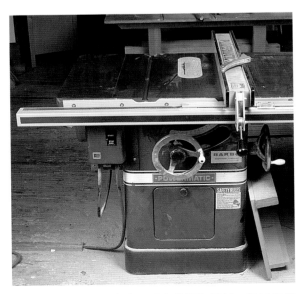

台锯是大部分工房中使用最多的锯切机械。通过使用不同的夹具，也可以用它来高效地制作榫卯部件。

台锯锯片

交错齿锯片

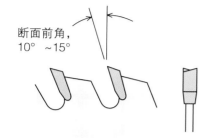

断面前角，
10°～15°

这种锯片有 48~80 齿，适合进行横切。

组合齿锯片

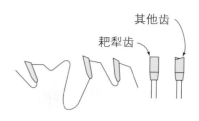

其他齿

耙犁齿

这种锯片有 40~60 齿，可以用于所有类型的锯切。它们的断面前角在 10°～15°。

平齿锯片

断面前角，
15°～20°

这种锯片有 10~24 齿，适合进行纵切。

三缺齿锯片

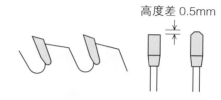

高度差 0.5mm

这种锯片有 60~80 齿，推荐用于锯切叠压部件和复合材料（中密度纤维板、胶合板和三聚氰胺板）。它们的断面前角为 10°。

▶ 台锯的安全使用细则

- 在使用台锯时，一定要安装锯片防护罩和分料刀。
- 操作时总是佩戴护目镜和听力保护设备。
- 升起锯片时，锯片只能比部件的上表面高出一个锯齿。
- 随时确认手指的位置，不能让它们处在锯切路径上。特别是使用夹具时要小心确认手指的位置。
- 当靠山与锯片之间的距离不足一拳时，要使用推料板进料。确保把推料板放在随时方便取用的地方。
- 操作时要站在靠山的左侧，将部件顶紧靠山推过锯片，同时保持头部和身体位于锯片左侧，不要出现在部件回抛的路径上。
- 保持锯片锋利，不要用钝化的锯片强制锯切部件。
- 保持合适的进料速度。如果出现部件骑上锯片的现象，稳稳地顶住部件，然后降下锯片，直到锯片离开部件，不要尝试将部件压在锯片上或者后撤部件离开锯片。
- 记住，靠山上出现任何问题都会反映到锯片上，

对操作造成影响，但反之并不亦然。要始终保持部件紧贴靠山。
- 不要让部件与锯片的后半部分接触，使用分料刀防止部件在进料时出现偏移，与锯片的后半部分发生接触（防止回抛）。
- 锯切完成后，要将部件完全推离锯片，然后再用手取。
- 可以使用延长台面或滚轴支架来帮助支撑较长的部件。不要拉动部件将其送过锯片。
- 永远不要用手从出料台侧进料，否则一旦部件回抛，你的手会被一起带动，容易被锯片所伤。
- 在使用开槽锯片时，要以较慢的速度进料并更加小心，因为开槽锯片的锯缝较宽，部件更容易发生回抛。
- 在使用任何金属夹具时，在台锯开机前一定要确保其不在锯切路径上，不会与锯片发生接触。
- 注意不要在锯片和靠山（或限位装置）之间留下小块的边角料，它们的存在极易使部件发生回抛。

手工清理时间。现在的开槽锯片都是 4 片结构的，相比之前的 2 片结构具有更好的平衡性特点，操作起来也更安全，锯切也更顺滑。

夹具

台锯夹具能够极大地增强台锯制作榫卯部件的能力。在台锯原本的靠山上增加辅助靠山能够更好地支撑较宽的部件进行锯切。还可以通过使用辅助靠山进行零间隙锯切，以免损伤原靠山。

使用辅助靠山帮助支撑较宽的木板在其边缘进行锯切。在需要进行零间隙锯切时，也可以使用辅助靠山，锯片可以切入辅助靠山而不用担心损伤原装靠山。

使用组合齿锯片可以完成多种榫卯部件的锯切。

开槽锯片使用不当会非常危险。始终保持可控的进料速率并在必要时使用推料板。如果情况允许，尽量让靠山靠近锯片而不是远离锯片进行操作。

市售的定角规带有常用角度的正向限位块、用于较长部件的伸缩式延长靠山和可调节位置的锁止限位块。

台锯自带的定角规在使用前一般需要进行校准。它们大多与台锯台面的轨道匹配比较松（导轨会在轨道中晃动），需要在导轨上钻孔嵌入市售的功能扩展模块。这样定角规就可以与轨道贴合得更加紧密，运动时不会发生偏移。有些定角规还带有可锁定限位装置、正向角度限位块和可调节靠山，它们的功能也会因为功能扩展模块的插入而得到强化。可以使用定角规进行45°斜切，也可以制作相框夹具来帮助完成。只要制作精确，

相框夹具有一个 90° 角的靠山，其两条边分别与锯片成 45° 角。相框夹具底面固定有导轨，使其能够像定角规一样在台面轨道中滑动。

确保开榫夹具经过了精确校准，并且能够沿定角规的轨道精确滑动。

横切夹具同样需要在定角规的轨道中滑动。使用螺栓将靠山固定在夹具底板上，以便于调整部件与锯片的角度。

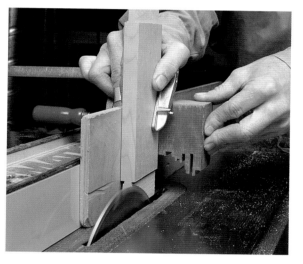

制作一个较高的开榫夹具能让你在高处固定支撑块，从而能用木工夹来固定部件。

这种夹具能够确保相框的接合角一定是直角。

在使用台锯进行横切时，横切夹具也是必不可少的。通过螺栓将靠山牢牢地固定在夹具底板上，这样也更方便进行调整。使用径切木板制作的定角规调节杆能够最大限度地减少木材因季节变化出现的形变。在靠山上固定限位块来定位锯切位置。

开榫夹具可以从市场上购买，也可以自己制作，但买来的开榫夹具需要花一些时间进行校准。自制开榫夹具很容易完成，需要注意的是确保固定支撑块的螺丝要高于可能的最高锯切高度，同时，开榫夹具整体要比靠山高，以便于可以用木工夹来固定部件。操作时一定要小心，不要让开榫夹具在锯切过程中倾倒落在锯片上。

如果需要让部件以一定角度通过锯片，同样

可以制作简单的夹具，将部件固定在所需的角度进行锯切。图中这个斜切插片夹具使用一块中密度纤维板作为基板，并用螺丝将另一块支撑块以 45° 角固定在上面。

横切夹具

胶合的木条 ¾ in × 3½ in × 24 in
（19.1 mm × 88.9 mm × 609.6 mm）

锯缝

24 in（609.6 mm）

挡指块

靠山 1½ in × 3½ in × 24 in
（38.1 mm × 88.9 mm × 609.6 mm）

16 in
（406.4 mm）

前板

导轨

用螺栓将靠山固定在底板上。使用径切木板制作导轨可以最大限度地减少木材形变带来的影响。在靠山上胶合挡指块，并且操作时永远将手指放在其右侧。

当手指非常接近锯片的转出点时，同样需要使用推料板完成进料。

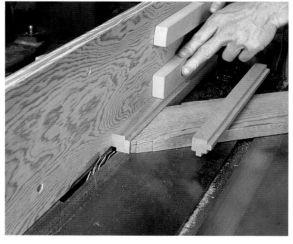

在为窄木条制作半边槽或切割凹槽时，使用羽毛板配合推料板可以安全地将木条推过锯片。

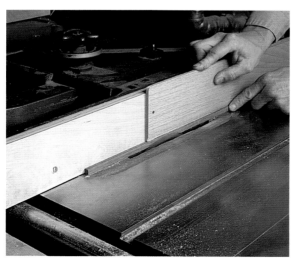

使用较薄的推料板将薄部件推过锯片。

可以通过制作相应的夹具来完成。简单的版本就是，将靠山以所需角度固定在一块木板上，让部件紧贴靠山通过锯片。

当靠山距离锯片较近时，一定要使用推料板进料。我的经验是，两者距离不足一拳时，就使用推料板进料。当你的手指处于锯片的转出点时（手指位于锯路上）也需要使用推料板。在锯切极薄的部件时，可以使用同样很薄的推料板进料。同时使用羽毛板和推料板可以让锯切更加安全。

◆ 第二部分 ◆
箱体结构的接合

对接接合，第 30 页

半边槽、纵向槽和横向槽接合，第 53 页

斜面斜接，第 89 页

指接榫接合，第 104 页

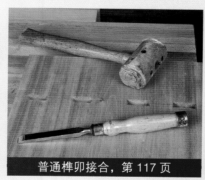

普通榫卯接合，第 117 页

燕尾榫接合，第 128 页

　　箱体结构是一种基本的家具结构，而盒子作为最简单的箱体形式，可以将其视为橱柜、抽屉柜、书柜、衣柜和斗柜的最基本形态。因此，能够制作牢固稳定的盒子就成了木匠必不可少的木工技能。

　　箱体可以使用实木板、胶合板或其他人造板（例如，中密度纤维板）来制作。使用胶合板等人造板材制作家具无须担心木材纹理方向、强度或形变的问题。但如果使用的是实木，那么木材的纹理方向就显得格外重要了。

　　部件的长纹理面能够提供良好的胶合表面，可以直接胶合，但在端面与长纹理面相遇时，必须通过机械连接进行接合。理想情况下，这样做还能形成新的胶合表面来辅助接合。机械连接的方式有很多种，这些接合方式被统称为箱体结构接合。

第 4 章
对接接合

　　对接接合是制作箱体时最简单的木板接合方式。只要保持木板的边缘和大面方正平直，这种接合部件很容易切割。成角度的对接接合，顾名思义，需要在木板的大面与边缘以 90° 以外的角度进行切割。无论是平面的还是成角度的对接接合部件，都需要接合面在其整个长度和宽度方向上保持平整，只有这样，才能获得最大的胶合表面，以及更好的支撑面。

　　与其他常见的接合结构不同，只用胶水固定对对接接合来说是不够的。几乎所有的对接接合都需要将木板的长纹理面（边缘或大面）与端面（横向于纹理的面）接合在一起，而无论使用什么胶水，端面都很难牢牢接合。胶水或许可以将接合状态保持一段时间，但长久来说还是需要使用紧固件来帮助固定，以避免接合失败。紧固件可以帮助维持胶水的胶合作用。

对于较大的箱体结构，饼干榫是非常有效的接合方式，它们可以强化接合并帮助部件正确对齐。

紧固件的选择

　　在确定使用紧固件后，你首先要决定的就是选择哪种紧固件。有多种紧固件可供选择强化对接接合。

对于一个简单的、不使用紧固件的对接接合组件，只需在部件的接合面涂抹胶水并用木工夹夹紧固定。

这个接合失败的对接接合组件告诉我们，不使用紧固件的对接接合是多么脆弱。

在硬木部件上钉钉子很容易造成木料开裂。

钉子是将两块木板固定到一起的最常用的紧固件。将钉子穿过一块木板钉入另一块木板的端面就可以了，可能没有比这更简单的操作了。但如果部件是硬木材质，或者较薄、较窄时，使用钉子很容易造成木板劈裂。为了解决这个问题，可以使用比钉子直径略小的钻头预先钻孔。

螺丝是另一种可以用来加固对接接合的常用紧固件，特别是在制作橱柜时。只要安装正确，螺丝可以将面板牢牢固定在一起。

可拆卸紧固件在使用得当的情况下具有惊人的强度。有了它们的帮助，你就可以在工房完成部件的制作，然后把部件带到目的地现场进行组装，从而方便了家具的运输，同时减少了空间的占用。

当然，紧固件也不能简单地直接使用，必须将其与家具作为一个整体进行考虑，才能使它们在面对应力的反复考验时充分地发挥抵制形变和撕裂的作用。在沿部件宽面使用紧固件时，很重要的一点是，紧固件的数量必须足够，才能沿着宽面均匀地分散应力，获得更好的加固效果。将紧固件按三角形分布能让对接接合获得更好的支撑，并确保接合区域平整。

斜孔螺丝是另一种用来加固对接接合的方法，特别是在制作橱柜时，它们常被用来将面框固定到箱体框架上。斜孔螺丝是一种为效率而生的紧固件，可以快速安装。你可以购买商品夹具

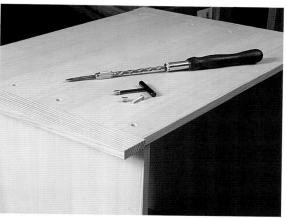

使用可拆卸紧固件的对接接合件可以随时随地进行拆装。

需要首先用夹具来钻取带角度的引导孔，斜孔螺丝对箱体的加固来说效果非常好。

轻松钻取斜孔，也可以使用一个简单的自制固定式夹具配合手持式电钻和钻头来完成钻孔。商品夹具可以搭配特制的麻花钻头来使用，夹具上通常还带有深度限位器。这种麻花钻头的末端直径较小，用来钻取引导孔。

螺丝的安装

为了能够快速安装螺丝，可以使用带有沉孔头和限位颈环的锥形钻头来完成钻孔。这些锥形钻头可以同时为螺丝钻出引导孔，为螺丝头钻出埋头孔。如果增加钻孔深度，则可以钻出用于安装木塞的孔。锥形钻头上的限位颈环可以确保得到一系列深度相同的孔。另一种安装螺丝的方法是使用铲形钻头钻取埋头孔。手工钻孔很容易撕裂孔周边的木料，但使用锋利的钻头可以避免出现这样的问题。

橱柜等精细的作品需要精确的钻孔与之匹配。可以使用台钻，配合 3⁄8 in（9.5 mm）或 1⁄2 in（12.7 mm）的钻头先为螺丝头钻取埋头孔，上述规格的钻头很容易在木塞钻头中找到。然后，继续用台钻钻取螺丝引导孔。

有时也会碰到一些状况。比如当台钻不够大，不能将柜身的侧板放到上面进行钻孔时，可以使用电木铣进行操作。可以使用压入式电木铣搭配中心铣削铣头深入部件进行钻孔。这种铣头可以作为钻头来使用，因为其具有横跨底部的刃口。将电木铣固定在合适的位置，以免其在操作过程中滑动，然后就可以按所需深度完成钻孔了。

在为螺丝钻取引导孔时，需要使用与螺丝根部（带有螺纹的部分）尺寸相同或尺寸稍大的钻头进行操作，这样螺丝可以轻松钻入部件，同时还能保持良好的固定效果。

对于某些木材，如果引导孔过小，驱动螺丝钻入时就会遇到麻烦，螺丝可能会折断，或者螺丝头被打坏。因此在选择钻头尺寸时，不仅要考虑螺丝的大小，还要考虑木材的种类。相比枫木或樱桃木，在雪松木这样的软木上钻取较小的引

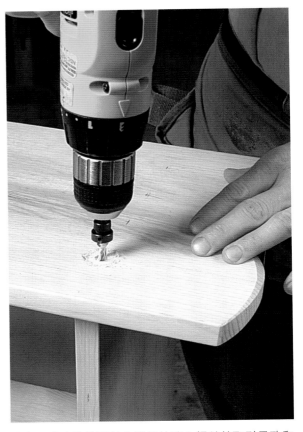

带有沉孔头的锥形钻头能够快速为螺丝钻取引导孔和埋头孔。

铲形钻头可以用来钻取埋头孔。

导孔更为容易。引导孔应该钻到与螺丝长度一致的深度，在某些情况下，钻孔要绝对精确，甚至不能深一丁点。可以在钻头上缠绕胶带来指示钻孔深度。

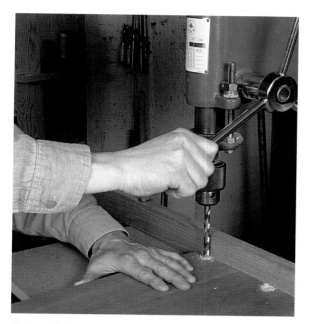

在需要精确操作时，可以使用台钻来钻取引导孔。

当部件尺寸对于台钻来说过大时，可以使用安装有中心铣削铣头的压入式电木铣深入部件内部进行钻孔。

在为螺丝钻取引导孔时，应选择与螺丝根部直径一致的钻头。

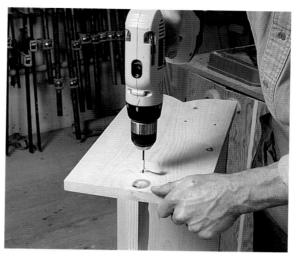

在钻头上缠绕一条遮蔽胶带可以快速且方便地指示钻孔深度。

紧固件的隐藏

有些时候，紧固件也可以为家具提供装饰效果。例如，在乡村风格的家具上可以使用手工制作的钉子，或者在装饰性的家具上使用锁眼钉来获得更好的外观。但更多的时候，你需要的是隐藏部件接合区域的紧固件，因为裸露在外的钉头真的很难看。不过幸运的是，钉子还是可以通过埋头孔和填补木粉腻子的方式轻松隐藏起来，而且木粉腻子有多种颜色可供选择，可以应对不同颜色的木料。

隐藏螺丝需要做的工作会稍微多一些。有多种木塞可以用来覆盖螺丝头。你可以买到用不同木材制作的蘑菇形木塞和圆柱形木塞。可以先在废木料上钻孔来检查木塞是否合适，使用的钻头应与为正式作品钻孔使用的钻头相同。

也可以将圆木榫切段来制作木塞，当然，购买前应先检查圆木榫的尺寸是否与螺丝孔匹配。需要注意的是，圆木榫会随着时间的推移干燥失水变成椭圆形，从而很难与螺丝孔紧密贴合。同样还要注意，圆木榫木塞在作品表面展现的是其端面，即使圆木榫与作品使用的是同一种木材，也会产生强烈的颜色反差，因为端面会吸收更多的表面处理产品从而颜色更深。

你也可以使用木塞钻头自制木塞，保证其与螺丝孔更好地匹配，并与周围的木材浑然一体。注意将木塞的纹理与部件表面的纹理对齐。

用来隐藏螺丝孔的木塞具有多种形状、尺寸和木材种类可选。你也可以自制能与作品更好匹配的木塞。

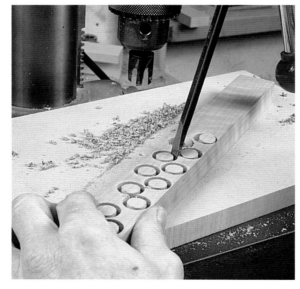

在使用锥形木塞钻头制作木塞后，可以用螺丝刀将木塞撬出。

圆形开榫钻头可以用来制作木塞，这种钻头的一大优势就是可以直接将木塞从钻头中弹出。

使用锥度木塞钻头切取从上到下锥度变化的木塞。这种木塞很容易进入孔中并与孔壁紧密贴合，同时不会将胶水大量挤出。可以用台钻来制作锥形木塞，但要设置好钻头钻孔的深度，使木塞可以留在木料上，然后用螺丝刀将木塞撬出或者用带锯将木塞切下。开榫钻头被设计用来制作长榫头或者长圆木榫，也可以用来制作木塞。在使用开榫钻头制作木塞时，木塞会从钻头中弹出，因此方便大批量制作。

饼干榫和圆木榫

饼干榫和圆木榫也可以用来强化对接接合。饼干榫在 20 世纪 70 年代才开始出现，相对钉子来说是一种比较新的方法，但是在强化对接接合方面，饼干榫非常有效，尤其是在使用胶合板制

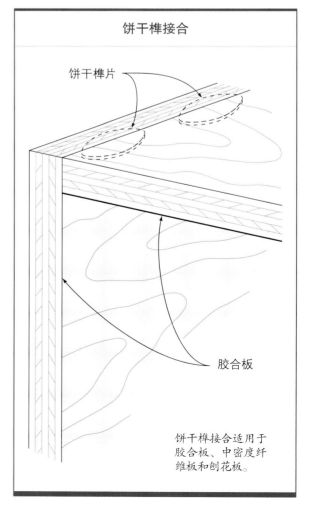

饼干榫接合

饼干榫片

胶合板

饼干榫接合适用于胶合板、中密度纤维板和刨花板。

作箱体时。

饼干榫片的工作模式与活榫头或者圆木榫类似，都要在配对部件上分别开槽（或钻孔），然后将涂抹胶水的紧固件插入其中进行对接。不同之处在于，饼干榫片是使用从斜纹山毛榉上锯切下的木料压制而成的，可以避免木材收缩和短纹理带来的问题。同时饼干榫片在接触水基胶水后能够膨胀，从而将榫槽撑满。饼干榫片有多种尺寸，可以满足不同的需要。饼干榫非常适合接合胶合板和刨花板制作的结构部件，但是对于实木结构，特别是实木柜子，可能会遇到饼干榫片不能准确定位到长纹理与长纹理胶合面的情况。

圆木榫是一种家具行业的标准接合件，被广泛应用在沙发、桌子和椅子等家具的制作中。圆木榫之所以能成为标准，是因为其使用便捷，且预期寿命长短适中，符合使用者家具换新的时间预期。与饼干榫不同的是，圆木榫不会在毫无征兆的情况下失效，它们首先会松动摇晃，然后会在最终失效前的几年中嘎吱作响发出警告。

当然，圆木榫也有缺点。它们的长纹理方向通常不能与部件的长纹理面很好地匹配，当圆木榫接合出现在木板的大面上时这种情况尤其明显，因为在长纹理面钻孔，孔的侧壁露出的是木板的端面，而端面并不是合适的胶合面。而且，随着圆木榫干燥失水，它们会收缩成椭圆形，导致与圆孔的匹配出现问题。此外，圆木榫还会随着环境湿度的季节变化反复膨胀和收缩，最终导致圆木榫接合出现松动。同时，使用圆木榫接合

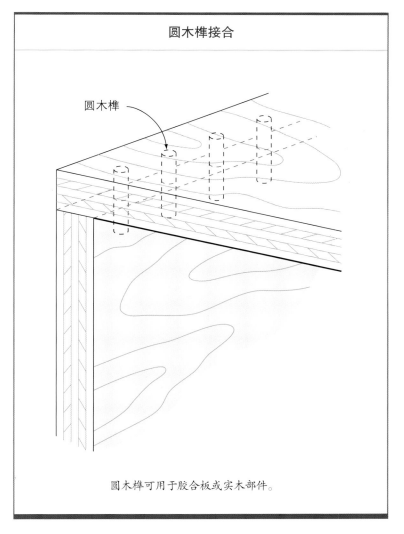

圆木榫接合

圆木榫

圆木榫可用于胶合板或实木部件。

饼干榫片有多种尺寸，可以满足不同需要。

的部件很难对齐，并且如果需要使用多个圆木榫，也不方便检查部件之间是否匹配。最后，即使圆木榫能够与榫孔完美匹配，过多的胶水产生的液压作用也会妨碍部件紧密接合，除非用铁锤用力敲打以释放应力。

虽然圆木榫有这些问题，但如果仔细规划，它们依然能够在某些情况下完成牢固的接合，并且不会在作品表面显露出使用痕迹。话虽如此，暗榫接合还是让很多木匠陷入了绝望。这并不奇怪，暗榫接合是一种极其苛刻的接合方式，在操作时哪怕出现一点点失误都可能功亏一篑。但总的来说，暗榫还是很有用的，例如，在制作盒盖提手时就会用到它们。如果需要在很小的或者形状不规则的部件上使用圆木榫，但忘记在部件仍然较大或未成形前打孔的话，可以用木工夹将部件平行固定在台钻的台面上进行钻孔。

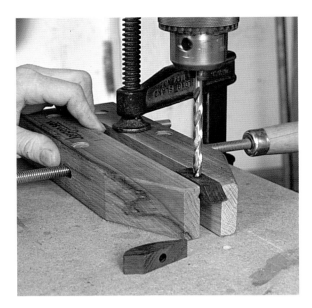

在为较小的或形状不规则的部件钻取圆木榫孔时，需要先将部件用木工夹固定在台钻台面上。

为了保证对接接合的精确性，接合面的横切必须方正。

使用手锯进行横切时，应将锯片紧贴在铅笔画线的废木料一侧。

方正横切的重要性

每个人的第一次锯切可能都是横切，但实际上横切的内涵并不只是你认为的锯切动作那么简单。笔直且方正的锯切对所有接合部件的制作来说都是必不可少的，尤其是对接接合。记住，每次锯切都会涉及部件的两个方向，在进行方正的横切时，你一定是在横跨锯切表面的同时垂直向下锯切的。

无论使用手锯还是电动锯进行横切，你最好在部件上画出一条清楚且平直的铅笔线。这条画线不要太宽，也不要尝试沿画线的正中来锯切。确保整条画线整齐纤细，锯切时将锯片放在画线的废木料一侧，让铅笔画线处于你和锯片之间以便于观察。

使用手锯横切

要用手锯进行横切，首先要做的就是开锯——在工件上以与锯切方向相反的方向拉动手锯。这样能帮助你在正确的位置建立切口。如果你使用的是西式锯，它们的锯切是在推动锯片时完成的，那么开锯时就需要拉动锯片建立切口。之后就可以开始锯切了。日式锯是通过拉动锯片完成锯切的，因此开锯时需要推动锯片建立切口。

当你前后推拉锯片时，可以使用指关节顶住锯片，为最开始的几次推拉提供引导。握持锯子的手的食指指向锯子的前端，帮助指引锯切，还可以练习只锯不切。开始锯切时向下的压力过大会使得直线锯切难度变大。因此锯切时应主要依靠锯子自身的重量向下锯切，你要做的就是保持锯片和锯切路径笔直。将部件尽量放在较低的位置，使你的肩部处于锯切位置的正上方，这样不仅比较省力，而且能够提供足够的切割力。当然，前提是锯片必须保持锋利。

使用电圆锯横切

电圆锯是电动工具，因此理所当然地要比手

锯的锯切效率高得多，但决定锯切质量的关键还是准确性。用电圆锯完成平直锯切最好的方法是用一把平尺提供引导。将一块普通的木板固定在合适的位置可以起到相同的作用。在正式锯切前可以先试切一下，以确定锯缝与木板靠山边缘之间的距离。然后根据这个数据将靠山固定到与锯切标记线相应距离的位置。除了自制的引导件，也可以购买商品引导系统以获得更好的横切结果。右上图展示的是费斯托（Festo）系统，它可以整套固定在部件上，并且配有橡胶防碎裂护罩，可以直接固定在标记线处。锯片可以在铝制轨道上滑动，以获得满意的锯切结果。需要注意的是，你要做好对即将被切下的木料部分的支撑，以免撕裂锯缝边缘的木料。

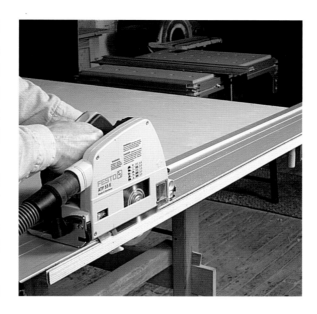

引导系统可确保电圆锯完成方正的横切。

使用斜切锯横切

在大多数木工房中，斜切锯已经成为横切的首选工具。斜切锯方便移动、精度足够（前提是机器没有被粗暴使用、没有过多搬动、没有超负荷运转）并且操作简单。你可以在木工桌旁边放置一台斜切锯，用来快速完成那些日常所需的小型横切操作。一般来说，要等到锯片完全停止转动后再移开部件，这样能有效地防止边角料飞出造成伤害。

斜切锯曾经主要在建筑行业中使用，现在则成了许多小木工房的主要横切工具。

使用台锯横切

说到精确锯切机械，我最喜欢的还是台锯。配备优质的横切夹具，就可以用台锯重复完成精确的横切。台锯唯一的限制是其能够锯切的部件的厚度（最大锯切容量）。在锯切较长的部件时，可以使用一块与夹具锯切面厚度一致的木板将部件悬空的部分支撑到与锯切面水平的高度，这样能防止部件在锯切时翻倒，从而使得操作变得容易。

制作一个简单的横切夹具来辅助台锯完成精确的 90° 横切。

紧固件辅助的接合

钉子辅助的对接接合

第一个操作很简单，就是将两块木板对接在一起，并钉入钉子加固对接接合。当然，需要首先将木板刨削平整并切割到所需尺寸，注意横切一定要精确。

▶ **参阅第 36 页"方正横切的重要性"**

首先完成盒子 3 块侧板的胶合，并用木工夹固定，这样在用钉子加固对接接合时盒子才不会散开（图 A、图 B）

手工钉钉子时，需要你用手来保持钉子垂直进入部件。为此，需要一边敲击一边从侧面观察钉子的走向并及时调整，而不是在钉子歪斜穿过侧板后再进行修正，那时就来不及了（图 C）。用冲钉器将露出的钉头处理到木板表面之下，以免钉头突出刮伤其他东西（图 D）。

锁眼钉辅助的对接接合

锁眼钉是一种装饰性的紧固件，不过同样可以用来加固对接接合。首先将木板刨削平整并切割到所需尺寸，注意横切一定要精确。

▶ **参阅第 36 页"方正横切的重要性"。**

对于大多数木材，应预先在部件上为锁眼钉钻取引导孔，这样不仅可以防止在钉入锁眼钉时

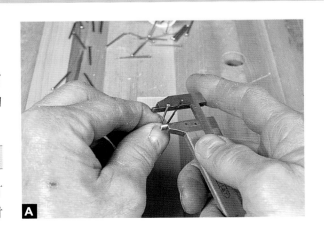

木板开裂，还能确保锁眼钉按照预期的路径精确钉入木板中。

钻取引导孔前需要检查钻头与锁眼钉的尺寸是否一致。我一般会用卡尺同时夹住锁眼钉和一个大小相似的钻头，如果在我松开手时锁眼钉掉落，那么就说明锁眼钉的直径略小于钻头直径（图 A）。

钻取引导孔时，要确保盒子的侧板框架被放置在平整的桌面上，或者可以用台钳将其固定（图 B）。钉入锁眼钉，然后用冲钉器把每一个突出的钉头敲至与部件表面平齐（图 C）。

气钉枪辅助的对接接合

使用气动无头钉枪或是气钉枪钉钉子要比手工操作快 10 倍，但操作的危险性也相应有所增加。首先将木板刨削平整并切割至所需尺寸，注意横切一定要精确。

➤ **参阅第 36 页"方正横切的重要性"**。

把箱体的各部件预先胶合并用木工夹夹紧有利于各部件彼此对齐（图 A）。然后可以将钉子垂直钉入，也可以稍微倾斜气钉枪使钉子以小角度钉入。以小角度钉入的钉子能够提供更好的保持力（图 B）。

如果气压足够，气动无头钉枪能够直接将气钉或无头钉钉入到部件表面之下，后续只需用木粉腻子将留下的钉孔填平。水基的木粉腻子使用起来要比溶剂型的木粉腻子效果更好，因为前者更容易从工具上清理掉。每次涂抹木粉腻子的量要比实际用量稍多一点，然后使用砂纸将多余的腻子打磨掉，让整个部件表面保持平齐（图 C）。

> ⚠ **警告**
>
> 气钉枪物如其名：它射出的钉子的速度和压强足以对人造成严重的伤害。所以，使用气钉枪时要确保你的手指远离要钉入钉子的表面，并确保操作路线上没有其他人。

A

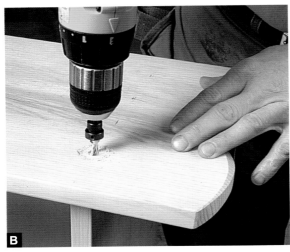

B

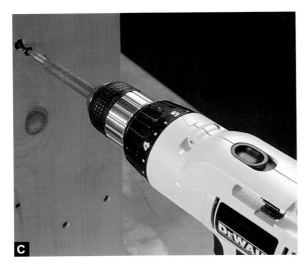

C

螺丝加固的对接接合

螺丝加固的对接接合与钉子加固的对接接合很相似，只是所用紧固件不同而已，但螺丝相比钉子能够更好地咬住木料，因为螺丝具有螺纹。首先将木板刨削平整并切割至所需尺寸，注意横切一定要精确。

▶ 参阅第 36 页 "方正横切的重要性"。

像之前一样，把箱体的各部件胶合并用木工夹夹紧，有利于各部件彼此对齐，方便后续安装紧固件（图 A）。虽然螺丝不会像钉子那样容易使木料开裂，但大多数情况下，你仍然需要预先钻取引导孔和埋头孔。否则的话，螺丝头会凸出于部件表面，如果木料是硬木的话，螺丝很可能根本无法钻入木料中。

▶ 参阅第 32 页 "螺丝的安装"。

完成预钻孔最快的方式就是使用手持式电钻，安装配有沉孔头和限位颈环的锥形钻头进行钻孔。如果要将螺丝头隐藏起来，可以继续钻孔和镗孔，直到钻出可以使用木塞的孔（图 B）。竖直拧入螺丝，并使其与接合边缘垂直。

[小贴士]

用蜡将螺丝稍微进行润滑能让其更容易进入到木料中（图 T）。

如果螺丝刀头总是从螺丝头上滑出，请检查所用的螺丝刀头尺寸是否合适（图 C）。

T

斜孔螺丝辅助的对接接合

首先将斜孔螺丝夹具用木工夹固定到位。用遮蔽胶带缠绕在钻头上作为钻孔的深度指示标记，或者设置一个限位装置来控制钻孔深度。确保孔的深度适合，不要让螺丝从部件的另一侧穿出。现在可以钻取斜孔了（图 A）。

斜孔螺丝具有圆形螺丝头、十字槽和能够快速切入木料的自攻螺纹（图 B）。虽然螺丝有加固作用，但仍建议首先用胶水胶合对接接合部件，就像图中的抽屉那样（图 C）。使用斜孔螺丝能大量减少木工夹的使用，让操作变得轻松不少。

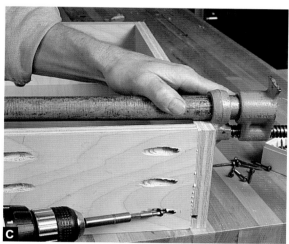

用木塞隐藏螺丝孔

在全部螺丝安装就位后，在用木塞塞住螺丝孔之前，需要用螺丝刀再将螺丝拧紧一点。可以用牙签在孔口周围涂抹胶水，然后将木塞的纹理与孔周围的纹理对齐，并塞入木塞（图 A）。接下来用铁锤将木塞敲入到位，注意保持木塞垂直插入孔中。

待胶水凝固，有多种方法可以将凸出的木塞修整到与部件表面平齐。

可以使用刨刃锋利的手工刨来刨平凸出的木塞。先试着以不同方向刨削几下，确定纹理的走向，然后通过多次刨削将木塞刨平至与部件表面平齐。在木塞顶部接近部件表面时应放慢刨削速度，以免刨刀损伤部件（图 B）。

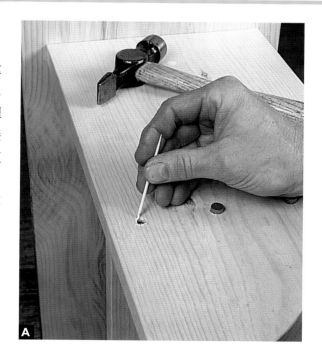

也可以用一把锯齿偏置很小的日式平切锯来快速修剪木塞。但还是要注意，不要锯切到作品自身（图C）。

使用电木铣修平木塞

压入式电木铣可以快速且出色地完成修平木塞的操作，其中的诀窍是，将铣头的铣削深度设置到略高于部件表面的位置（图A）。可以用一张卡纸辅助设置，让铣头刚好接触到卡纸表面。这样做的好处是可以确定残留木塞的高度（图B）并能重复操作。设置好铣削深度后，用电木铣修整每个木塞。最后，残留的木塞可以用刮刀或者砂纸轻松处理掉（图C）。

制作装饰性木塞

　　商品圆柱形木塞对一件作品来说可能不够考究。你可以自制一些不同类型的装饰性木塞来提升作品的美观度和设计性（图 A）。使用颜色对比鲜明的木料制作的正方形木塞可以修剪到与部件表面平齐，也可以加工成略微拱起的圆顶形，或者雕刻成尖峰状。

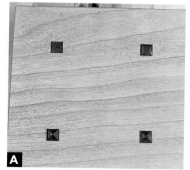
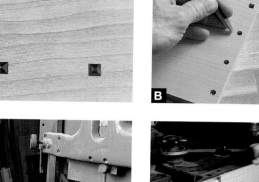

　　首先像平时那样为螺丝钻取埋头孔，然后用凿子将埋头孔修整方正（图 B）。不要依靠画线进行操作，要相信自己的双手和眼睛，同时注意不要过度凿切。铣削方料木条，其截面边长要比埋头孔直径稍大，用来为图中的 ¼ in（6.4 mm）方孔（比较简单和安全的尺寸）制作木塞。先用带锯配合靠山将木条锯切到大致宽度（图 C），然后用台锯配合薄推料板将木条锯切到比方孔孔径大 ¹⁄₃₂ in（0.8 mm）的尺寸（图 D）。这些方木塞的最终尺寸为 ⁹⁄₃₂ in（7.1 mm）。

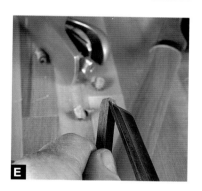

　　用手工刨清理掉台锯锯切的痕迹，然后用凿子、锉刀或砂纸为方木塞的端面倒角（图 E）。处理后的方木塞可以轻松插入稍小的孔中，同时也可以把用凿子修整埋头孔时留下的一些缺口填满。接下来就可以用凿子修整方木塞了。

　　当然，也可以用手工刨或电木铣将方木塞修平，但我更喜欢让方木塞凸出一点，作为手工制作的"证据"。具体来说，我会用手工刨将方木塞刨削到高于周围表面约 ¹⁄₁₆ in（1.6 mm），然后用 120 目的砂纸将方木塞打磨成圆顶状。

　　要将方木塞雕刻成尖峰状，需要从方木塞的边缘向中间进行雕刻。可以在部件表面放一块层压板提供保护，然后用最锋利的凿子从方木塞边缘向着"峰顶"凿切（图 F）。多试几次，你就能完全掌握其中的技巧（图 G）。

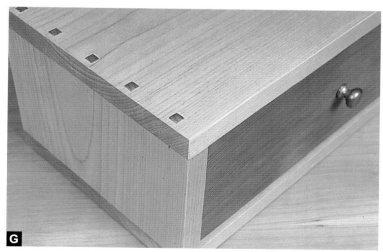

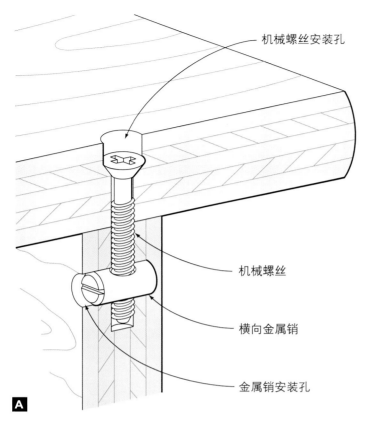

机械螺丝安装孔

机械螺丝

横向金属销

金属销安装孔

A

可拆卸接合

二合一连接件辅助的对接接合

二合一连接件（图 A）是在一根圆柱形金属销的轴向正中开有一个螺纹孔的紧固件。将机械螺丝拧入螺纹孔中，就可以将组件拉紧（图 B）。

如果你想要将金属销隐藏起来，应首先钻取一个 ½ in（12.7 mm）的埋头孔，然后钻取一个比 ⅜ in（9.5 mm）略大的孔，使金属销可以轻松插入（图 C）。还要为机械螺丝钻取一个安装孔，让其可以拧入螺纹孔中。安装孔要足够深，保证机械螺丝可以完全穿过金属销。使用环氧树脂胶来固定金属销，并用木塞将其隐藏（图 D），但要在胶水凝固前调整金属销，使螺纹孔与机械螺丝的安装孔对齐。金属销的端头带有槽口，因此可以用螺丝刀来转动金属销完成对齐（图 E）。

B

C

D

E

共轭连接件辅助的对接接合

共轭连接件通常用于使用大块贴面胶合板制作的办公家具上。这种类型的家具一般采用可以现场组装的设计。

使用共轭连接件时，需要首先钻取两个 ⅞ in（22.2 mm）的埋头孔，用来安装紧固件中较大的桶状连接件和套环。钻孔时要确保钻头的中心尖刺不会钻穿胶合板的贴面木皮（图 A）。这里使用的多齿钻头不能钻到所需的深度，否则就会钻穿部件，因此需要用电木铣安装修平铣头将孔加工到所需的深度。铣头上的轴承会靠在已钻出的孔壁部分，将孔铣削到合适的深度，使桶状连接件放入后刚好位于木皮的下方（图 B）。

接下来，在部件的边缘用 ¹⁄₁₆ in（1.6 mm）的钻头钻取安装孔，用来放入连接螺栓。孔要足够深，保证螺栓能够穿出套环（图 C）。用 ⅛ in（3.2 mm）的钻头或螺丝刀头转动桶状连接件，将接合部件拉紧，直到螺栓头紧紧顶住配对件的套环（图 D）。

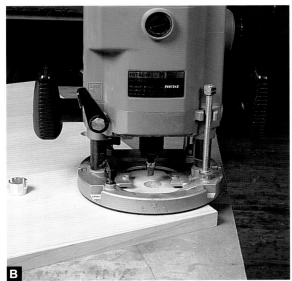
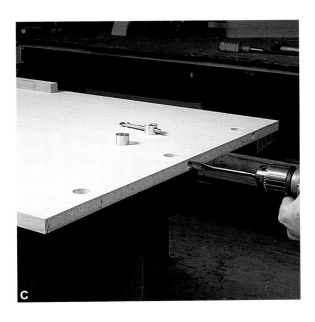
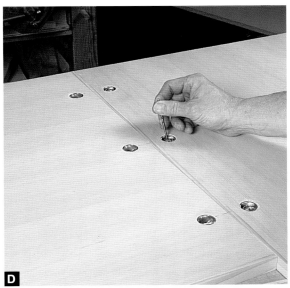

螺纹嵌入件辅助的对接接合

螺纹嵌入件也被称为螺纹牙套，其外侧具有与木工螺丝相同的螺纹，因此可以嵌入木板的边缘（图 A）。螺纹嵌入件的内部也具有螺纹，可以安装机械螺丝，将两块木板拉紧在一起。螺纹嵌入件的使用要比其他可拆卸紧固件麻烦一些，因为这种紧固件很难垂直进入部件中。你需要投入一些时间来熟悉它们，并购买或制作一个好用的安装工具。

先在木板的端面钻孔以安装螺纹嵌入件。可以使用圆木榫定位夹具沿木板的端面中心线钻孔（图 B），然后取下夹具，使用比夹具允许的钻头直径稍大的钻头再次钻孔。这样可以在安装嵌入件时防止木材膨胀，也可以在安装螺纹嵌入件时使用木工夹夹紧孔的外侧来防止木材膨胀。

安装螺纹嵌入件时可以使用 T 形螺丝刀将其拧入部件中，也可以使用套筒扳手来拧入双头螺栓（图 C）。螺纹嵌入件很容易在拧入过程中出现倾斜，因此在安装过程中需要不断地从正面和侧面观察它们是否垂直进入部件。螺纹嵌入件安装到位后，需要确保它们与配对木板上的机械螺丝安装孔对齐（图 D）。

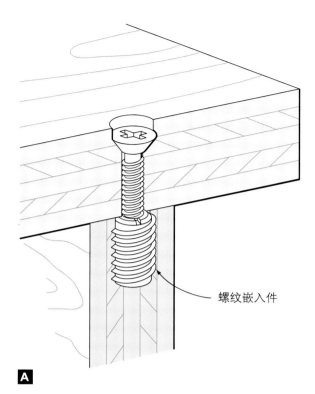

螺纹嵌入件

A

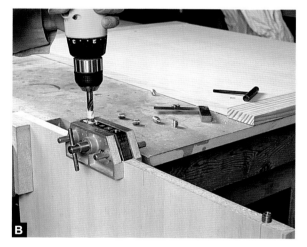

B

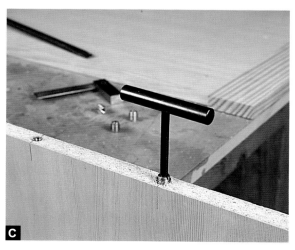

C

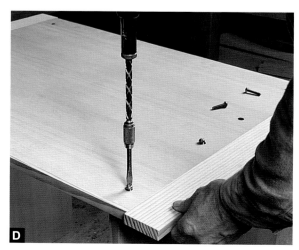

D

饼干榫接合

边角对齐的饼干榫接合

　　首先在每块木板上标记出饼干榫插槽的位置（图 A）。根据部件的宽度设计尽量多的饼干榫插槽，但要注意部件的边缘，不要让插槽露出。同时也要在饼干榫机上设置好开槽高度，使每个插槽都能相对于木板的厚度居中。调节完成后，确保高度调节器被锁定，同时靠山也被锁定在 90° 的位置。如果靠山没有与刀头完全平行，可以用薄垫片贴到靠山上进行调整。图中饼干榫机的侧面有一个高度中心标记，将它与木板的厚度中心标记对齐，或者用安装在饼干榫机上标尺完成对齐（图 B）。

　　用铅笔在木板上标记出饼干榫的位置，你需要在一块木板的外表面和另一块木板的边缘进行标记（图 C）。饼干榫机有标记标识出刀头旋转的中心，将这个标记与铅笔标记对齐后就可以开槽了。可以用木工夹将部件固定到位，或者将部件顶紧限位器固定到位。

　　当用饼干榫机开槽时，牢牢压住机器上的把手，保持饼干榫机平贴部件表面（图 D）。与其他接合部件的制作一样，首先测试几次来检查设置是否正确。

　　在木板的端面开槽比较容易，而在配对木板的平面开槽就有些棘手了。在木板的端面开槽时，可以用其他木板来支撑饼干榫机（图 E）。将饼干榫机夹紧到位，使其靠山与部件的顶部边缘平齐，这样才能保持饼干榫机在开槽时平贴部件表面（图 F）。

　　以平稳的速度进刀，进刀速度太快只会让机器处于不必要的消耗状态，可能导致电机停转，并让刀头变钝。同样，进刀速度也不能过慢，否则会灼烧木材。在饼干榫机上安装集尘袋，或者更好的做法是，直接连接真空吸尘器来收集粉尘。

　　用软毛刷在饼干榫槽中涂抹胶水，这个时候千万不要吝啬，因为必须有足够的胶水才能保证饼干榫片膨胀。将榫片在插槽中敲入到位后，如

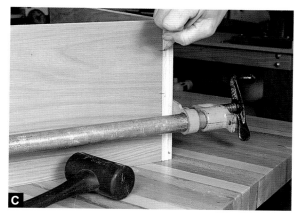

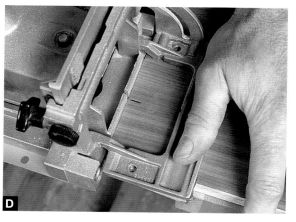

果能挤出一些胶水，则表明胶水的用量是合适的。确保每一个榫片在插槽中居中，调整完成后再去安装下一个榫片（图G）。

> **⚠ 警告**
>
> 对于较小的部件，千万不能手持部件用饼干榫机开槽，一定要用木工夹进行固定。

边角偏置的饼干榫接合

安装在箱体侧板上的任何嵌板、搁板或隔板，只要它们与箱体侧板是垂直关系，都需要利用饼干榫完成接合，只是使用的方法不同。由于两个部件的末端彼此偏置，不能利用饼干榫机的靠山在箱体侧板的中间区域定位开槽位置，此时应该用将要固定在箱体侧板上的搁板进行定位。首先在搁板的端面标记出饼干榫的位置，用直角尺提供深度指示，把搁板放在箱体侧板上。

在箱体侧板上画出搁板的顶面或底面画线，同时标记出饼干榫插槽的中心（图A）。把搁板沿标记线平放在箱体侧板上，并用木工夹夹紧固定。以搁板为靠山，用饼干榫机顶紧靠山在箱体侧板内表面开槽（图B）。最后，在搁板的端面，使用与边角对齐时相同的操作进行开槽。

➤ 参阅第47页"边角对齐的饼干榫接合"。

需要注意的是，这样的组件在完成胶合后，挤出的胶水很难清理，因此在涂抹胶水时要控制好用量（图C）。

圆木榫接合

圆木榫透榫接合

可以使用全透圆木榫来加固对接接合。这种加固方式操作起来很简单，因为钻孔和插入圆木榫都是在箱体胶合后进行的。

用台钳将箱体固定，从侧面观察钻头钻入箱体侧板的位置，确保孔对齐（图 A）。这里使用的圆木榫虽然直径很小，但它们在干燥后截面同样会变成椭圆形，导致与钻孔贴合过紧。因为钻孔的位置过于靠近侧板的端面，所以我使用比初始钻头的直径大 1/64 in（0.4 mm）的钻头再次钻孔，这样就能避免在将圆木榫敲入孔中时可能造成的短纹理部分的碎裂。在敲入圆木榫之前，一定要对照钻头检查圆木榫，确定它们的尺寸是匹配的。

也可以用圆木榫模具来修整圆木榫的尺寸（图 B）。使用高品质且笔直的麻花钻头在一块金属板上钻取一些常用尺寸的圆木榫对应的孔。然后把要用的圆木榫从对应的孔中敲击穿过，金属板就会将圆木榫因干燥出现的形变部分剪切掉，将其修整到正确的尺寸。

在涂抹胶水之前，可以用砂纸对圆木榫的末端进行倒角，使圆木榫更易插入孔中（图 C）。接下来涂抹胶水并进行安装，当圆木榫上的胶水凝固后，用手锯将其凸出的部分锯掉，使剩下的部分接近部件表面。锯切时可以将一张卡纸放在锯片和部件之间，这样既可以将锯片抬高，使锯齿不会锯切到部件表面，同时限定了锯切的位置（图 D）。锯切时确保空闲的手放在锯背一侧，以免造成伤害。

最后，用一把锋利的凿子将圆木榫修整到与部件表面平齐（图 E）。因为圆木榫在箱体侧板上露出的是端面，会比周围的木材颜色更深，所以可以形成特定的装饰效果（图 F）。

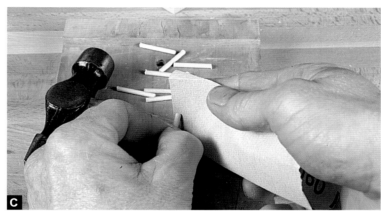

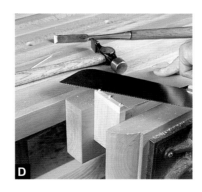

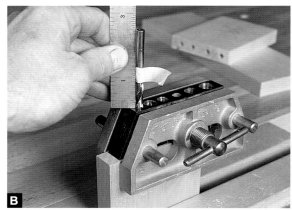

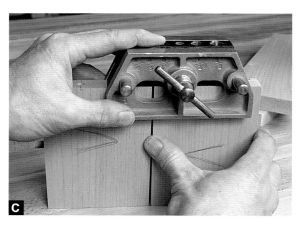

圆木榫暗榫接合 1

可以使用圆木榫定位夹具在箱体部件上为圆木榫钻孔。首先在部件上仔细定位圆木榫孔的中心（图A）。在靠近部件边缘的位置多安排几个圆木榫，因为这个区域是木板容易受力变形的部分。使用优质的布拉德尖钻头进行钻孔。这种钻头的中心尖刺有助于其在部件的端面定位，因为一般来说在端面准确钻孔是很难的。

测量钻孔深度，将布拉德尖钻头放入圆木榫定位夹具中并用遮蔽胶带指示钻孔深度（图B）。在计算钻孔深度时要把钻头的尖刺长度包含在内。当夹具过于靠近部件边缘时，可以用一块与部件厚度相同的木板提供支撑，让夹具同时夹紧部件和木板，以保证操作平稳（图C）。

在侧板端面完成钻孔后，在配对部件上标记出圆木榫的位置。将圆木榫定位器放入之前钻好的孔中，用来标记配对孔的中心点；如果接合部件彼此偏置，可以制作一块间隔木帮助定位。将侧板竖起到正确的位置，然后用铁锤轻轻敲击夹具，标记出配对孔的中心点（图D）。接下来，使用台钻钻取配对孔，以获得最佳精度。操作时利用靠山引导钻孔，并设置好钻孔深度，以免将部件钻穿（图E）。

用手锯沿圆木榫在长度方向进行几次划刻，这样有利于胶水沿缝隙溢出，不会因为液压作用使得圆木榫不能插入。涂抹胶水后，在每个部件的端面插入圆木榫，并用一块定高木块帮助你确定圆木榫的插入深度（图F）。当圆木榫插入到

位后，顺次完成配对部件和整个箱体的组装。胶合组装时会用到防震锤和木工夹，把它们放在附近方便随时取用（图 G）。

圆木榫暗榫接合 2

将模板锯切到与部件完美匹配的尺寸（模板的宽度与部件厚度相同，模板的长度与部件的宽度相同），然后在模板上标记出各个圆木榫孔的中心点。将模板紧贴台钻的靠山，让中心点与钻头中心对齐（图 A）。

除非有水平钻孔机，否则只能使用台面可以竖起的台钻在部件端面钻取垂直孔，同时还需要一个竖直钻孔夹具将部件牢牢固定到位（图 B）。用手或钉子将模板牢牢固定在部件上，注意将夹具上的限位块与部件和模板的边缘对齐。完成所有钻孔操作，确保每次钻孔前将钻头上的木屑清理干净，并保持钻头适度冷却不会过热，钻水平孔时也要注意这些（图 C）。

➤ **参阅第 21 页"台钻夹具"。**

对圆木榫的末端进行倒角可以方便其插入孔中（图 D）。也可以使用倒角钻头对圆木榫孔的边缘进行倒角，这样可以把圆木榫不够直和表面撕裂这样的缺陷隐藏起来。

图中所用的圆木榫已经预先经过划刻处理，以便于胶水溢出。如果你使用的不是这种预制的圆木榫，可以用手锯沿着圆木榫的长度方向进行划刻。

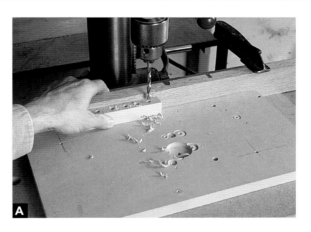

胶合前的最后准备工作是，将圆木榫放入一个自制"烤箱"中进行烘烤。这个"烤箱"由一个纸箱和一个灯泡组成，灯泡要悬挂在纸箱的顶部（图E）。将圆木榫装入一个空罐子中放到灯泡正下方，然后开灯进行烘烤，让圆木榫失去部分水分。经过这样的处理后，圆木榫会收缩，从而更易于插入孔中。接触胶水后，圆木榫会吸收水分膨胀，恢复原来的尺寸，与榫孔贴合得更紧密，使接合更加牢固（图F）。

第5章
半边槽、纵向槽和横向槽接合

半边槽、纵向槽和横向槽是标准的箱体结构接合方式。这些简单的接合方式能够提供足够的强度和胶合面，尤其适合使用胶合板和刨花板制作的家具，因为胶合板和刨花板不需要考虑纹理方向的问题。对于实木橱柜，这几种接合方式的胶合面都位于端面与长纹理面之间，无法获得最佳胶合效果，因此在快速制作柜子或盒子时只使用半边槽、纵向槽和横向槽接合并不能为家具提供足够的承重能力，还需要用钉子、螺丝或圆木榫来加固接合，让它们更牢固。

如果在最基础的端面与长纹理面对接接合的其中一个部件边缘制作一个横向于纹理的肩部，就形成了半边槽接合。这个肩部使部件的组装更容易，同时也为接合提供了更多的胶合面和承重面。

半边槽、纵向槽和横向槽接合适用范围非常广，既可以将大块的胶合板面板接合在一起，也可以接合抽屉底板这样的小部件。合理使用这些接合方式，你可以制作简单的抽屉、小盒子和可以独立立起的屏风，不仅如此，它们还可以为面板、抽屉底板和箱体内部隔板的安装提供更多选择。

名称的含义

边缘半边槽接合与端面半边槽接合有何区别？纵向槽和横向槽或全嵌入（封装）横向槽接合之间又有何不同？其实，它们的字面意思大多数时候就直接明示了不同之处。

半边槽可以是止位槽，也可以是贯通槽，在木板端面制作半边槽可以用来接合柜子或盒子。这种接合方式在实木家具中只能用于长纹理面与端面的接合，接合效果也不理想。这种方式更适合胶合板和刨花板制作的家具，不需要紧固件强化接合，不过紧固件可以有效地对抗板材形变。边缘半边槽可以用来嵌入柜子的背板或首饰盒及抽屉的底板，但要记住，对于实木部件，需要对

其接合进行强化才能获得最佳效果。边缘半边槽还可以用于拼板或是搭接接合结构。纵向槽是与部件边缘平行加工得到的凹槽，可以用来安装抽屉底板或盒子的盖板。同样，纵向槽可以是止位槽，也可以是贯通槽。制作纵向槽时不要让其深度超过木板厚度的一半，以免木板的强度变弱。为了获得更高的接合强度以及美观度，可以将纵向槽的深度设定为木板厚度的1/3。

沿木板的长度方向加工凹槽，得到的就是纵向槽，而横向于木板纹理方向加工出的凹槽则是横向槽。在两个横向槽之间安装一块木板就制作出了搁板或隔板。与纵向槽和半边槽一样，横向槽也有贯通和止位之分。

全嵌入横向槽接合是指一块搁板或是一条抽屉滑轨的全部厚度嵌入横向槽中的接合方式。不

半边槽和纵向槽

半边槽

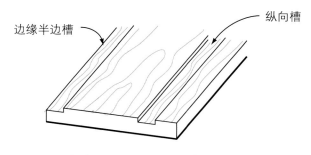

端面半边槽

半边槽可以是横向于纹理的，也可以是顺纹理的。

贯通半边槽和纵向槽

边缘半边槽　　　　　　纵向槽

纵向槽是顺纹理方向的凹槽。

止位半边槽和纵向槽

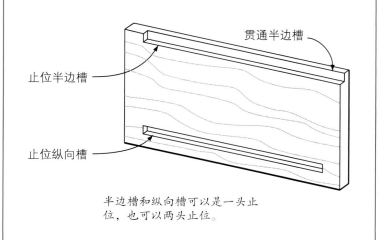

贯通半边槽

止位半边槽

止位纵向槽

半边槽和纵向槽可以是一头止位，也可以两头止位。

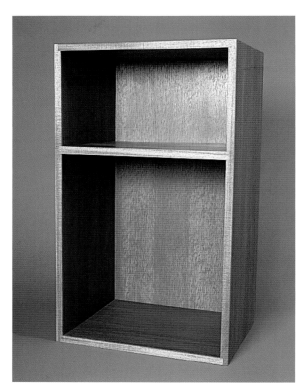

这件桃花心木的带搁板柜，其边角使用半边槽接合，搁板则使用横向槽接合。

这件桃花心木的柜子，其背面同时展示了止位和贯通半边槽。

管是贯通的还是止位的横向槽，还包括滑动燕尾榫，都可以做成全嵌入的。在实木结构中，全嵌入横向槽需要小心匹配以获得最高的接合强度，因为它们的胶合面都位于长纹理面与端面之间。如果需要，可以用螺丝或钉子来加固接合。

　　除了进行全嵌入接合，还可以在要嵌入的部

图中的木板展示了一条顺纹理的止位纵向槽和一条横向于纹理的贯通横向槽。

图中这样的柜子搁板使用的就是全嵌入横向槽接合，搁板的整个厚度嵌入到了侧板的横向槽中。

件上制作榫肩与横向槽接合。这样能提供更好的接合强度、更好的抗形变能力和更整洁的外观。横向半边槽接合将横向槽与半边槽组合起来，提供了更大的胶合面，但在实木结构和人造板材上制作这种横向槽时要小心，因为横向槽切割后会产生的短纹理区域强度较差。为了避免出现木料撕裂和短纹理问题，一种解决办法是，将横向槽制作得窄一些，同时尽量使其远离部件的端面。同样，也可以将横向槽和半边槽制作得浅一些，最好不要超过部件厚度的1/3。

对于较小的木板或者在制作盒子时就可以使

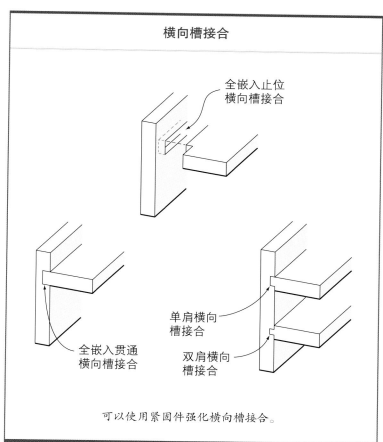

横向槽接合

全嵌入止位横向槽接合

全嵌入贯通横向槽接合

单肩横向槽接合

双肩横向槽接合

可以使用紧固件强化横向槽接合。

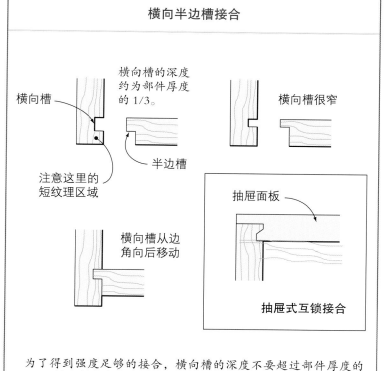

横向半边槽接合

横向槽

横向槽的深度约为部件厚度的1/3。

半边槽

横向槽很窄

注意这里的短纹理区域

横向槽从边角向后移动

抽屉面板

抽屉式互锁接合

为了得到强度足够的接合，横向槽的深度不要超过部件厚度的1/3，并且宽度要小，同时尽量远离部件端面。

用横向半边槽接合。较大的箱子用这种接合则会出现安装困难的问题，并且可能在安装和取下较大的面板时将短纹理部分撬坏。在制作抽屉时，要合理设计接合件，将横向槽开在侧板上。这样横向槽和半边槽就能一起对抗每次拉开抽屉时的拉力。

抽屉式互锁接合是由电木铣台上安装了特殊铣头的可变速电木铣制作的。操作时需要将可变速电木铣的转速降到10000转/分（rpm），这是因为所使用的铣头直径较大，即使电机以较低转速运转，铣头的外缘线速度仍然会很高。正式操作前可能需要花几分钟来设置正确的铣头高度和靠山位置。

企口接合包含了半边槽和纵向槽，形成了另一种有效地将两个部件组装在一起的接合方式。这种接合结构中有一个舌榫，也就是制作一条或两条凹槽后形成的凸出部分，用来嵌入到纵向槽中。要确保舌榫的肩部连贯一致，同时其长度比纵向槽的深度略小一些，为木材膨胀和胶水预留一点空间。正式加工前可以先在废木料上进行试切。使用胶合板制作舌榫时完全不用担心纹理方向的问题，从左到右沿边缘进料就可以了。

纹理方向

在制作半边槽、横向槽和纵向槽时，注意不要撕裂纹理。特别要注意，在进行横切时锯片或刀具在切开部件边缘时最容易撕裂纹理。有几种方法可以避免出现撕裂。第一种方法最为简单，就是先横向于纹理切割，再顺纹理方向纵切出半边槽。

也可以在将要切割的部件边缘粘贴遮蔽胶带。或者用锋利的划线刀在切口处进行划刻，在切割之前先行将纹理切断，这种方法在锯切珍贵

横向于纹理的撕裂发生在木板边缘，可以通过随后纵切半边槽的操作除去。

如果先切割的是半边槽或纵向槽，那么后续切割横向槽时出现纹理撕裂的风险会大增。

使用企口的角接合

实木

胶合板

树种的木皮或者必须保留封边条时非常合适，不过后续不能进行任何纵切作为清理操作。但在其他情况下，只需简单地在锯切部件宽度时多留出 ⅛ in（3.2 mm）的余量，这样你就不用考虑纹理撕裂的问题，只需在完成横切后将之前留下的 ⅛ in（3.2 mm）的余量切掉就可以了，任何撕裂在这个过程中都会被清理掉。

制作方法

前面提到的各种接合件有多种制作方法，从耗时费力但精度很高的手工凿切到使用调制到位的槽刨完成的更加高效的制作，一切由你选择。工房中绝大部分的纵向槽和横向槽加工都是由电木铣和台锯来完成的，它们也非常适合这项操作。但要特别注意，使用台式木工机械制作止位槽会遇到一个特殊的问题，即由于锯片或铣头的旋转运动，在靠近部件边缘或端面的位置会留下圆角。此外，电木铣和台锯加工止位槽留下的痕迹也是不一样的。从右上角的图中可以看到，二者的差别非常大，电木铣切割的部件要整洁得多。

我个人更偏向于使用电木铣加工这种类型的止位槽，但不是因为后续需要清理的木料较少，而是因为使用电木铣操作的风险更小。在任何时候，锯片的后半部分与部件发生接触都会增加锯片抬起部件并将其回抛的风险。即使在靠山上设置限位装置进行操作，用台锯加工止位槽依然风险很高。而使用电木铣台操作时，将部件推向靠山就不会出现回抛现象。同样，即使使用手持式电木铣操作，只要铣头尺寸合适且每次的铣削深度较浅，几乎不存在回抛的风险。

接合件的匹配

半边槽接合件的匹配非常简单，因为它们只需配对部件与其厚度相同或稍小。然而，纵向槽和横向槽接合则是众所周知的难匹配，需要不断进行调整，并且在一次次地修整加工后可能会发生凹槽突然变得太宽的情况，最终导致两个部件接合失败。

解决的办法是，先将这类接合件中凹槽部分的尺寸制作得稍小一些，然后用手工刨、凿子、刮刀或手锯对凸出的部件进行修整，直到两者匹配。注意，这种情况千万不能用砂纸打磨，打磨只会将部件边角磨圆，让部件的接合变得松散，让接合外观变得难看。

可以用手工刨修整实木部件完成匹配，最好的方法是，先将凸出部件的一面加工到位，然后用手工刨修整另一面，直到凸出部分与凹槽匹配。

人造板材可以用刮刀进行修整。用铅笔在凸出部件的某一面上画出标记，标记消失后你就知道修整已经完成。然后将凸出部件嵌入横向槽或纵向槽中检查是否匹配，如果需要修整，继续做标记，并用刮刀或手工刨再次修整整个部分。

这里展示的分别是台锯和电木铣加工止位槽的情况。铅笔标记指明了还有多少木材需要去除。

要调整半边槽、纵向槽和横向槽接合件的匹配，可以使用手工刨对凸出部件进行修整。

半边槽接合

手工制作端面半边槽

　　手工制作半边槽需要小心画线并努力保持直线切割。先用划线规在一块木板的端面及一个大面上画线（图 A、图 B）。对于实木板，按照比对应部件的厚度稍小一点的尺寸设置划线规，这样更容易夹紧和胶合部件。然后使用纵切锯或者开榫锯在部件端面进行锯切。如果部件较宽，可以用台钳将其以一定角度固定，这样能够更清楚地看到两个面的标记线。锯切时可以先从部件的一角向下锯切到肩部标记线，然后翻转部件，从另一个角继续锯切（图 C），接下来从端面中间向下锯切，就可以完成颊部的锯切了。最后完成肩部的锯切，操作时可以把部件固定在靠山上来引导肩部的锯切。

　　可以用槽刨来修整半边槽的肩部（图 D），注意从两边向中间操作，以避免从中间向外刨削造成部件边缘撕裂。或者，放置一块木板，使其边缘与肩线对齐来为槽刨提供支撑，这样也可以避免撕裂部件边缘。槽刨是专门为制作半边槽设计的。使用槽刨前要确保刨刀锋利，并且刨子经过了合理的调节。操作时可以在部件上固定一个靠山，也可以使用槽刨自身的靠山来引导刨削。通过槽刨上的深度调节器来精确设置每个半边槽的深度（图 E）。

使用电木铣搭配靠山制作端面半边槽

　　手持式电木铣搭配直边铣头和靠山可以制作端面半边槽，选择与半边槽的宽度尺寸相同的铣头。如果铣头的尺寸稍小，可以先将部件外边缘稍微去掉一些，然后正常铣削（如果反过来操作可能会撕裂部件边缘）。在电木铣靠山上安装辅助靠山能帮助引导电木铣获得更好的铣削结果，因为辅助靠山提供了更多的承载面（图 A）。

　　在部件上标记出半边槽的深度。使用压入式电木铣时，将铣削深度设置为半边槽的最终深度（图 B、图 C）。如果半边槽较深，可以进行多次铣削来完成（图 D）。在每次铣削收尾时要小心发生撕裂，因为铣头需要经过部件边缘出来。你可以在铣头靠近边缘时停下，然后从边缘处向内反方向铣削最后一段凹槽。这种方法也可以在加工边缘半边槽时使用。

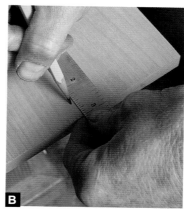

　　也可以在部件上固定靠山为手持式电木铣的铣削提供引导。靠山可以只是一块连接有平尺的平直木块。测量出电木铣底板边缘与铣头外侧刃口之间的距离（图 E、图 F），这个距离就是偏移量，用来决定靠山的位置。确保靠山的操作面与部件边缘互相垂直（使用直角夹具能快速设置垂直状态）（图 G）。

➤ 参阅第 16 页"直角夹具"。

　　将靠山连同部件牢牢地固定在木工桌上，再次对照铅笔画线检查铣头的位置（图 H）。要制

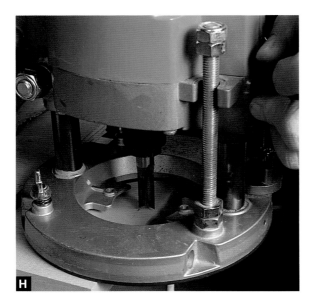

作一系列尺寸相同的半边槽，可以以部件边缘到靠山的距离作为宽度制作一块间隔板，以确保每个部件上半边槽的位置和尺寸。在间隔板的端面胶合一块木条可以让对齐操作更简单（图 I）。

使用电木铣搭配开槽铣头制作端面半边槽

带有轴承的开槽铣头能高效地制作端面半边槽。这种铣头可以更换不同尺寸的轴承，从而控制铣削宽度，也就是半边槽的深度，因此需要根据半边槽的尺寸选择合适的轴承（图 A）。

将铣削深度设置为半边槽的全深度（图 B）。将电木铣从部件外向内移动，直到轴承与木板边缘接触（然后一直保持接触）。以较平缓的速度进料，沿部件边缘从左向右推动电木铣（部件迎向铣头的旋转方向）（图 C）。连贯地进行铣削，但在靠近部件边缘处要停下，从部件边缘向内反方向铣削最后一段凹槽，清理掉残余的木料，完成整个半边槽的加工。对于较宽的半边槽，需要分次渐进铣削，直到轴承接触木板边缘。

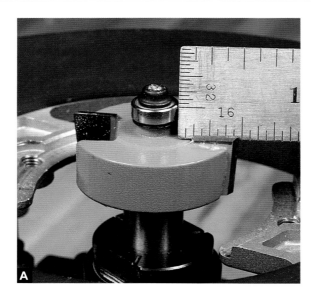

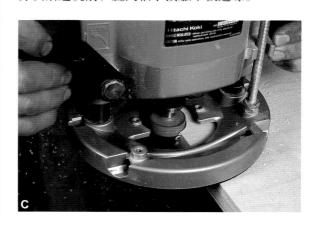

使用电木铣台制作端面半边槽

使用电木铣台制作端面半边槽的过程与使用手持式电木铣搭配靠山制作半边槽的过程相似，但也有一些重要的区别。

► **参阅第 59 页"使用电木铣搭配靠山制作端面半边槽"。**

电木铣台的电木铣是倒装在台面下方的，因此部件的进料方向与使用手持式电木铣时刚好相反：从右向左进料，让部件迎向铣头的旋转方向。靠山是否垂直于台面并不重要，因为部件的边缘会一直顶住靠山移动，只要部件本身方正就能铣削出方正的半边槽。

[小贴士]

使用带有集尘系统的靠山能及时清理木屑，避免木屑被吹回到工作区域阻碍部件移动。

按照半边槽的宽度设置靠山与铣头的距离（图 A）。将部件紧紧顶住靠山，从右向左进料。可以在部件右侧边缘顶靠一块木板，来避免部件边缘出现撕裂（图 B）。

也可以将一组较窄的部件并排在一起，并用木板顶住进行铣削（图 C）。

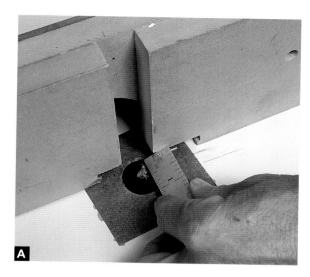

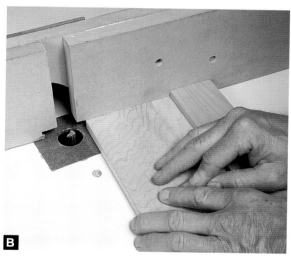

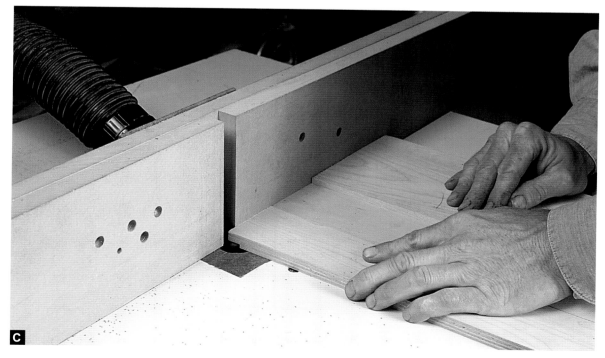

使用台锯制作端面半边槽

　　台锯只需要两次锯切就可以轻松地制作出半边槽。先使用横切夹具完成一次横切得到半边槽的肩部（图 A），然后将部件竖直固定到开榫夹具上，再次锯切后就得到了半边槽（图 B）。

[**变式方法**]

　　将部件平放在横切夹具上，经过多次渐进式锯切也可以制作出端面半边槽。先使用限位装置来锯切出槽口的肩部（图 V），然后每次锯切时稍微将部件移动一点点，直到锯切出槽口。这种方式耗费的时间可能较长，但得到的半边槽表面更加平整。

⚠ **警告**
　　竖直锯切时不要让废木料侧紧贴靠山，以免废木料被卡在锯片与靠山之间发生回抛。

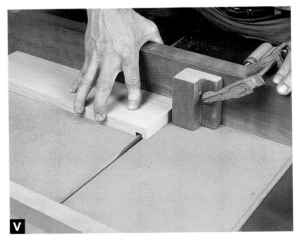

使用开槽锯片制作端面半边槽

　　开槽锯片能出色地锯切出端面半边槽。将开槽锯片组装到半边槽的宽度（图 A）。如有必要，可以使用垫片将它们调整到正确的宽度。安装开槽锯片时还要确保不同锯片的锯齿对齐，以获得平整的底切效果（颊面）。使用定角规固定部件并将部件推过开槽锯片（图 B）。如需重复操作，可以在定角规的靠山上设置限位装置引导锯切。

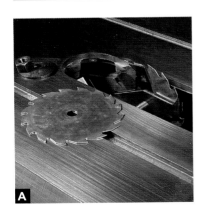

端面半边槽接合的强化

实木部件的端面半边槽接合强度不佳，因为它们不具备任何理想的长纹理面之间的胶合面，可以使用紧固件来加固实木箱体的半边槽接合。胶合板和刨花板制作的箱体，虽然胶合效果要比实木箱体好一些，但仍然需要使用紧固件来对抗部件的形变（图 A）。

在胶合板箱体的端面半边槽接合处拧入螺丝，要确保螺丝足够长，以获得较好的紧固力，但需要将螺丝垂直拧入侧板中。

➤ 参阅第 32 页 "螺丝的安装"。

圆木榫同样能加固胶合板的端面半边槽接合。钻孔时稍微带一点角度可以获得更大的紧固力（图 B）。实木的双半边槽接合可以使用较小的圆木榫进行加固（图 C）。钻孔时要小心操作，并注意圆木榫的直径要小于半边槽的宽度，避免出现短纹理问题。

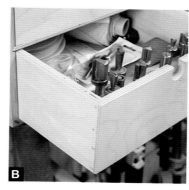

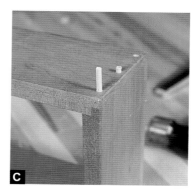

手工制作边缘半边槽

在动手制作边缘半边槽之前，先要为半边槽画线。这样可以准确定位半边槽，并有助于提高操作准确性（图 A）。画线时注意，不要让划线规顺纹理移动，并尽量将其靠山紧贴部件边缘。

在部件上夹紧靠山来引导槽刨沿整个边缘刨削。注意保持槽刨与部件互相垂直，否则很容易将半边槽制作成带角度的（图 B）。图中所用的是 78 号槽刨，其自带的靠山可以引导刨削。操作时用一只手保持靠山紧紧顶住部件边缘（图 C）。靠山可以设置在槽刨的左右任何一侧，具体位置需要根据刨削方向，也就是纹理方向决定。

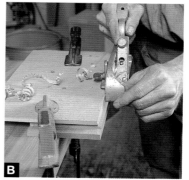

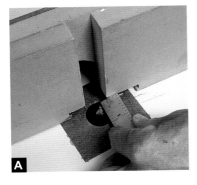

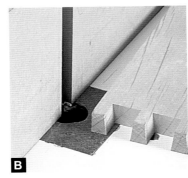

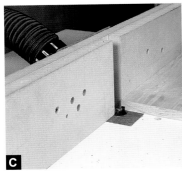

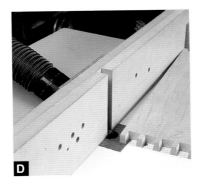

使用电木铣台制作边缘半边槽

使用电木铣台制作边缘半边槽需要安装直边铣头，这种铣头非常适合该项操作，因为其直径较小，铣削后的清理工作不多。先设置电木铣台靠山，将其定位到与铣头刃口距离合适的位置（图 A）。转动铣头，使其一条刃口旋转到距离靠山最远的位置。靠山不需要与电木铣台台面的任何一条边缘平行，因为铣削后的部件边缘一定会与靠山平行。图 B 展示的是，如果铣头直径大于半边槽的宽度，铣头很容易卡在靠山中。要避免这种情况发生。将木板边缘紧紧贴住靠山，从右向左进料铣削（图 C）。

要制作止位半边槽，可以在靠山或台面上固定限位块，将铣削限制在需要的位置（图 D）。在部件靠近限位块时要降低进料速度，以免损伤部件的短纹理部分。

在实木部件上制作边缘半边槽时很容易出现撕裂，尤其是在铣削方向为逆纹理方向时。为此需要降低进料速度，并减小每次的铣削深度，分步多次铣削，同时还可以先进行顺铣，提前将纹理切断（图 E）。

➤ 参阅第 14 页"顺铣"。

柜子背部的止位边缘半边槽需要后期进行清理，但使用电木铣台来制作止位半边槽相比台锯更合适，也更安全（图 F）。

变式方法

也可以使用手持式电木铣搭配尺寸合适的开槽铣头来制作边缘半边槽（图 V）。进料方向则是沿部件边缘从左向右。

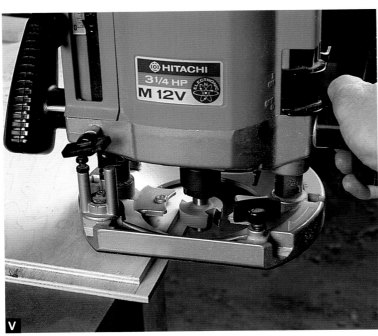

使用台锯制作边缘半边槽

　　使用台锯可以轻松精确地制作出贯通的边缘半边槽。这里有两种方法可以使用。一种较慢但有效的方法是，将部件平放在台面上，通过改变靠山与锯片的距离，用普通锯片多次锯切制作出半边槽。另一种方法只需要锯切两次。首先将部件平放进料完成第一次锯切，要注意锯片在部件上的退出点，保持双手远离该位置（图 A）。

　　在台锯靠山上固定一个辅助靠山，来辅助支撑部件。然后竖起部件进行第二次锯切（图 B）。

> ⚠ **警告**
> 竖直锯切时不要让废木料侧紧贴靠山，否则废木料很容易被卡在锯片和靠山之间发生回抛。

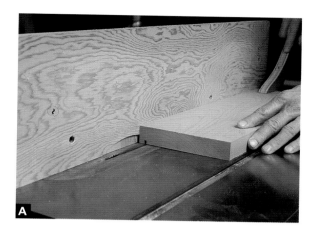

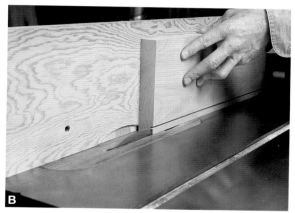

使用开槽锯片制作边缘半边槽

　　开槽锯片可以轻松地制作贯通边缘半边槽，只需一次锯切就可以完成操作。首先根据半边槽的宽度组装开槽锯片（图 A）。如果开槽锯片的宽度超过了半边槽的宽度，可以在台锯靠山上固定一个辅助靠山，让开槽锯片边缘切入辅助靠山，同样可以在部件边缘直接锯切出所需宽度的半边槽（图 B）。这种锯切方式可以在靠近靠山的部件边缘进行切割（图 C），同时能够有效避免部件回抛，尤其是在部件骑跨在开槽锯片上的时候。操作时保持慢速进料，并使用推料板。

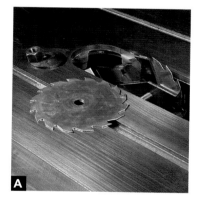

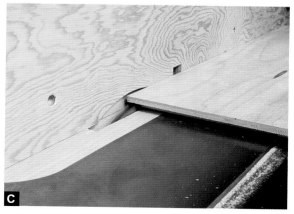

使用平刨制作半边槽

还可以使用平刨来制作半边槽。橱柜背板搭接接合中的半边槽就是用这种方法制作的。不过，使用平刨的话，只能沿木板的长纹理面切割。

先取下平刨的刀盘防护罩，同时设置靠山，只露出与半边槽宽度对应的刀盘（图 A）。然后将进料台设置成较小的刨削深度，1/32~1/16 in（0.8~1.6 mm），具体数值可以根据所加工的木料种类和刀刃的锋利程度决定（图 B）。使用推料板完成一次进料刨削（图 C），然后调整进料台，将刨削深度增加 1/32~1/16 in（0.8~1.6 mm）完成第二次刨削。继续刨削，直到达到所需的半边槽深度。需要注意，部件在刨削时是由出料台支撑的，因此在开始刨削前必须扶稳部件使其保持水平。

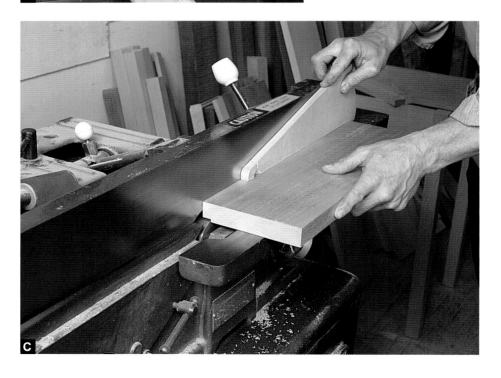

纵向槽接合

手工制作纵向槽

手工制作纵向槽需要小心地对齐凹槽的两条侧边，以确保它们平行。根据纵向槽的宽度设置榫眼，同时标记出纵向槽的两条侧边，并且注意纵向槽的宽度最好与木工凿的宽度匹配（图 A）。在标记纵向槽的两条侧边时，保持划线规的靠山紧贴部件边缘，尽力下压划线规，让标记线清晰可见。然后沿着两条侧边的标记线用凿子向内凿切出 V 形切口（图 B）。翻转凿子，使其刃口斜面朝下进行凿切，以免凿子切入部件过深。去除少量木料制作出一个小凹槽就行。

接下来，用夹背锯沿标记线向下锯切到所需深度，锯片要一直保持在划刻出的标记线上，特别是在开锯的阶段。可以在锯片上粘贴胶带指示锯切深度，以提示你锯切何时完成（图 C）。

制作止位纵向槽的操作与制作贯通纵向槽略有不同。先用凿子完成纵向槽止位端的凿切，为锯切建立参考线（图 D）。然后进行深度锯切，两端锯切到参考线就可以了。

完成锯切后用凿子将两条锯缝之间的废木料去除去（图 E）。凿切时要顺纹理方向进行，以免出现撕裂现象。

平槽刨非常适合清理纵向槽底部，从而获得准确的深度（图 F）。

变式方法

45 号或 55 号的组合刨同样可以用来完成贯通纵向槽的整体制作或底部清理，只需使用与纵向槽宽度相同的直刨刀就可以完成操作（图 V）。操作时以较小的刨削深度多次刨削，以此来保持组合刨始终与纵向槽对齐，并保证刨削效果。最后，要确保组合刨的行进路线上没有任何限位器或挡头木。

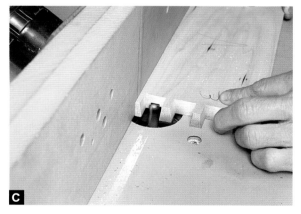

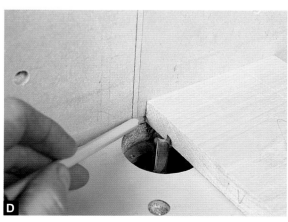

使用电木铣台制作纵向槽

电木铣台是制作止位纵向槽的最佳工具，可以在靠山或台面上固定限位块来轻松地控制纵向槽的两端位置，并且加工后的清理工作也很少，同时几乎没有部件回抛的风险。

始终注意保持铣头的宽度与纵向槽的嵌入件厚度一致（图A）。大多数人造板材的实际尺寸要比它们的标称尺寸小，因此在制作纵向槽前要仔细地检查嵌入件的厚度。先用废木料进行试切，并保持凹槽的铣削宽度总是比嵌入件的厚度稍小一点。将铣削深度调整为 ⅛ in（3.2 mm），这个深度适用于大多数材料。旋转铣头的同时设置靠山与铣头的距离，保持铣头的一个刃口邻近靠山（图B）。保持部件紧贴靠山，从右向左进料进行铣削（图C）。

在制作止位纵向槽时，需要在靠山上仔细标记出铣削的起止位置。用一块废木料顶住铣头，然后转动铣头，直到其刚好将废木料推开。废木料停止移动的位置就是铣头的外侧刃口对应的位置，在靠山上标记出该位置以方便观察。在铣头的另一侧做同样的事情，这样就可以在靠山上标记出铣头的铣削宽度（图D）。

在部件上标记出止位纵向槽两端的位置。将部件的一端标记线与靠山上铣头左边缘的标记线对齐，然后在部件的后端位置将限位块固定在靠山或台面上（图E）。移动部件，让其后端的标记线与靠山上铣头右边缘的标记线对齐，同样将限位块固定在部件的前端。

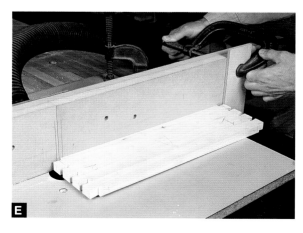

小贴士

　　铣削时木屑容易聚集在电木铣台出料侧靠山的限位块上，从而影响操作精度。可以在固定限位块之前，在其下面垫上一块约 ¼ in（6.4 mm）厚的胶合板垫片。在固定限位块后将垫片移走，这样就能在限位块下方留出通道便于木屑被吹走。

　　操作时，让部件悬空于铣头上方，先小心地放下部件后端使其顶住右侧限位块，然后放下部件前端使其接触铣头。为了防止铣头完全切入时灼烧部件，可以在部件放低的过程中在小范围内前后移动部件，直到铣头全深度切入（图 F）。接下来，移动部件回到右侧限位块，确保部件前端清理干净后，就可以进行全程铣削了。在部件到达左侧限位块后，轻柔地提起部件的后端，但要保证其一直顶紧靠山（图 G）。这样才能保证铣削出的凹槽不会出现偏移。也可以将部件顶住左侧限位块帮助提起部件。

　　纵向槽的铣削完成后，用凿子将两端的圆角凿切掉。将一把宽凿的左右两侧与纵向槽的两侧边缘对齐，然后将宽凿移动到两端的标记处，凿切出切割线（图 H）。接下来，向下凿切到纵向槽的深度处并去除圆角废木料。

第 1 步

放低部件使其接触铣头，然后小范围前后移动部件，直到铣头全深度切入。

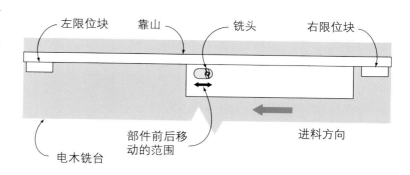

第 2 步

然后全程铣削。

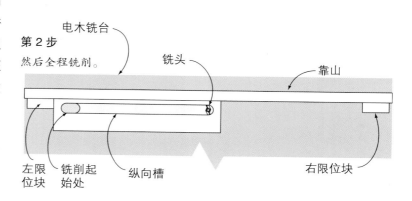

F

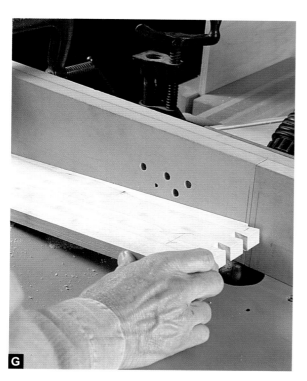

G

H

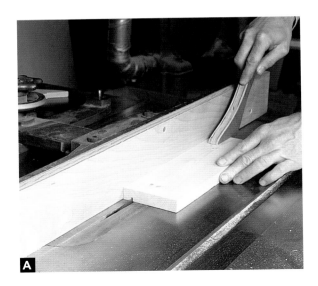

A

B

使用台锯制作贯通纵向槽

台锯非常适合制作贯通纵向槽。锯切前要确保部件边缘平整，且沿台锯靠山的区域没有木屑。加工较小的部件需要使用推料板进料。开槽锯片或纵切锯片可以轻松地为实木板或人造板材锯切纵向槽（图 A）。较宽的纵向槽可以使用单片锯片经过多次锯切完成，只需每次锯切后调整靠山与锯片的距离。

小贴士
如果纵向槽正好位于部件的正中间，可以先锯切出纵向槽的一侧边缘，然后将部件水平旋转 180°，以同样的方式和设置锯切其另一侧边缘，纵向槽就完成了。

用凿子或平槽刨清理纵向槽底部残余的废木料，或者可以通过每次微调靠山的方式，分多次清除纵向槽底部的废木料（图 B）。

变式方法
也可以用开槽锯片锯切贯通纵向槽（图 V）。这种锯片可以一次性去除大量木料，但必须十分小心地以中等速度进料，同时使用推料板或者压紧装置来确保部件始终平贴台锯的台面。如果纵向槽较深，最好以分次渐进的方式锯切纵向槽。

V

横向槽接合

手工制作横向槽

　　将一块方正的木板放在部件上用来引导锯切（图 A）。确保引导木板的边缘平直方正，同时在锯片或部件边缘标记出锯切深度。保持锯片紧贴引导木板的边缘锯切，直到深度线处（图 B）。锯切完成后，用凿子凿切除去大部分废木料，之后再用平槽刨清理横向槽底部（图 C）。

使用电木铣制作贯通横向槽

　　使用手持式电木铣为宽板制作横向槽需要仔细对齐铣头和标记线，最好使用直角夹具来引导电木铣铣削贯通横向槽。选择合适的铣头，如果要制作的是全嵌入横向槽，不要期望铣头的宽度正好与横向槽的宽度一致，最好保持横向槽的宽度稍小于设计尺寸，然后通过修整嵌入件实现两者的匹配（图 A）。操作前先量出电木铣底板边缘与铣头刃口的距离（图 B）。将直角夹具放在部件上，确保两者互相垂直（图 C、图 D）。将电木铣底座紧贴直角夹具移动，或者在直角夹具上夹一个引导模板，让电木铣紧贴其边缘移动（图 E）。

➤ 参阅第 16 页"直角夹具"。

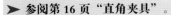

变式方法

　　也可以购买商品固定夹或者靠山组件来引导电木铣，它们尤其适合人造板材部件。图中的费斯托靠山组件将一个平尺靠山在胶合板上放置到位后，电木铣可以沿靠山的导轨滑动（图V）。使用间隔板来准确定位靠山的位置。让间隔板与部件的边缘对齐，然后进行铣削，接下来再利用间隔板来加工另一块侧板。

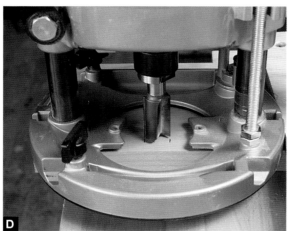

使用台锯制作贯通横向槽

在台锯上制作贯通横向槽，需要使用横切夹具辅助完成多次锯切。在横切夹具上固定限位块来定位横向槽的两端。如果所有部件的长度都相同，那么所有部件的横向槽的尺寸也应该是相同的（图 A）。操作时要确保限位块与部件两端之间没有木屑，否则锯切位置会变得不准确。每次锯切后都稍微移动部件，准备下一次锯切，经过多次锯切完成横向槽的制作。

如果部件较窄，可以简单地先将横向槽的两侧锯切出来，然后切掉中间的废木料，最后用锯片将槽底清理干净（图 B）。具体操作时，在所有粗切完成后，移动横切夹具将部件定位在锯片正上方，然后在两个限位块之间来回移动部件进行清理，经过多次锯切后就可以把槽底清理干净。

B

A

变式方法

在台锯上制作横向槽还有一个方法，即使用开槽锯片锯切（图 V）。根据嵌入件的厚度设置开槽锯片的宽度。如果没有专门的横切夹具辅助锯切横向槽，可以把部件固定在定角规上进料。

V

使用电木铣台制作贯通横向槽

按照部件边缘与横向槽的距离设置靠山（图 A）。使用直边铣头制作横向槽。

如果要制作的横向槽宽度比直径最大的铣头还宽，那么可以在第一次铣削时使用一块间隔板。将间隔板放置在部件和靠山之间使部件稍微远离靠山。完成第一次铣削后将间隔板取走进行第二次铣削。在电木铣台上操作时进料方向一定要从右向左，保证部件是迎着铣头的旋转方向移动的（图 B）。使用支撑板顶住部件不仅可以辅助进料，还能避免在铣头离开部件的位置撕裂部件边缘。在进料过程中，要保持两块木板对齐并紧贴靠山，不要让它们出现倾斜或偏移（图 C）。

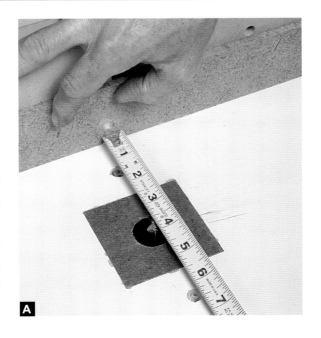

A

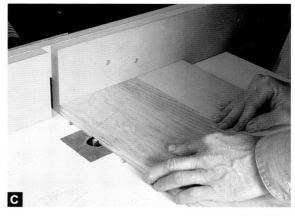

使用电木铣制作止位横向槽

止位横向槽在部件的两侧是看不出来的。电木铣是制作止位横向槽的最佳工具，可以在手持式电木铣的靠山上加装辅助靠山进行铣削。首先在部件上清楚地标记出横向槽（图A），然后通过目测和稳定的手感控制电木铣在横向槽末端停止铣削（图B）。如果不能透过电木铣的底座看到部件上的标记，可以在电木铣底座上做标记帮助定位。移动电木铣，使铣头正好位于横向槽末端的正上方，注意保持铣头正常旋转，且其边缘没有越过标记线。用铅笔标记出底座的位置，并在每次铣削到标记处时停止（图C）。也可以使用直角靠山来引导电木铣铣削（图D）。

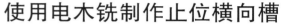

➤ 参阅第71页"使用电木铣制作贯通横向槽"。

使用电木铣台制作止位横向槽

　　也可以使用电木铣台来制作止位横向槽。首先在靠山上做出铣头宽度的标记（图 A）。想要精确地重复制作止位槽，最好的办法就是直接在台面或靠山上固定限位块（图 B）。可以根据靠山上之前所做标记来确定限位块的位置。在正式加工前再次检查各种设置是否到位（可以用废木料进行测试）。用电木铣台制作止位横向槽的操作与制作其他止位接合件的操作一样，需要将部件的前端放低到铣头上进料，完成铣削时将部件后端提起（图 C）。

➤ 参阅第 68~69 页 "使用电木铣台制作纵向槽"。

　　铣削完成后，用锋利的凿子将横向铣削后出现的毛刺清理干净（图 D），并将横向槽的两端凿切方正（图 E）。

　　接下来，需要在与横向槽接合的嵌入件上制作缺口以匹配横向槽。可以使用手锯或台锯来制作缺口（图 F、图 G）。

　　缺口的深度要根据横向槽的深度来确定。干接箱体部件并检查侧板内壁之间的距离，并根据这个距离来调整嵌入件的尺寸。

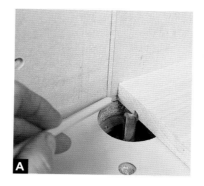

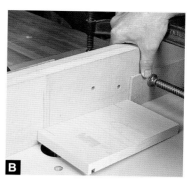

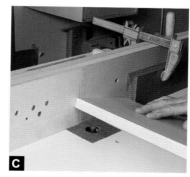

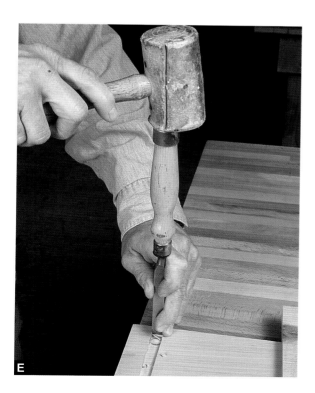

A

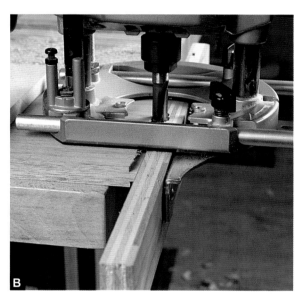

B

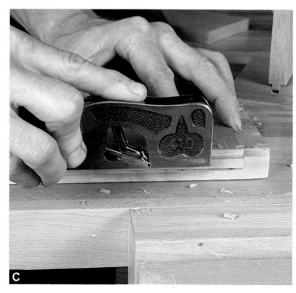

C

带肩横向槽接合

带肩横向槽接合

最常见的带肩横向槽就是左图所示的形式，这种接合结构看起来更均衡，且比简单的全嵌入横向槽强度高一些。制作带肩横向槽，首先要加工出贯通横向槽，制作方法你可以自由选择（参阅第 71~74 页）。这种横向槽的宽度要小于嵌入部件的厚度，同时两倍于肩部的宽度。

每条肩部的宽度约为 ⅛ in（3.2 mm），以为接合件提供必要的强度。因为横向槽是横向铣削的，稍微加快进料速度可以避免灼烧部件的端面（图 A）。

小贴士

使用支撑板顶住部件边缘，可以防止出现撕裂，从而保持部件边缘干净整齐。

横向槽的深度不要超过嵌入件厚度的一半，如果超过，部件的结构强度会减弱。我倾向于将横向槽的深度设置为嵌入件厚度的 1/3。这个深度能为接合提供足够的强度，并且比较美观。

使用压入式电木铣搭配直边铣头以及靠山来完成肩部的制作（图 B）。这种加工方式需要你在操作时保持自己的两肩平齐，以免电木铣向一侧倾斜。适当下压电木铣，保证其底座始终紧贴部件表面。

首先完成第一轮铣削，第二轮只在靠近末端的部分铣削，然后将部件嵌入横向槽中进行深度测试，匹配合适的话就可以铣削剩余的部分了。同样可以使用电木铣台或者台锯来完成这种半边槽的切割。如果接合部件差一点点不能完全匹配，可以使用榫肩刨、平槽刨或者牛鼻刨进行清理和修整（图 C）。

单肩横向槽接合

单肩横向槽接合件的制作和组装比较简单，横向槽部分，不管是贯通的还是止位的，其制作方法与其他横向槽接合件都是相同的（图 A）。

在嵌入件上制作肩部相当于制作半边槽，可以使用手持式电木铣或者电木铣台来完成。如果使用电木铣台，可以搭配零间隙靠山，且设置相同的铣削深度来加工配对部件。首先铣削横向槽，接下来将嵌入件竖直紧贴靠山，在其端面铣削出半边槽（图 B）。

► 参阅第 61 页"使用电木铣台制作端面半边槽"。

测试两个部件的匹配情况，如果存在偏差，可以刨削或刮削嵌入件未开槽的一面，直到部件能够完美嵌入。修整时可以用铅笔横跨整个部件宽度画线，然后进行清理操作，直到铅笔线条全部消失，然后再次检查匹配情况（图 C）。

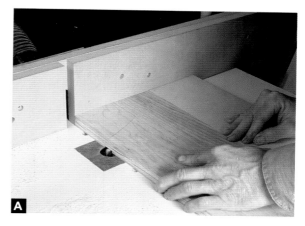

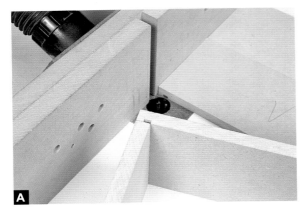

横向半边槽接合

使用电木铣台制作横向半边槽

对于边角对齐的横向半边槽接合，需要将横向槽定位在其远离端面的边缘到端面的距离与嵌入件的厚度一致。可以使用嵌入件来检查加工出的横向槽位置是否合适，但最好先用废木料进行测试，检查电木铣台的设置是否到位（图 A）。设置到位后就可以用安装直边铣头的电木铣台铣削出横向槽了。

[小贴士]

使用支撑板与部件并排沿靠山滑动，以提供更好的支撑。

进料时确保部件不要晃动，特别是部件两侧边缘移动到靠山上的排屑口附近时（图 B）。

使用电木铣台还有一个好处，就是能够以相同的铣头高度设置来加工半边槽和横向槽，你需要做的只是调整靠山位置来获得所需的半边槽尺寸。使用能刚好露出铣头的零间隙靠山可以有效地减少部件边缘的撕裂，或者使用划线规在半边槽部件的内侧面划刻来切断纹理以达到同样的效果（图 C）。还有一种选择，就是先进行一次较浅的铣削，然后再调整靠山进行全深度铣削。如果不怕麻烦，你还可以将部件平放在电木铣台铣削半边槽，然后重新设置铣头高度和靠山的位置铣削横向槽。

使用台锯制作横向半边槽

设置较小的开槽锯片宽度，只需一次锯切就可以完成横向半边槽接合件的横向槽部分。锯片与靠山的距离需要用嵌入件来设置，锯片的外侧要与嵌入件的外表面平齐（图 A）。较宽的部件可以直接顶住靠山完成锯切，但要使用推料板或定角规来辅助进料。半边槽的制作能够以同样的方法完成，或者使用横切夹具辅助完成。使用横切夹具时，需要在其靠山上固定一块限位块来定位锯切位置，锯片的话，可以是开槽锯片，也可以普通的单片锯片（图 B）。

使用三重 1/4 设置的台锯制作企口槽接合件

三重 1/4 设置是一种制作抽屉的高效方法，对于时间就是金钱的忙碌制柜工房十分有用。完成台锯的设置并仔细检查无误后，就可以使用这个设置为抽屉的所有部件开槽了，包括用来嵌入底板的纵向槽。

三重 1/4 设置就是将开槽锯片的宽度、高度以及靠山与锯片的距离都设置为 1/4 in（6.4 mm）。可以在靠山上额外固定一个辅助靠山来帮助支撑部件，但同样要将其与锯片的距离设置为 1/4 in（6.4 mm）。正式锯切前可以先用废木料进行测试，确保三个重要的尺寸准确无误（图 A）。

首先进行横切，用支撑木板顶紧部件，或者把部件固定在定角规上，这样可以更安全地进料锯切（图 B）。

半边槽的制作需要将部件竖起来进行锯切，此时较高的辅助靠山就派上用场了。首先将抽屉侧板紧贴靠山推过锯片锯切横向槽，同时确保侧板不会前后或左右晃动（图 C）。接下来，在抽屉的所有部件上锯切贯通纵向槽，确保在锯切时将部件底部的边缘紧贴靠山（图 D）。面板可以在抽屉框架组合完成后单独添加。

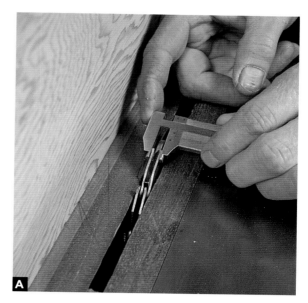

A

B

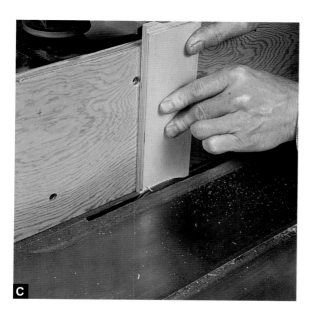

C

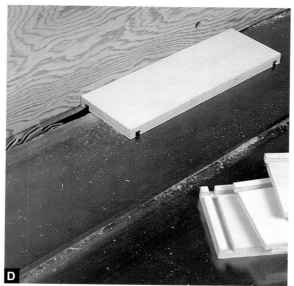

D

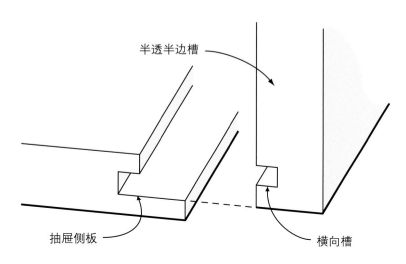

半透半边槽

抽屉侧板

横向槽

A

使用台锯制作半透横向半边槽

半透横向半边槽接合虽然强度有限，但这种接合方式在你需要重复制作并需要在组装后的一面可以隐藏接合方式的时候非常有用（图 A）。这里我会制作一个抽屉进行示范。

在抽屉侧板上先进行一次横切，设置靠山，使侧板端面与面板内面的距离为面板厚度的2/3，加工出的横向槽远端边缘与抽屉面板的内面平齐。使用普通单片锯片锯切即可（图 B），可以使用横切夹具配合限位块辅助锯切。

将抽屉面板在台锯上竖起进料，利用开槽锯片在其端面加工出舌榫和横向槽。或者可以使用电木铣台配合直边铣头进行铣削，但在此之前，要先在台锯上用普通单片锯片进行几次锯切以去除一定量的木料（图 C）。

接下来，用台锯配合横切夹具来修整舌榫部分，使其可以完全嵌入侧板的横向槽中（图 D）。需要首先锯切掉舌榫端面的大部分废木料，以免切断后的废木料卡在限位块与锯片之间带来危险，然后再将舌榫端面顶紧限位块完成修整。最后将侧板和面板进行匹配，如果存在偏差，需要根据观察来决定修整侧板的端面或面板的内面。

[**小贴士**]

可以使用从舌榫上锯切下的废木料来检查铣头或开槽锯片的宽度，将废木料嵌入到先前加工出的横向槽中看两者是否匹配。

B

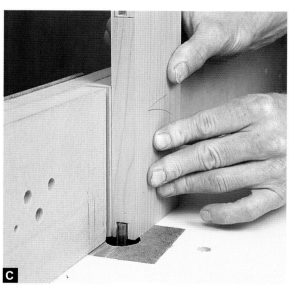

C

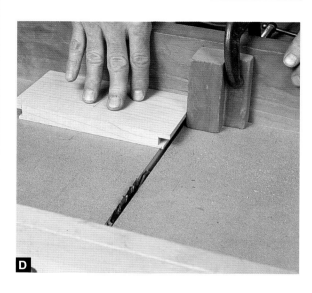

D

抽屉式互锁接合

基础抽屉式互锁接合

这种接合的制作可以在电木铣台上完成。先在一块胶合板废料的端面进行一次横向铣削（图A）。然后让铣头刚好露出靠山，把另一块废料竖起进行铣削。

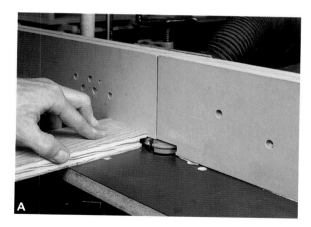

[小贴士]
使用配有集尘系统的零间隙靠山，并让电木铣以最低速度运行。

不断调整铣头的高度并用废木料进行测试，直到它们能够完美匹配（图B）。如果接合过紧，可适当降低铣头高度，因为接合件中的横向槽宽度总是不变的，降低铣头高度可以让舌榫变小，从而更易于匹配。我的经验是，铣头高度约为 $15/32$ in（11.9 mm）时可以获得较好的匹配效果，但你也可以通过调整靠山位置改变铣头的露出量来获得合适的匹配。如果靠山后移使铣头的露出量变大，接合匹配可能没问题，但边角很难保持平齐；如果靠山前移减少铣头的露出量，那么接合件就不能完美匹配。最好在移动靠山的同时调整铣头高度，直到接合件能够较好地匹配。

半边槽抽屉式互锁接合

通过露出更多铣头，可以制作半边槽抽屉式互锁接合件。首先在台锯上用开槽锯片去除部分废木料（图A）。然后把电木铣台的靠山设置到位，将部件以较慢的速度推过铣头（图B）。这种带半边槽的抽屉面板可以用来制作全覆盖或部分覆盖的抽屉（图C）。

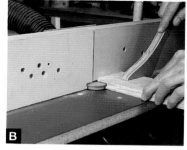
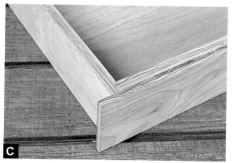

企口接合

手工制作企口接合件

　　组合刨非常适合制作贯通纵向槽。图中所使用的是 45 号刨，与所有组合刨一样，在操作前要仔细地调整刨身，使刨刀与槽两侧对齐，从而让刨刀获得足够的支撑（图 A）。不要让刨刀伸出太多，否则会在刨削时出现跳刀问题。

　　舌榫的制作可以用槽刨来完成（图 B）。保持刨身与部件边缘垂直，这样加工出的肩部与舌榫也是垂直的。通过设置槽刨靠山来获得与贯通纵向槽深度尺寸一致的舌榫。

使用电木铣制作企口接合件

　　使用装有直边铣头的压入式电木铣来制作纵向槽。使用压入式电木铣可以更好地控制铣削深度。电木铣是通过安装在底座上的配有辅助靠山的边缘引导器来引导铣削的（图 A）。因为部件边缘较窄，这样的铣削是比较危险的，所以可以将另一块木板与部件边缘对齐并排固定，为电木铣提供更好的支撑（图 B）。

　　也可以在电木铣台上配合开槽铣头来制作纵向槽。或者，使用手持式电木铣，在其底座上再固定一个靠山，将部件围在两个靠山之间进行铣削（图 C）。

　　锯切出纵向槽后，使用配有开槽铣头的手持式电木铣在胶合板嵌板上加工出舌榫（图 D）。确保铣削深度足以容纳舌榫，但不要过深，以至于削弱舌榫的强度。

使用电木铣台制作企口接合件

　　为电木铣台的电木铣安装带轴承的开槽铣头来制作纵向槽。要确保铣削深度，也就是轴承边缘到铣头边缘的距离是准确的，这个距离可以通过更换不同的轴承进行调节（图 A）。或者，可以使用可调节靠山来控制铣头的露出量，以此调整铣削深度（图 B、图 C）。也可以用开槽铣头加工舌榫。降低铣头高度，先后在部件两面铣削半边槽，舌榫就完成了（图 D）。

　　使用这种方法成功的前提是，部件的两个大面必须平整且彼此平行，进料时也要保证部件大面紧贴台面。

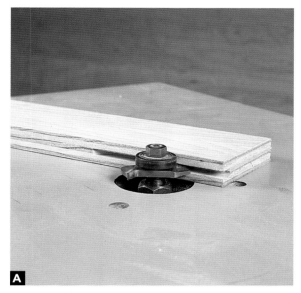

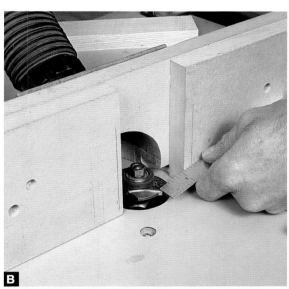

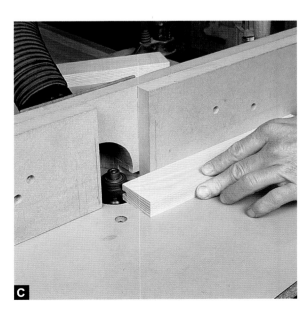

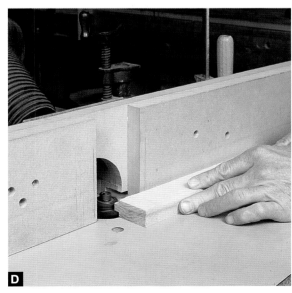

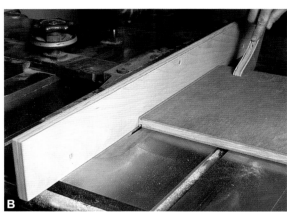

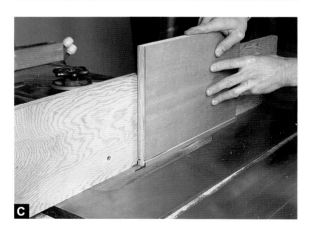

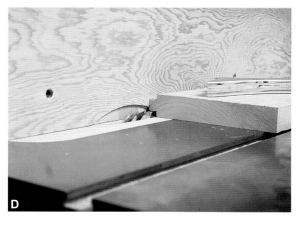

使用台锯制作企口接合件

在台锯上制作贯通纵向槽的操作与其他任何纵切操作都是相同的。将部件平放在台面上并紧贴靠山，然后以适中的速度进料。如有需要，可以设置辅助靠山为部件提供更好的支撑（图A）。每次部件通过锯片都可以得到一条 1/8 in（3.2 mm）宽的纵向槽。使用开槽锯片当然可以更快地制作纵向槽。如果需要在部件边缘中间锯切较宽的纵向槽，只需将部件的两个大面分别紧贴靠山完成锯切。

舌榫的制作可以用普通单片锯片完成。首先放平部件进行两次横向锯切，加工出舌榫的肩部（图B）。这两次锯切就好像是在制作两条肩部平齐的半边槽。

第二步锯切需要将部件竖起，以锯切出舌榫的两侧颊面（图C），需要注意的是，锯切时废木料一侧要远离靠山，以免废木料卡在靠山和锯片之间导致部件回抛。调整锯片高度，使其刚好不会接触舌榫的肩部。用凿子清除锯切后的残余木料。进行竖直锯切时可以使用辅助靠山来增加对部件的支撑。如果进行批量制作，先检查接合是否匹配，再完成其他部件的锯切。

也可以使用开槽锯片搭配辅助靠山制作舌榫。辅助靠山允许开槽锯片紧贴靠山锯切（图D）。这样还能将部件回抛的风险降到最低，切记一定要使用推料板进料。想要舌榫的两条肩部方正且保持平齐，部件的边缘与大面必须平直方正。最好先用废木料进行试切，并分别检查肩部和舌榫与凹槽是否匹配，然后根据匹配情况调整靠山的位置和开槽锯片的高度。

使用企口的角接合

使用企口的角接合能够提供更多设计选择，并且胶合板制作的箱体也能获得不错的接合强度，但要记住，这里展示的接合方式只能用于胶合板或其他人造板材制作的箱体。

想要制作出外表面平齐的角接合件，需要在电木铣台上使用直边铣头并通过靠山来引导铣削。利用胶合板侧板的厚度作为参照设置靠山，然后在角接合件上铣削纵向槽，让胶合板的外侧面或大面紧贴靠山，其内侧面与铣头刃口对齐。设置完成后，应先使用同种材料的废木料进行测试（图 A）。

作为一种可用选项，我认为让实木角接合件比胶合板侧板稍微高出一点是最好的。同样，加工前先进行测试，来检查设置是否准确。为了简单，最好将企口部分加工成贯通的。

先铣削出第一条纵向槽，然后翻转部件加工出第二条凹槽。加工前最好在实木部件上明确标出正面和可以用来贴靠台面和靠山的面（图 B）。如果要铣削较深的纵向槽，可以进行多次渐进式铣削，直到获得全深度，或者可以先用台锯锯切掉部分废木料，然后再调整铣头高度铣削出最终深度。接下来在胶合板侧板上制作舌榫，舌榫的宽度要刚好与纵向槽匹配，而舌榫的长度可以稍小，为胶水留出空间（图 C）。

➤ 参阅第 82~83 页 "使用电木铣制作企口接合件" 或 "使用电木铣台制作企口接合件"。

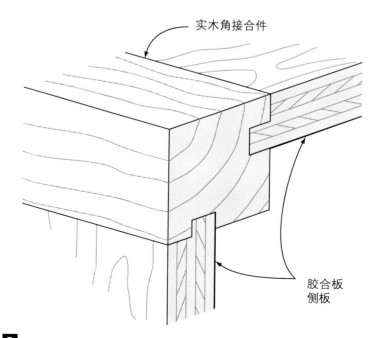

实木角接合件

胶合板侧板

C

边角平齐的企口接合

要制作边角平齐的企口接合件，应在胶合板侧板而不是实木角接合件上制作纵向槽（图A）。将胶合板的两个大面分别紧贴靠山，在边缘正中锯切出纵向槽。或者可以使用开槽锯片一次性将其加工出来。

制作舌榫时，先完成角接合件外侧的锯切，在此之前最好标示出它的外侧面，将部件外侧的角贴住靠山完成锯切。在图B中，正在进行的是第二次外侧锯切。

在完成两次外侧锯切后，再进行两次内侧锯切。稍微降低锯片高度，这样废木料会暂时保留在部件上，不会卡在靠山和锯片之间导致回抛。和其他操作一样，先用废木料进行测试来检查靠山的位置和锯片的高度是否合适（图C）。如有需要，可以用凿子或榫肩刨对舌榫进行修整。

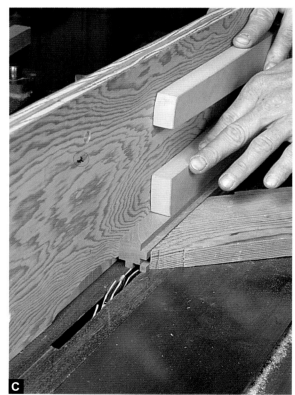

活榫接合

活榫的制作

企口接合的另一种形式是将单独的活榫嵌入到配对部件的纵向槽中（图 A）。这种接合方式也可以简单地看作是在两个纵向槽中胶合方栓，活榫与纵向槽要紧密匹配，为胶水留出少许空间即可。干接测试时，活榫不应从纵向槽中掉落，且在插入纵向槽后，只有在涂抹胶水后才需要用锤子敲入。在使用人造板材时，可以用胶合板来制作活榫，从而不用考虑木材形变的问题。实木制作的活榫主要用于实木板的边对边接合，制作的活榫最好沿长度方向都是短纹理，这样在插入纵向槽后能够获得最好的接合强度。

制作贯通纵向槽可以使用台锯或者装配直边铣头的压入式电木铣。

➤ 参阅第 70 页 "使用台锯制作贯通纵向槽"。

制作止位纵向槽，可以使用装配直边铣头的电木铣台来完成（图 B）。在电木铣台的靠山上固定限位块，然后将部件放低到铣头上进行加工。具体操作是，将铣头高度调整到凹槽深度的尺寸，然后用多块厚度为 ⅛~¼ in（3.2~6.4 mm）的垫片来抬高部件，每次铣削后撤走一层垫片，直到完成全深度的铣削。或者像前文中描述的那样，每次铣削后调整铣头的高度，直至完成铣削。确保在操作前标示出每块木板的正面，使其紧贴靠山进行铣削。

如果匹配过紧，可以用刮刀或手工刨来调整活榫的厚度。打磨会将活榫的边缘磨圆，并且手工打磨也很难保证均一的厚度（图 C）。检查匹配时要将整个活榫插入到纵向槽中。

为了获得最大的强度，使用横纹方栓。

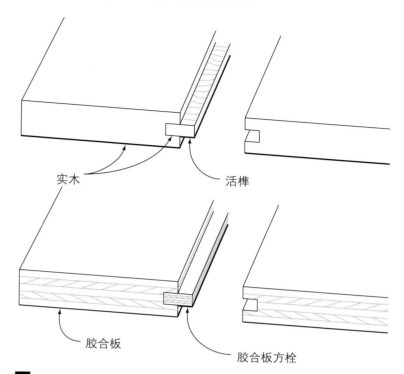

实木　　　　　活榫

胶合板　　　　胶合板方栓

A

B

C

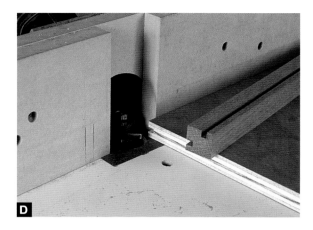

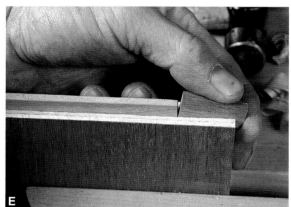

实木制作的角接合件同样也可以使用活榫，但侧板所用的材料只能是胶合板或其他人造板材。实木侧板会相对于角接合件横向于纹理的形变会导致接合失败或者箱体严重变形。

如果条件允许，可以用与活榫厚度匹配的开槽铣头来加工纵向槽（图D）。因为大部分胶合板的尺寸小于标称尺寸，所以如果需要制作多个这样的接合件，最好研磨铣头，使其与部件尺寸匹配。角接合件的厚度要比侧板大一些，这样才能在开槽后获得较好的接合强度，避免纵向槽在角接合件的内部相遇。

可以用假活榫在贯通纵向槽的接合表面进行装饰。使用颜色与部件对比鲜明的木料制作假活榫效果更佳（图E），比如桃花心木（图中所示）或胡桃木。

第 6 章
斜面斜接

斜面斜接为木匠提供了一种特别的接合方式，因为斜面斜接能让箱体的四周呈现连续的长纹理，且中间不会有任何端面纹理出现。使用斜面斜接的盒子再也不用烦恼因使用指接榫或燕尾榫而有深色的端面影响外观效果的事情了。箱体使用斜面斜接也不用担心会露出胶合板的芯板或基板。

使用斜面斜接可以让作品外观整洁干净，但如果只使用胶水进行接合的话，接合强度会很弱。这是因为斜面构成的胶合面既不是长纹理面也不是端面，而是介于二者之间，这样的胶合面不太理想，不算差但绝对不够好。不过，通过加入方栓、插片或饼干榫片，可以有效地增强斜面斜接的强度。

斜面斜接件的制作

斜面斜接虽然看起来简单，但在制作时还有很多方面需要注意。即使是最基础的斜面斜接，也必须保证斜面平整且与上下表面垂直，复合接件的制作设置则更为复杂。对于任何箱体的斜面斜接，斜面的一致性是至关重要的，所有斜面都必须按照设计角度精确切割。即使只有细微的偏差，累计起来也会影响斜接的外观和部件之间的匹配，而且木板越厚，接合件越宽，偏差导致的间隙就越大。总之，斜面切割越精确越好。

不管是用宽板制作箱子还是用较小的木板制作盒子，切割斜面最好使用电动工具。精确性是制作斜接部件的关键，使用电圆锯不仅可以轻松准确地完成切割，而且能够保证重复性。

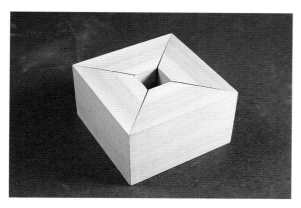

这件用较厚的宽板斜切斜面后制作的小盒子展示了一点点角度偏差是如何累计为宏观上的巨大缺陷的。

斜接件的斜面纹理介于长纹理和端面纹理之间。背景中的斜接盒子使用插片来加固斜接接合。

要使用电圆锯进行准确的斜切，必须搭配靠山来引导锯片。

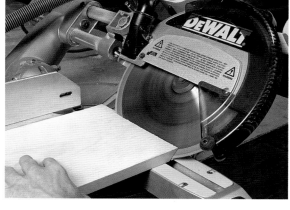

轨道式复合斜切锯是重复锯切斜面的最佳工具。标准的斜切锯当然也能用，但会受到部件宽度的限制。

对于锯片角度可调的台锯，只要锯片角度设置正确，就可以精确地完成斜面锯切。

在台锯上先进行试切，并用斜角规检查试切部件的斜面角度是否为45°，以确认锯片的设置是否到位，再锯切目标部件。

电圆锯

我年轻时所用的电圆锯一般连直线横切都很难完成，更别说准确的斜切了。现在的电圆锯性能大幅提升，只要设定锯片的角度和转速，可以快速准确地完成角度切割。通过使用导轨系统，甚至可以沿部件的整个长度方向进行斜切。

复合斜切锯

复合斜切锯的使用会受到部件宽度的限制，但对大多数较小的箱子和盒子来说，这种锯很好用。轨道式复合斜切锯可以处理较宽的部件。操作时确保为部件提供良好的支撑。设置限位块可以重复加工相同长度的部件。

台锯

锯片角度可调的台锯锯切斜面比较容易。操作时部件必须水平放置在台面上，同时将锯片调整到所需角度。可以使用定角规引导锯切，安装辅助靠山能够为部件提供更好的支撑。你还可以在靠山上固定限位块，以便于重复锯切。

将定角规设置为90°，并且仔细检查其与90°状态的锯片是否互相垂直，然后将锯片倾斜到45°。我个人比较喜欢锯切后让废木料落在锯片外侧。使用组合角尺或斜角规检查试切部件的斜面角度是否为45°，从而确定锯片设置是否正确。将限位块设置在锯片内侧引导每次的锯切。

电木铣台或成形机

同样可以使用装配并设置了斜切铣头的电木铣台或刀头角度设置到位的成形机斜面。如果部件方正平整，使用这两种机器加工斜面的精度是很高的，特别是特定角度斜面的斜切。互锁斜接是斜接接合的一种加强版，可以使用特殊的铣头来制作。要在电木铣台上制作互锁斜接件，需要多练习几次，以设置正确的铣头高度。

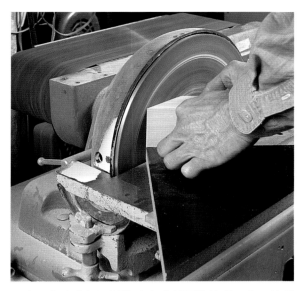

一台圆盘砂光机可以快速完成斜面的清理工作。使用夹具可以确保一组斜接角最终为 90°。

成形机刀头和电木铣铣头都有多种角度可供选择，用于切割各种斜面。

可以使用短刨对斜面进行调整和精修。

修整斜面

　　并不是所有锯片和刀具都能完美地锯切出光滑的斜面进行胶合。如果你有一把经过精细调整的短刨或低角度刨，那你可以用它来精修斜面，将其处理平滑。用台钳固定部件，然后从两端向中间进行刨削。即使斜面角度存在偏差也不要为了进行调整而过度刨削，因为这样做会改变部件的最终长度。

　　驴耳式刨削台可以用来固定较宽的部件，为准确斜切提供支撑。用台钳固定刨削台，并用部件顶紧刨削台内的靠山。用台刨从部件外侧顶紧部件修整斜面。操作时，台刨平整的侧面会平贴刨削台的底座表面移动，最终将部件斜面加工到与刨削台的斜角底板的边缘平齐。

　　圆盘砂光机也能用来快速修整斜面。为此，砂光机的台面必须与打磨面互相垂直。操作时使用砂碟的左侧部分，这样逆时针转动的砂碟会将部件向下压在台面上，从而降低了操作风险。将一块经过完美 90° 锯切的木板或靠山用螺丝固定在台面的定角规导轨中作为夹具。每次精修一组斜面要分别使用夹具的两侧作为靠山，这样经过修整的两个斜面互为余角，接合后总是 90°。较宽的部件需要使用较高的靠山提供支撑。

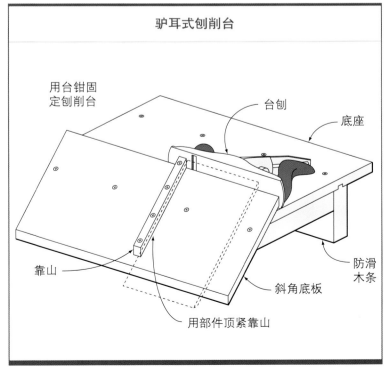

驴耳式刨削台

用台钳固定刨削台

台刨

底座

靠山

用部件顶紧靠山

斜角底板

防滑木条

复合斜切的角度选择

下表所列的角度适合四面斜接的箱式作品。

侧板倾斜角度（°）	锯片倾斜角度（°）	定角规角度（°）
5	44	85
10	44	80
15	43	75
20	41	71
25	39	67
30	37	63

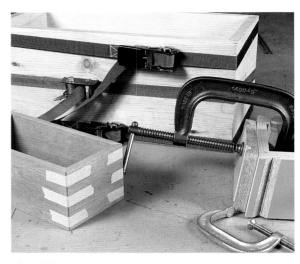

斜面斜接部件的胶合需要一些创造力。这里展示了三种有效的方法：适合处理小盒子的美纹纸胶带和适合处理较大箱体结构的带夹以及可夹持固定的夹持块。

斜面的胶合

因为斜面斜接自身没有任何结构上的限制，导致它们在胶合过程中很容易彼此滑脱。如果在接合部位添加方栓或是插片，然后用杆夹沿箱体四周边缘夹持的话，会造成夹持力依次在四个侧面上过大，而箱体很难保持方正状态。因此斜面斜接不可能使用普通的木工夹进行夹持固定。只有在箱体方正的情况下才能使用杠夹沿其对角线夹紧。因此，组装斜面斜接部件需要小心和不同类型的定向夹持方式。

可以用来夹持斜面斜接部件的工具包括最普通的遮蔽胶带、带夹以及可夹持或胶合在部件上的夹持块。

上胶前一定要进行干接测试，这样能够帮助你确定夹持方法，并将胶合所需的各种工具准备到位。

黄色的脂肪族树脂胶相比普通的塑料树脂胶或环氧树脂胶的固化速度更快，需要你在短时间内固定好木工夹。但脂肪族树脂胶也有其优点，即在大多数的作品表面显露的胶线更少，对作品外观有所提升。

美纹纸胶带处理较小的盒子效果最好。带夹使用起来比较烦琐，你需要具备水手一样灵活处理绳子的能力才能快速地夹紧带夹并维持压力均

将夹持块胶合固定在箱体上可以使斜接件的胶合组装变得简单。胶合完成后，可以用凿子和手工刨或带式砂光机将胶合痕迹清理掉。

衡。这两种工具都属于快速夹持工具，但它们不是总能提供足够的针对斜面斜接的特定压力。夹持块能够横跨斜接斜面提供最好的夹持力，但需要投入大量时间来制作它们并将它们固定到位。

在正式组装和胶合前，对斜面进行涂胶封闭是很必要的。涂胶封闭可以预先填充斜面上的孔隙，防止正式胶合时由于胶水渗漏导致胶合面胶水不足。实施涂胶封闭时先在两个配对胶合面上涂抹一层薄薄的胶水，刮掉多余胶水后等一会儿，然后再次涂抹胶水完成最终的组装。

斜面斜接的加固

　　斜面斜接需要一定形式的加固才能得到最好、最耐久的接合效果。这种接合的接合面介于长纹理面与端面之间，因此不能提供最理想的胶合面。通常用来加固斜面斜接的方法都是隐藏式的，不会影响作品的外观。

　　施加在较小箱体内侧的胶合块可以为简单的斜面斜接增加强度。在固定胶合块前要确保所有表面都是干净平整的。涂抹胶水后将胶合块固定到位并保持 1 分钟，或者等到黄色脂肪族树脂胶凝固，以免胶合块移动。也可以用胶带将胶合块暂时固定到位，直到胶水完全凝固。

　　方栓的作用与活榫差不多，需要先在斜接件的两个斜面上开槽，然后将方栓插入到配对的接合件中。尽量靠近斜面的内侧角开槽，因为这样才能切割出深度足够的槽。

　　如果在实木箱体上使用方栓，那么方栓也要用实木制作，且其纹理方向应与箱体侧板的纹理方向一致。如果箱体是用胶合板制作的，那么方栓也要用胶合板制作。

　　使用插片加固斜面斜接能为箱子或盒子提供额外的装饰。先将插片插入并胶合到位，将修整过的斜接组件夹紧固定。等待胶水完全凝固，使用砂纸、刮刀或手工刨将箱体表面清理干净。更具装饰性的加固方法是使用燕尾形插片，这种方法有时也被称为"拟燕尾榫接合"。

在箱体内角添加胶合块是一种传统的加固斜面斜接的方法。

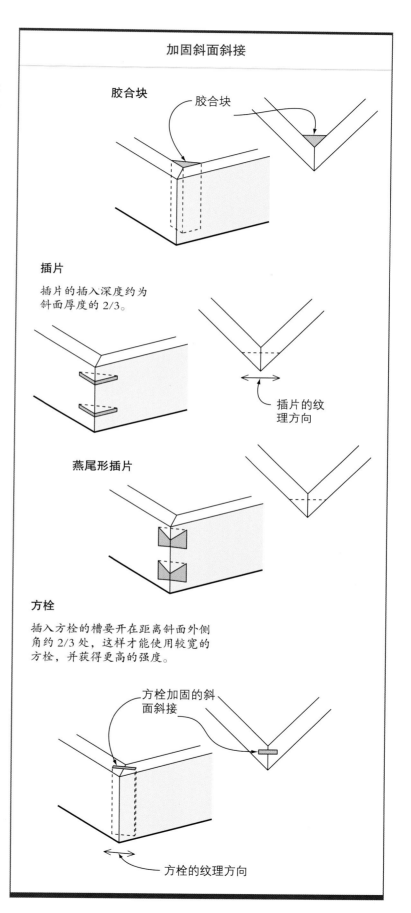

加固斜面斜接

胶合块

插片

插片的插入深度约为斜面厚度的 2/3。

插片的纹理方向

燕尾形插片

方栓

插入方栓的槽要开在距离斜面外侧角约 2/3 处，这样才能使用较宽的方栓，并获得更高的强度。

方栓加固的斜面斜接

方栓的纹理方向

复合斜接

使用台锯制作复合斜接件

根据侧板数量和所需角度将台锯锯片和定角规设置到位（图 A）。锯片和定角规的角度要分别独立设置。先设置定角规，试切后用量角器或斜角规检查角度是否正确。然后倾斜锯片，同样进行试切并检查角度。继续这样操作几次，以确保设置的准确性和一致性。

➤ 参阅第 92 页 "复合斜切的角度选择"。

小贴士

尝试使用匹配系统来完成接合件的制作，例如使用特鲁菲特（Tru-Fit）全吻合系统搭配定角规来制作斜接件。该系统中的角度模块能帮助你设置出准确的定角规角度，从而使锯切更精准。

先对所有侧板的一端进行横切（图 B）。然后将定角规前后调转，使用相同的角度设置在锯片的另一侧锯切斜面，同时使用限位块保持每次锯切长度一致，完成配对斜面的加工（图 C）。

斜面斜接可能需要使用方栓或插片进行加固，以获得最佳强度。接下来，将各个侧板边缘修整到需要倾斜的角度。图中所示的是倾斜 10°的情况，我将锯片倾斜 10°，分别锯切侧板的顶部和底部边缘（图 D）。

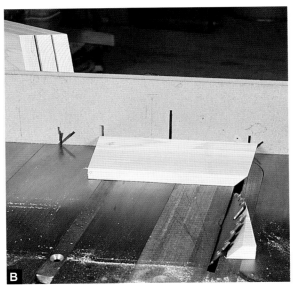

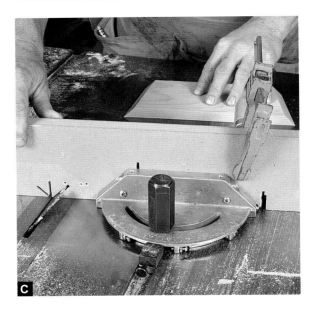

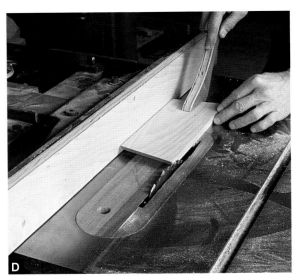

使用饼干榫的斜接

使用饼干榫加固的斜接

使用饼干榫加固斜面斜接，首先用你喜欢的方式完成斜切。

➤ 参阅第 89 页 "斜面斜接件的制作"。

将饼干榫片横跨接缝插入两个斜面中不仅能有效的加固接合，且对作品外观毫无影响（图 A）。首先用饼干榫机在废木料上进行试切，确定正确的开槽深度，避免饼干榫插槽穿透木板，然后用木工夹将部件牢牢固定完成插槽制作。

接下来，涂抹少量胶水对两个斜面进行涂胶封闭，最后在饼干榫插槽中和接合斜面上涂抹胶水，插入饼干榫，将部件接合在一起（图 B）。

使用方栓的斜接

使用方栓加固的斜接

首先在台锯上锯切出斜接斜面（图 A）。锯切方栓插槽的锯片角度与制作斜面的锯片角度是相同的。将靠山设置到靠近锯片的位置，把部件固定在定角规上推过锯片，加工出方栓插槽。正式加工前一定要用废木料进行试切，仔细检查并调整锯片的高度和靠山的位置（图 B）。注意，锯片不能向靠山一侧倾斜，如果不好调整锯片，可以把靠山放在锯片的另一侧。

使用方栓加固的复合斜接件需要在加工方栓插槽时将部件竖起通过锯片（图 C）。

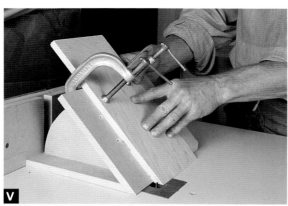

变式方法

方栓插槽的制作也可以用电木铣台来完成。制作一个角度夹具来支撑经过斜切的部件通过铣头（图 V）就可以了。图中所示夹具是使用中密度纤维板制作的，其支撑面较大，可以稳固地将部件夹紧固定。使用直边铣头，用夹具顶紧靠山通过铣头，铣削就完成了。要得到较深的方栓插槽，需要分多次渐进式铣削来得到最终的深度。加工时将夹具从右向左迎着铣头的旋转方向进料，这样可以让夹具顶紧靠山。

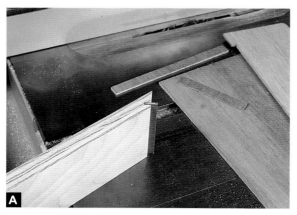

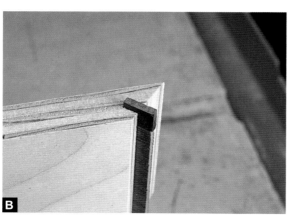

胶合板方栓斜接

当箱体为胶合板或中密度纤维板这样的人造板材时，要使用胶合板来制作方栓。如果胶合板方栓的厚度与方栓插槽的尺寸十分接近就再好不过了。接下来要做的就是对方栓稍微刮削，使其与插槽匹配（图 A）。对使用方栓加固的斜面斜接还可以制作一些装饰效果，比如在插槽两端嵌入硬木片（图 B）。硬木片的纹理方向要垂直于插槽，以避免出现短纹理问题。

实木方栓斜接

实木制作的斜接箱子或盒子要使用实木方栓加固斜接。切割一条直纹木条作为方栓，其纹理方向必须与箱体侧板的纹理方向一致，以保证它们同步膨胀和收缩。

这就意味着，你需要切割一条整个长度方向都是短纹理的木条，这样的部件很难用平刨或压刨沿其长度方向进行加工，因为木条极易断裂。不过，木条在宽度方向上基本不可能断裂，这样就能很好地加固斜面斜接。

首先找一块与侧板宽度一致或稍宽的木板进行刨平处理。然后在台锯上进行横切得到方栓的宽度。接下来用带锯把方栓修整到接近所需的厚度，加工时将方栓顶住靠山进行锯切（图 A）。可以使用铅笔作为推料板完成进料。实际加工前最好先进行试切，来熟悉这种薄切操作和获得准确的靠山位置。

接下来使用挡头木配合短刨精修方栓木条，使其厚度与插槽匹配（图 B）。因为沿刨削方向都是短纹理，所以操作时要十分小心，以防方栓断裂，但断裂的方栓仍然可以插入插槽中来加固斜面斜接。断裂的方栓不会显现在外观上，并且因为方栓与侧板的纹理方向一致，因此也不会削弱加固斜接的效果。

方栓的宽度方向也要仔细处理，以便两个接合斜面能严密贴合（图 C）。如果方栓宽度合适，只需用短刨稍微刨削几次就能将其修整到位。方栓的长度则可以比侧板宽度稍长一点，在整体胶合完成后再用锉刀、凿子或手工刨将多出的部分清理掉。

用方栓加固的斜面斜接在进行胶合时更容易一些，因为有方栓的限制，两个接合部件在组装过程中不易滑动（图 D）。

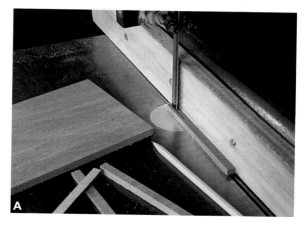

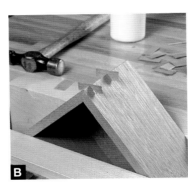

使用插片的斜接

手工制作带插片的斜接

　　使用木皮制作插片并使其与侧板的纹理匹配，可以使插片几乎不可见。在盒子的 4 条棱上用夹背锯或燕尾榫锯垂直向下锯切出几个插槽（图 A）。尽量保证锯切深度一致，使这些插槽在外观上也保持一致。也可以偏转一定的角度锯切，来获得更好的接合强度。

　　如果木皮太厚，可以用铁锤敲打木皮，使其刚好能插入到插槽中（图 B）。涂抹胶水后，胶水中的水分会使木皮膨胀，从而将其锁定在插槽中。接下来用凿子将木皮多余的部分切掉，使其与侧板外表面平齐（图 C）。木皮插片能很好地融入周围的木料，使其在外观上不可见。

使用电木铣台制作带插片的斜接件

　　还可以为电木铣台配备直边铣头和斜切夹具进行带插片斜接件的制作。斜切夹具能支撑盒子完成插槽铣削。它的制作很简单，只需要一块平板并以 45° 角在上面安装一个靠山就可以了。

[小贴士]

用来安装靠山的紧固件应高于铣头的最大高度。

　　在盒子的 4 条棱上标记出安装插片的位置。然后将电木铣台的靠山放在斜切夹具旁并设置到位（图 A）。如果插片是对称分布的，可以在完成一次铣削后将盒子沿侧面转动，逐次铣削每一条棱。操作时尽量将盒子顶紧斜切夹具进料。

[变式方法]

　　为了给部件提供更好的支撑，可以制作带有90° 托架的斜切夹具。保持部件顶紧斜切夹具，然后将斜切夹具顶紧靠山通过铣头（图 V）。不要忘记在进料前调整好电木铣台靠山的位置，以准确进行铣削。

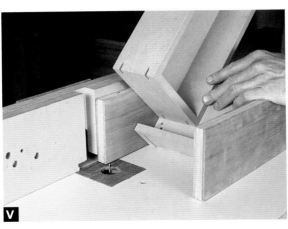

使用电木铣模板制作带插片的斜接件

对于较大的斜接箱体，很难行加工得到插片插槽。因此与其想办法将部件固定在电木铣台加工，不如使用压入式电木铣配合直边铣头，在模板的引导下加工出插片插槽（图 A）。

先加工出一块四边方正且宽度与箱体侧板一致的胶合板或中密度纤维板，在其表面标记出引导槽的中线和两端（图 B）。然后把与引导轴套宽度相同的直边铣头安装到电木铣台上，接下来进行试切以确定靠山的位置。

引导槽的铣削要先从中间开始，缓慢下压胶合板，直到铣头穿透其表面。也可以先钻出起始孔再进行铣削。如果画出的引导槽在模具上是对称排列的，那么一对对称的引导槽只需设置一次靠山，完成一侧的铣削后只需翻转胶合板就可以铣削另一侧的槽（图 C）。加工完成后，引导轴套应该可以在引导槽中轻松滑动，如有必要可以打蜡进行润滑。

正式铣削插片插槽时要让插槽笔直地横跨接缝。要注意，引导槽的长度并不代表插片插槽的长度，不会影响铣削结果，因此并非关键。插片插槽的最终长度取决于铣头的铣削深度（图 D）。

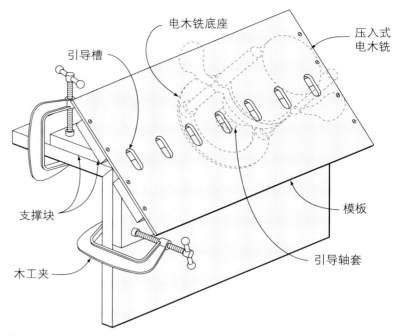

电木铣底座
压入式电木铣
引导槽
模板
支撑块
引导轴套
木工夹

A

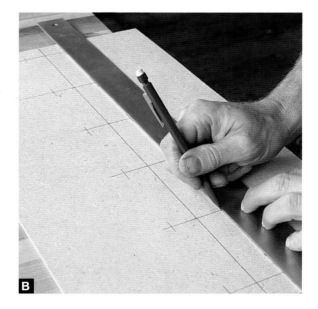

B

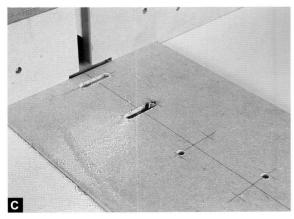

C

D

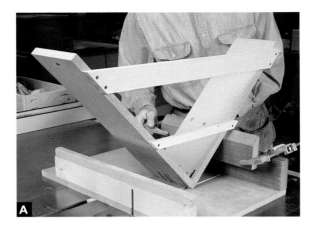

使用台锯制作带插片的斜接件

要用台锯为较大的斜接箱体加工插片插槽，需要制作一个大托架来支撑箱体进行锯切。将这个插片槽切割夹具垂直固定到横切夹具上。插片槽切割夹具的托臂组件要用板条固定成一个整体，这些板条还可以作为限位器将箱体部件在夹具中固定到位（图 A）。一块垫板可以防止部件正面在锯切时出现撕裂。用双面胶将垫板固定在靠近我们一侧的托臂上，用木工夹将部件牢牢固定到插片槽切割夹具上就可以锯切了（图 B）。

| 变式方法 |

可以使用较小的插片槽切割夹具来加工盒子，将部件连同夹具一起顶紧靠山锯切即可（图 V）。

制作和安装直插片

制作直插片需要先用带锯将插片木条粗切到一定的宽度和厚度，然后再用台锯将插片木条锯切到最终尺寸。用台锯加工这种薄部件要使用推料板进料。

直插片的纹理方向要与箱体侧板的长纹理方向一致（图 A）。将直插片紧紧插入插槽中，如有需要，可以用短刨修整直插片的厚度，直到直插片可以轻松插紧。刨削操作可以使用挡头木完成。直插片安装到插槽中后要用锤子对其进行敲击，确保直插片完全插入（图 B）。

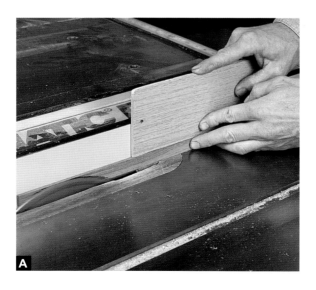

用带锯小心地切掉外露的直插片，锯切时要盯紧锯片，不要让它锯切到箱体侧板（图 C）。对直插片的最终刨平可以用短刨来完成，每次刨削都要向远离接缝的方向运动。要注意，所有的直插片在清理到与侧板表面平齐后看上去颜色都较深，这是因为直插片的 45° 表面具有部分端面属性，而且在表面处理后，这种表面与长纹理面的颜色差别会更加明显。

带燕尾形插片的斜接

带燕尾形插片的斜接能够为作品提供装饰效果。可以同样与制作直插片插槽箱体的夹具制作燕尾形插槽（图 A）。

> ➤ 参阅第 98 页"使用电木铣台制作带插片的斜接件"。

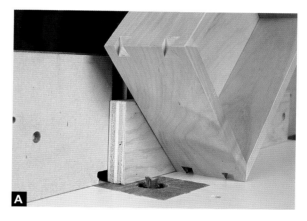

对于燕尾形插槽，需要使用燕尾形铣头进行加工。为了减少铣头磨损，可以先用直边铣头去除部分废木料，然后再用燕尾形铣头一次性铣削出所需的插槽。

插片木条的厚度要比燕尾形铣头的直径尺寸稍大。使用相同的燕尾形铣头来加工插片木条，靠山要设置在只露出部分铣头的位置（图 B）。铣头可以设置的比插片木条的厚度稍高一些，这样能让后续的匹配更简单。如果燕尾形插片与插槽不能匹配，可以稍微移动靠山露出更多刃口，对插片木条进行修整。完成一次铣削，再次检查匹配情况，如有需要就对插片木条的另一侧做相同处理（图 C）。不断调整靠山位置，直到燕尾形插片与插槽紧密匹配。也可以修整插片木条的底部，这个长纹理面刨削起来比较容易，每次刨削都能减少插片宽度。

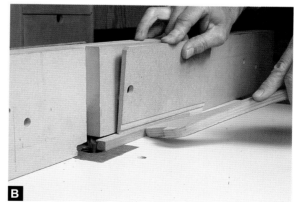

在完成胶合后，依然用带锯去除多余木料，然后再用手工刨或砂光机修整侧板。如果有胶水溢出，可以用凿子进行清理，使用手工刨容易损伤刨刀（图 D）。不论使用何种工具，都要从接缝向两边操作，否则会有撕裂插片边角的风险。

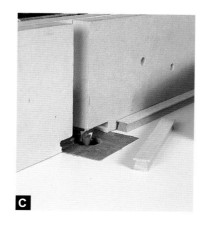

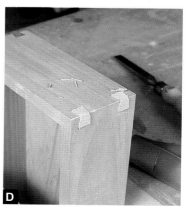

半边槽斜接

半边槽斜接

　　制作带半边槽的斜接件，要首先用开槽锯片锯切出接合件的半边槽部分。半边槽的嵌入部分应与配对部件的厚度一致（图A）。使用装有辅助靠山的定角规固定半边槽部件，顶住靠山完成进料。然后将台锯锯片倾斜45°，同样使用定角规支撑部件，锯切出部件斜面（图B）。

　　接下来在配对部件上标记出斜面结束的位置（图C）。将配对部件置于开槽锯片左侧进行斜切。要仔细调整开槽锯片的高度来完成这项操作（图D）。最后使用横切夹具将肩部加工方正（图E）。

互锁斜接

互锁斜接

　　互锁斜接铣头只能用于可进行调速的电木铣台（图 A）。将电木铣的转速设定为 10000 rpm，以降低这种大直径铣头的外边缘线速度。

　　首先完成一次横向铣削（图 B）。使用配有吸尘系统的零间隙靠山进行操作。接下来要将配对部件竖起进行铣削（图 C）。这种加工方式只有一种正确的铣头高度可以实现配对部件的良好匹配。你需要用废木料进行多次试切来找到正确的高度设置（图 D）。

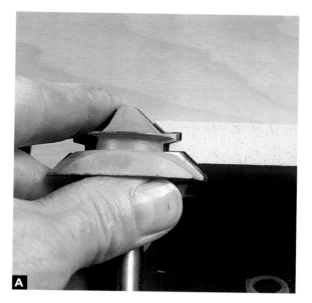

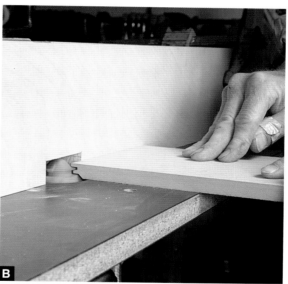

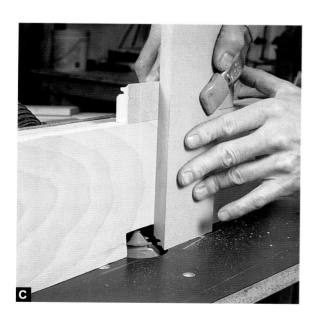

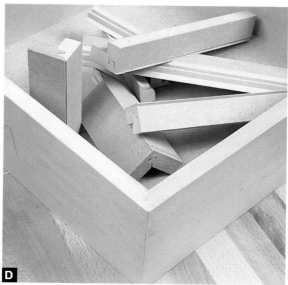

第7章
指接榫接合

　　指接榫接合有着醒目的外观并且强度很高。这种接合结构能够提供可观的长纹理胶合面。但由于指接榫通常都是贯通榫，端面是外露的，这样的外观对很多作品来说可能不那么美观，所以你需要考虑指接榫接合是否适合你的作品。

　　是否选择使用指接榫进行接合，除了外观因素，指接榫的制作方式也是需要考虑的。如果你喜欢手工制作的接合件，那么贯通燕尾榫是最佳选择。使用燕尾榫不仅可以根据需要改变榫头的间距以获得独特的外观，而且其结构能够提供额外的抗剪切能力。指接榫接合则更适合需要制作大量盒子的情况。

宽大的指接榫接合件适用于较大的箱体，比如图中所示的箱子。为了获得更好的接合强度，这些指接榫接合件都用木销进行了加固。

指接榫接合件的制作

　　使用台锯和夹具制作指接榫接合件最为简单。高品质的开槽锯片配合能在定角规滑槽中滑动的夹具，可以重复锯切出指接榫的接头。

　　还可以使用电木铣配合燕尾榫夹具来制作指接榫，只需对燕尾榫夹具稍加调整或者为电木铣安装不同的铣头就能完成制作了。在台锯夹具或

指接榫都是贯通榫，经过表面处理后，颜色较深的端面会更加突出，可以为小盒子提供额外的装饰效果。

电木铣夹具的帮助下，可以制作出各种能够完美匹配的指接榫接合件。不过，使用商品夹具只能制作间隔均匀的指接榫，如果你想制作个性化的指接榫，需要自制模板引导指接榫的切割。

计算榫头数量

制作指接榫部件需要有计划地进行。首先要决定每个榫头的宽度，然后需要切割出部件的宽度，使其等于多个榫头的宽度之和。这样能加工出外观规整的指接榫。但要记住的是榫头的数量必须是奇数，这样整个接合件才能保持对称，这样接合件的上下两端才能都是榫头或插口。偶数个的榫头会导致接合件的顶部和底部一端为榫头，另一端为插口。

使用台锯和夹具是最简单制作指接榫的方法。可以使用一个与榫头宽度相同的销子来标准化榫头的间隔。

商品夹具可以配合电木铣台制作指接榫，但你也可以自制模板来获得不同间隔的指接榫。

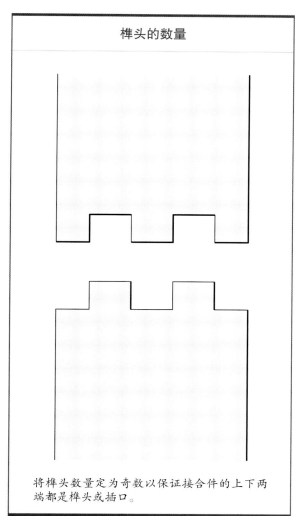

榫头的数量

将榫头数量定为奇数以保证接合件的上下两端都是榫头或插口。

奇数个的榫头（从一端开始计数）可以让接合件的顶端和底端都有榫头。偶数个的榫头只能让接合件一端为榫头，另一端为榫眼。

确定厚度

指接榫和其他所有的贯通榫一样，需要小心地进行设计。如果需要榫头部分略微突出，那么

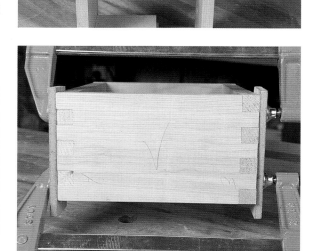

如果榫头突出于接合区域，需要特殊的夹持垫板与榫头匹配，进行胶合后的夹持。

在画线时需要在配对部件厚度的基础上加上突出量。榫头会突出在箱体的边角区域，就像第 104 页图中的箱子那样。

制作边角区域平齐的指接榫接合件有两种方法。第一种方法是制作略微突出的榫头，使其长度为配对部件的厚度加上约 1/16 in（1.6 mm）。这样在整体组装完成后，榫头会略突出于侧板，将凸出部分去除就可以了。这种方法的缺点是，你需要制作单独的夹持垫板与榫头的突出部分匹配，才能均匀分散压力。

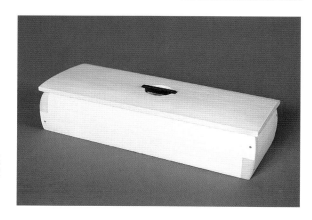

如果榫头的长度稍小于配对部件的厚度，就可以在接合处夹持普通垫板进行组装。后续的整平操作同样不复杂，只需将长纹理面去除 1/32 in（0.8 mm）的厚度。

第二种方法是，将榫头长度设计得稍小于配对部件厚度，并用铅笔或者划线刀进行标记。我发现这种方法要简单得多，因为可以在接合处直接使用任何类型的垫板，不管它们是有覆层的还是经过打蜡的（防止垫板与部件粘在一起）。此外，刨削或打磨突出的长纹理部分也要比处理突出的榫头端面要轻松得多。一般长纹理面只需去除 1/32 in（0.8 mm）的厚度，使用手工刨或砂光机可以快速完成，同时还可以将组装过程中产生的任何痕迹一并去除。

半嵌套接合赋予了这件小盒子简洁优雅的外观。

无论是手工制作还是使用电动工具加工，使用半嵌套接合方式制作的小盒子都很容易成形，并且不会牺牲接合强度。

半嵌套接合

半嵌套接合是一种非常简单且极具装饰效果的接合方式，它本质上是一种大号榫头的指接榫接合。在选择最适合作品的接合方式时，必须要考虑接合件能够提供的胶合面积。半嵌套接合件的胶合面大多是端面与长木纹面的接合面。因为缺少长纹理面与长纹理面的胶合面，半嵌套接合件必须进行加固。钉子、销子、螺丝和圆木榫都可以用来加固半嵌套接合件。

半嵌套接合的美感源于其部件可以轻松加工成形，并且不会对接合强度造成明显的影响。半嵌套接合件组装完成后，其端面与长纹理面的对比效果十分引人注目。

半嵌套接合件可以手工制作，也可以使用台锯制作。首先在部件上清楚地画线，确保所有切面都笔直方正。先加工出接合件的一侧，对其进行必要的清理和调整后，再制作另一侧。

制作指接榫接合件

使用台锯制作指接榫接合件

先根据榫头宽度在台锯上设置开槽锯片的宽度。确保将箱体的侧板宽度刚好等于多个榫头宽度之和，这样才能在侧板的上下两端加工出完整的榫头。使用配有量块的定角规将部件固定到位，或者在两个定角规之间固定一个辅助靠山，然后用开槽锯片在靠山上锯切出一个切口（图 A）。

接下来，加工出一块与开槽锯片宽度尺寸完全相同的废木料，用作后续锯切的标准销。标准销最好使用硬木（例如枫木）制作，并且其长度要足够切割成两个标准销。将其中一个标准销插入之前加工出的靠山切口中（图 B）。

将靠山左移，让标准销位于开槽锯片左侧，且距离锯片一个榫头的宽度。可以将第二个标准销作为间隔销放在靠山标准销和锯片之间，来准确确定这个距离（图 C）。这步操作要非常小心，如果靠山标准销与锯片的距离过大，最终加工出的榫头宽度会偏大，导致接合过紧。因此作为间隔销的第二个标准销必须刚好卡在靠山标准销与锯片之间。定位完成后，用木工夹或螺丝将靠山固定到位。

小贴士

也可以用手工刨稍稍刨削间隔销，加工出宽度略窄的榫头，使接合宽松一些。

将第一块侧板竖起，使其边缘紧贴靠山标准销的内侧进行第一次锯切（图 D）。然后用刚锯切出的插口卡住靠山标准销进行第二次锯切（图 E）。重复上述过程，直到完成所有榫头的切割。操作过程中必须保持部件竖直且垂直于台面（图 F）。要在第二块侧板上完成互补锯切，同样需要使用间隔销。将间隔销置于靠山标准销和锯片之间，然后用部件顶住间隔销。这样可以将第二块侧板准确定位到第一次锯切的位置（图 G）。在完成第一次锯切后，用刚切出的插口卡住标准销进行第二次锯切。重复

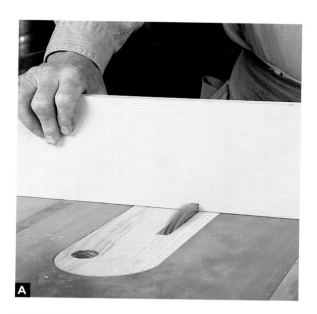

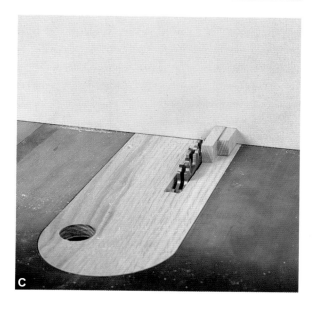

上述过程，直到完成所有锯切。加工完成后，两块侧板的接合应该足够紧密，但不能紧密到需要用铁锤将它们敲击到一起（图H）。

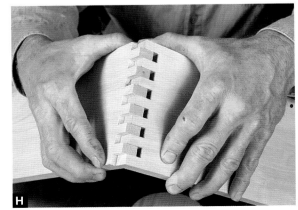

使用电木铣台制作指接榫接合件

要制作榫头较大或榫头间隔不一致的指接榫接合件，或者是在制作指接榫的侧板很宽时，可以使用电木铣台进行加工。电木铣台台面四周需要安装滑动台面，或者如果电木铣台台面上有滑槽的话，也可以使用定角规（图 A）。先在一块侧板上为榫头画线（图 B），然后用带锯锯切掉插口位置的大部分废木料（图 C）。为电木铣安装一个宽直边铣头，并根据插口深度设置铣头高度。

将部件固定在夹具上，使第一个榫头刚好位于精确铣削的位置，然后再用一个限位块固定夹具。接下来进行第一次铣削。如果榫头在部件上是对称分布的，第一次铣削后可以翻转部件，铣削部件另一端的榫头（图 D）。可以使用间隔木将部件从限位块移开合适的距离来铣削内侧的榫头。同时使用多个与榫头宽度相同的间隔块就可以铣削对应的榫头了（图 E）。使用与铣头宽度相同的间隔块来设置部件离开限位块的距离。如果需要进行精修来让两个部件匹配，可以在限位块和间隔木之间插入纸垫片进行微调（图 F）。

A

B

C

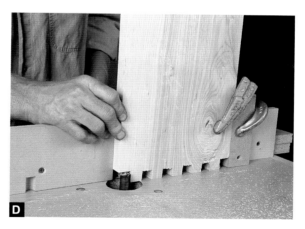

D

E

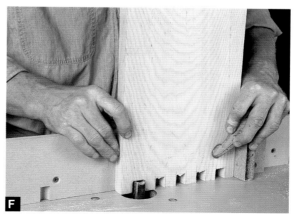

F

使用自制模板制作指接榫接合件

为了制作任何尺寸或样式的指接榫，可以先在电木铣台上使用标准方法制作出相应的模板。

➤ 参阅第109页"使用电木铣台制作指接榫接合件"。

使用模板制作指接榫需要用修边铣头来铣削出榫头，因此模板必须与榫头尺寸完全一致。在为较宽的榫头插口制作模板时，需要来回移动部件以清理掉榫头之间的区域（图A）。

用模板在侧板上标记出榫头，然后首先用竖锯粗切出插口（图B），再将模板夹在或用双面胶固定在部件上，确保夹具和部件的端面及边缘完全对齐。用轴承修边铣头铣削插口。先进行一次铣削，然后放低铣头，轴承也会同时下移贴靠在之前加工出的表面继续引导铣削。分次渐进铣削，直到获得所需深度（图C）。接下来，你需要使用锋利的凿子将圆角部分凿切方正（图D）。凿切时要从部件的大面向中间推进，以免出现撕裂。

使用凯乐燕尾榫夹具制作指接榫接合件

　　凯乐燕尾榫夹具需要使用偏置修边铣头来制作指接榫。要制作图中展示的接合件，可以使用燕尾榫模板的直边侧。一个带有轴承的、直径 $9/16$ in（14.3 mm）的偏置修边铣头刚好可以卡在燕尾榫模板的榫头之间。将两块木板的端面完全对齐，但边缘错开 $9/16$ in（14.3 mm）。使用一块 $9/16$ in（14.3 mm）宽的间隔木可以让偏置操作完成起来更简单，也更准确（图 A）。

　　标记出一个部件的宽度中线，并将这条线与模板上两个榫头之间的插口中线对齐（图 B）。然后将两个部件一起固定在夹具上，同时固定一个限位块，来指引剩余榫头和插口的加工（图 C）。

　　将指接榫铣头安装到电木铣中，并将铣削深度设置到比模板厚度加部件厚度稍小一点的程度。可以在一块废木料上进行标记并将其用作标尺（图 D）。接下来将电木铣底座置于模板上定位并开机，将铣头笔直切入木料中，并保证移动电木铣时不会晃动或将其提起（图 E）。

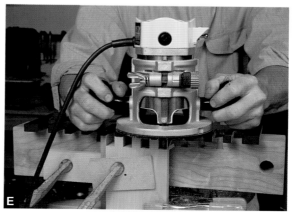

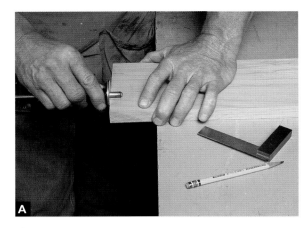

使用带锯制作指接榫接合件

也可以使用带锯制作指接榫。只要锯片足够锋利，并且搭配高品质的可调节靠山，带锯同样能够出色地完成这项任务。

首先确定榫头的宽度和间隔尺寸，用划线规在部件上画线（图 A）。使用带锯加工指接榫，带锯的靠山必须能够精确、方便地调节。在靠山上固定一个限位块可以限定锯切深度（即榫头长度或插口深度）（图 B）。先完成第一个榫头的锯切，然后翻转部件，在其另一侧进行对称锯切。重复操作，完成所有锯切（图 C）。

对于配对部件，每次锯切的不同之处在于，需要在配对部件与靠山之间垫上一条与锯片厚度相同的间隔木（图 D）进行锯切。如果需要锯切多个榫头，那么要依次调整靠山，完成第一个部件剩余榫头的锯切和配对部件上插口的锯切，直到完成所有锯切。

接下来，需要先用带锯粗切去除部分废木料。因为这里需要进行曲线锯切，所以最好使用窄锯条锯切（图 E）。尽量让锯缝靠近榫头画线，然后设置靠山，让锯片垂直于榫头画线切入部件。这种操作在部件边缘为插口时更容易完成（图 F）。注意不要切到榫头。在锯切两个榫头之间的插口时，让锯片尽量贴近插口的深度线（也就是榫肩线），然后开始锯切。以较慢的速度进料，使锯片最终锯切到画线上（图 G）。

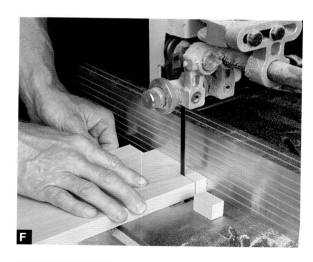

使用台锯制作成角度指接榫接合件

制作成角度指接榫时，先将部件端面以所需角度进行横切（图 A）。然后制作一个靠山，并将其以相同角度固定到定角规上。铣削一些间隔板，将每块板的一条长边缘锯切成同样的角度。

> ➤ 参阅第 107 页 "使用台锯制作指接榫接合件"。

将一块间隔板的平直边缘用螺丝固定到定角规的辅助靠山上，将斜切边缘固定到一个新的辅助靠山上（图 B）。接下来在两个辅助靠山之间稍高一点的位置再固定一块间隔板，使其紧贴两个靠山。然后就可以使用开槽锯片和间隔销（标准销）锯切指接榫了（图 C）。

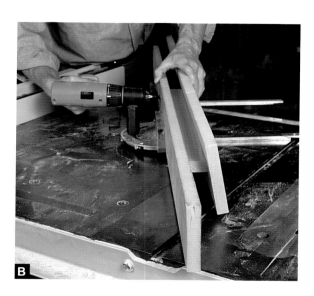

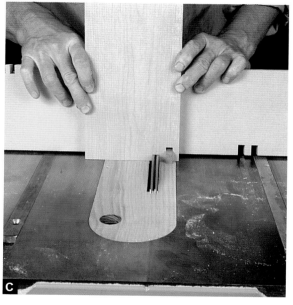

制作半嵌套接合件

手工制作半嵌套接合件

要制作一个半嵌套接合件，需要首先使用划线规在部件上画出榫肩线。这些画线是横向于长纹理的。在每块部件的两个大面和两侧边缘都要画线，使画线环绕部件一周。因为榫头的颊面锯切是顺纹理进行的，所以可以只用铅笔在部件表面画线。颊面的画线只画一半就可以了（图A）。将部件竖直夹在台钳中，且夹持位置尽量靠近接合部分，这样可以减少锯切时部件的移动或震动。沿画线的废木料侧竖直向下锯切，直到榫肩线处（图B）。

锯切完成后，用凿子沿榫肩线凿切清除废木料。保持凿子刃口斜面朝外，沿部件表面拖动凿子，直到刃口落入榫肩线中。垂直向下轻轻凿切，然后翻转凿子使刃口斜面朝上，从端面清理刚才切口。重复上述操作几次后，将部件翻面进行同样的操作。然后将部件放到台钳中固定，用凿子从部件边缘沿榫肩线凿切。这样就能将三条凿切线连接到一起形成一个平面，这个平面平行于最终的榫肩面（图C）。

接下来再次锯切，尽量靠近画线去除废木料。现在用一把宽凿修整刚才的平面，直到榫肩线处。可以底切榫肩的中间部分，使其稍微低一些，但要确保不会波及榫肩线（图D）。检查榫肩及颊面是否平整且互相垂直（图E）。然后你可以用这个加工好的部件作为模板，用划线刀在配对部件上画线。将配对部件顶住挡头木或限位块，将已加工部件以垂直角度与配对部件端对端对接在一起，配对部件的内表面要与已加工部件的榫肩对齐。标记好配对的边角，这样最后的组装会非常简单（图F）。

使用台锯制作半嵌套接合件

在使用台锯制作半嵌套接合件之前，要先使用划线规在一个部件上画出所有的榫肩线。榫肩线会横向于长纹理并环绕部件一圈。榫颊线是顺纹理的，可以用铅笔画出。

➤ 参阅第 114 页"手工制作半嵌套接合件"。

用画线部件设置好锯切参数，其他部件就可以直接进行锯切。在横切夹具上固定一个限位块引导榫肩的锯切（图 A）。榫肩的锯切深度要比配对部件的厚度尺寸稍小，这样能让胶合过程更简单。保持限位块靠近锯片而不是靠近部件的另一侧。这样做的好处在于，即使有任何碎屑进入部件与限位块之间，也不会影响锯切。

进行竖直锯切时，限位块的位置与横切相反，应在远离锯片的一侧，以免废木料卡在限位块与锯片之间（图 B），造成部件回抛。锯切时让部件应垂直紧贴限位块，并平贴在横切夹具靠山和台面上。锯片高度设置在稍低于榫肩线的位置。

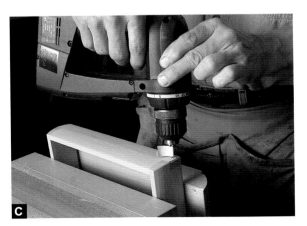

半嵌套接合的加固

半嵌套接合需要用销子、螺丝或圆木榫进行加固，因为它的胶合面很小，不足以保持稳定的接合状态。使用你喜欢的方式画线并制作出半嵌套接合件。

➤ 参阅第 114 页 "手工制作半嵌套接合件"。

用划线锥标记出孔的位置（图 A）。定位可以通过测量或直接观察来完成。设置钻孔深度，使钻头只露出所需的量（图 B）。也可以在钻头上缠绕遮蔽胶带标记钻孔深度（图 C）。钻孔时要确保钻头与箱体边缘平行，确保钻头垂直钻入。

圆木榫孔的直径应尽量小，以免在将圆木榫敲入部件端面时出现短纹理问题。同时确保圆木榫的截面尽可能接近圆形，因为它们在胶水干燥后很容易变成椭圆形。

切取的圆木榫可以稍长一些，然后用砂纸对其末端进行倒角。

使用牙签在孔中涂抹胶水，不能涂在圆木榫表面，因为圆木榫表面的胶水会在插入孔中时被刮掉。用铁锤将圆木榫敲入，当你听到敲击声从低沉变尖锐时就可以停止敲击了（图 D）。

在胶水干燥后，用平切锯或凿子将圆木榫露出的部分切除。用凿子凿切时不要试图一次凿掉很多木料，否则会造成部件表面之下的圆木榫出现撕裂。最好分多次进行成角度的小幅凿切。从多个方向进行凿切，直到圆木榫顶部与部件表面平齐（图 E）。

第 8 章
普通榫卯接合

    一排横跨箱体侧板的止位榫卯不仅可以保证箱体结构稳定，而且将接合区域隐藏在内。榫卯接合相比简单的横向槽嵌入接合强度更高，因为它们有更多的长纹理胶合面。不过，为了最大限度发挥长纹理胶合面的优势，必须沿侧板的宽度方向制作多个榫头。

    如果将榫卯制作成贯通的并使用活木楔进行加固，那么不仅可以获得可观的结构强度，还可以增加设计细节。将榫头制作的足够长并配合活木楔的加固，还能够避免榫头端面的短纹理区域出现撕裂。

木材纹理方向

    可以使用木槌和凿子手工制作榫眼，也可以使用压入式电木铣、空心凿榫眼机或台钻等机器制作榫眼。在进行画线时必须注意，榫眼部件和榫头部件的长纹理方向。

    这里讨论的箱体结构中的榫眼部件，也就是箱体的侧板，实际上榫眼中暴露出的端面比长纹理面更多，并且这些端面几乎起不到任何胶合面的作用，晃动产生的力会在很短时间内将柜子或书架震散。因此，你的工作就是加工出尽可能多的榫头和榫眼，以充分利用长纹理面来获得最大的胶合面。

贯通榫接合的加固

    贯通榫接合可以通过活木楔得到极大的加固。使用这种方法，榫卯部件可以松散地组装，随着活木楔的插入，所有接合部件会被锁定到位。

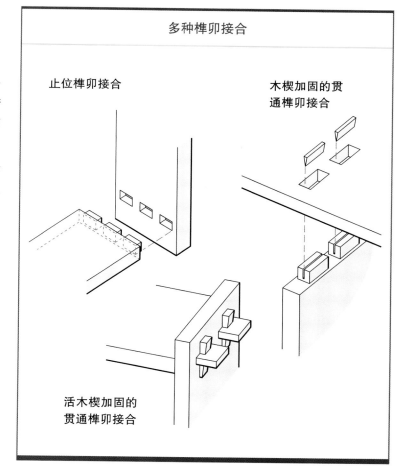

多种榫卯接合

止位榫卯接合

木楔加固的贯通榫卯接合

活木楔加固的贯通榫卯接合

胶合面

通过制作多个较小的榫头，可以最大限度地增加长纹理胶合面，同时也可以将木材形变的影响控制在最小幅度。

弱接合　　　　　　　　　　　　强接合

长纹理
面对比

端面与
长纹理
面对比

活木楔可以在三个位置产生紧固力。活木楔的背面会向内推挤侧板的外表面，同理，侧板外表面也会推挤活木楔榫眼的端面。此外，活木楔还会向下推挤活木楔榫眼。这些力共同作用，就可以拉紧榫肩使其紧贴箱体侧板的内表面。最终的结果就是把接合部件牢牢锁定到位。

　　这种接合方式唯一需要注意的就是，榫头要足够长，以免活木楔插入后因榫头端面区域过短导致活木楔榫眼被剪切力破坏。虽然可能需要重锤活木楔25次才能得到左图中的榫头破坏效果，但不管怎么说，榫头的确是更容易受到破坏的。因为活木楔实际上是被强迫穿过榫头的，当榫头短到某个临界点时，榫头末端的短纹理区域就会崩坏。当短纹理区域极短时，活木楔榫眼甚至会在楔入活木楔的过程中碎裂。

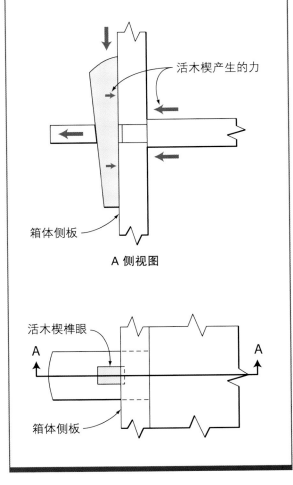

活木楔产生的力

活木楔产生的力

箱体侧板

A 侧视图

活木楔榫眼

A　　　　　　　　　　A

箱体侧板

一定要确保榫头足够长，在端面有足量的木料，来防止短纹理区域被剪切力破坏。

止位榫卯接合

手工制作止位榫眼

手工制作止位榫眼的第一步就是在侧板上画线，确定止位榫眼的位置和尺寸。仔细检查配对部件，确保画线正确（图 A）。

接下来使用手摇钻钻孔去除大部分废木料。不要忘记限制钻孔深度，毕竟你不想将部件钻穿。可以在钻头上做标记或者只进行浅钻（图 B）。

最后，使用与止位榫眼宽度一致的凿子将止位榫眼修整方正（图 C）。在处理止位榫眼较深的位置时要将废木料撬出，但要注意不要损坏止位榫眼的边缘（图 D）。

使用压入式电木铣制作止位榫眼

使用压入式电木铣制作止位榫眼的第一步是在侧板上画线，确定止位榫眼的位置和尺寸，可以在侧板上夹持平尺或直角夹具提供辅助。记得将铣头刃口与电木铣底座边缘的间距（偏移量）算入（图 A）。

接下来，将铣头旋转到与榫眼端面对齐的位置，在侧板上标记电木铣底座的位置（图 B），之后每次铣削时都将电木铣移动到画线处。或者，可以在侧板上固定一块废木料作为电木铣的限位块（图 C）。要让木料迎着铣头切入。

铣削后用凿子将榫眼四壁修整方正（图 D）。可以用一块与榫眼宽度相同的废木料作为标准件来检查修整效果。若标准件匹配过紧或者根本难以插入，则需继续修整，直到匹配合适。

使用电木铣搭配模板制作止位榫眼

　　使用模板操作需要获知铣头刃口相对于引导套筒的偏移量。进行计算或者直接测量出两者的距离，并将其计数到模板上。止位榫眼的宽度由铣头的直径来决定（图 A）。

　　加工出一块厚 ½ in（12.7 mm）、长度与侧板宽度相同的中密度纤维板或胶合板。在这块板上先画出宽度的中线，并在这条线上画出止位榫眼的位置和长度。在电木铣台上安装与引导套筒宽度一致的直边铣头。

　　把电木铣台靠山固定在与铣头距离合适的位置，并在靠山上固定限位块限制铣削范围（图 B）。依次铣削出每个止位榫眼。如果止位榫眼是均匀（对称）分布的，可以先加工一个止位榫眼，然后翻转整块模板铣削对称位置的止位榫眼。想要起始过程更简单，可以在止位榫眼的一端用直径稍小一点的钻头进行预钻孔。此外，还要确保引导轴套能够在止位榫眼中自由滑动，如有必要可以打蜡润滑。

　　在模板上胶合并用螺丝固定一个靠山，以便于定位侧板上的铣削位置。模板上的螺丝孔要预先钻取，特别是位于模板边缘的螺丝孔（图 C）。

　　使用模板引导压入式电木铣在部件上铣削止位榫眼（图 D）。可以使用气吹及时吹走铣削的木屑，或者用真空集尘装置吸走木屑。

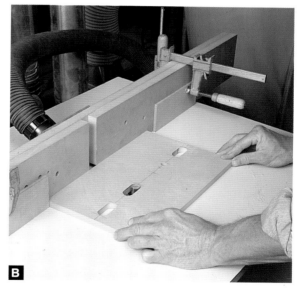

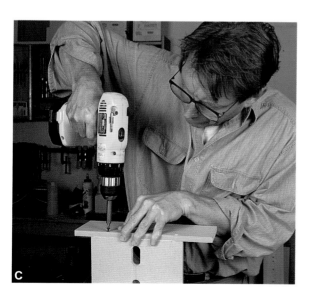

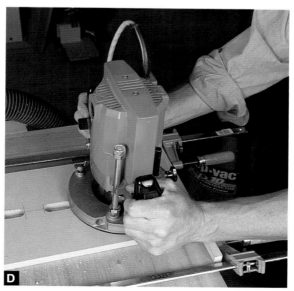

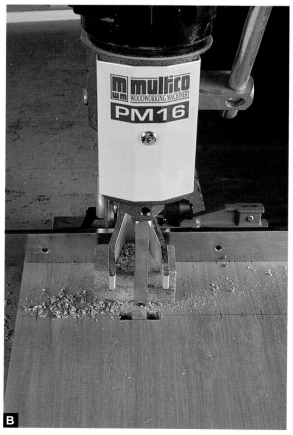

使用空心凿榫眼机制作止位榫眼

空心凿榫眼机受限于喉口的宽度，也就是空心凿到立柱的距离。这个距离同样决定了能够在部件上开榫眼的位置，在部件上画线时要确保钻头处在所需的位置。钻头要安装在与空心凿足够近的位置，但也不能过近，两者距离过近会使它们容易过热。这个距离需要精细调整。操作前将钻头研磨锋利，这样能使操作过程更轻松、更精准（图A）。

在部件上画线，确定止位榫眼的位置和尺寸，在机器上设置靠山来定位加工位置。然后设定钻头的钻孔深度。如果机器上的固定夹不适合固定部件，可以用一些间隔木填充在两者之间帮助固定部件。固定夹在钻头卡住的时候十分有用，能帮助钻头脱离部件。

首先加工止位榫眼的两端（图B）。这样能让钻头的中心总能切到木料上，否则的话，钻头很容易在下压过程中左右晃动。确保空心凿的排屑孔是朝向两侧的，以免高温木屑飞溅到你的手上造成伤害（图C）。

使用电木铣台制作止位榫头

　　可以使用电木铣台来制作止位榫头。首先，在电木铣台上安装较大的铣头来铣削止位榫头的颊面，同时建立榫肩线。在部件的边缘并排放一块垫板提供支撑，避免铣头退出时撕裂部件边缘（图 A）。由于止位榫头的两端尚未被切掉，所以很难将其插入止位榫眼测试匹配程度，那么在铣削另一侧颊面时最好采用多次渐进的铣削方式，并随时检查止位榫头与止位榫眼的匹配情况。可以使用卡尺来检查止位榫头的厚度与止位榫眼的厚度是否一致，也可以直接将榫头插入榫眼中进行检查（图 B）。

　　使用止位榫眼来确定每个止位榫头的位置及大小，接下来用夹背锯手工锯切出止位榫头的两侧颊面。注意锯切时不要越过榫肩（图 C）。然后使用电动竖锯清理榫头之间的肩部（图 D）。清理时尽量靠近榫肩线，但最终的修整还是要用凿子完成。因为之前的两次铣削，榫肩可以为凿子提供引导面进行凿切。

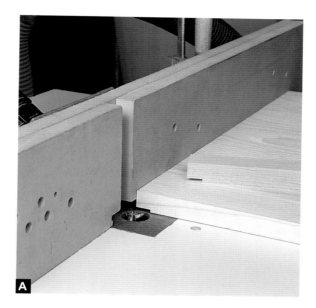

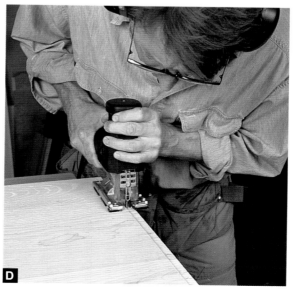

贯通榫卯接合

使用电木铣搭配模板制作贯通榫眼

　　要使用模板制作贯通榫眼，首先要将铣头的铣削深度设定在差一点穿透部件的位置。为此，需要在部件旁边放一张很薄的卡纸或者废木料，接下来把模板放到部件上，然后将压入式电木铣放到模板上并下压，直到铣头接触到卡纸，就完成了铣头的深度设置。不要怕麻烦，最好再检查一遍，确保深度设置到位（图A）。

　　当使用模板铣削贯通榫眼时，最好从侧板的外表面向内铣削。这样即使真的不小心将部件钻穿，贯通榫眼边缘的撕裂也只存在侧板内侧。完成侧板上所有贯通榫眼的铣削，并小心清理掉木屑。如果铣削深度设置准确，应该可以轻松地用铅笔从部件内侧将剩余的薄木层捅破（图B）。

　　用凿子分别从部件的内外表面向里凿切，将每个榫眼的四壁修整方正。可以先从部件的内侧面起始练习（图C），以免操作不熟练对外表面造成损伤，影响美观。

使用压入式电木铣制作贯通榫头

　　使用一台压入式电木铣制作贯通榫头，首先要在电木铣上安装宽铣头和靠山，再安装一个辅助靠山，以在铣削时提供更好的支撑。先为所有箱体侧板铣削出贯通榫头的一侧颊面。操作时让电木铣的辅助靠山紧贴侧板的端面，特别是在每次铣削的最初和最末阶段。同时适当下压电木铣，使其平稳地平贴侧板表面移动（图A）。

以同样的方式加工贯通榫头的另一侧颊面。可以先铣削出贯通榫头的一端与贯通榫眼进行匹配测试，合适后再加工整个颊面。如果加工出的贯通榫头尺寸偏大，可以用榫肩刨或牛鼻刨进行修整（图 B）。当贯通榫头的整体厚度与贯通榫眼匹配时，你也只完成了一半的工作。由于贯通榫头的这部分表面虽然是长纹理面，但与其接合的是贯通榫眼内的端面，所以这组胶合面并不太重要。能够紧密接合就可以了，无须在此耗费太多的精力。

接下来要为贯通榫头颊面画线。将带榫头的侧板竖起来放置（图 C），然后用带锯锯切颊面，确保不要锯切到榫肩线（图 D）。尽量切除榫头间的废木料。

接下来，重新设置铣削深度，在贯通榫头间进行铣削，加工出最终的榫肩（图 E）。把铣头置于两个贯通榫头之间的凹槽的正上方，将辅助靠山紧紧顶住侧板端面，然后开机压下铣头，从上向下进行铣削。也可以先将铣头下降到合适的高度，从废木料侧慢慢进行铣削，注意不要碰到贯通榫头。你需要在这项操作中根据木料和铣头的反馈来选择合适的操作方式。最后一步依然是用凿子将贯通榫头的边角修整方正。

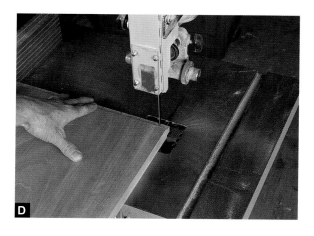

A

B

C

活木楔加固的贯通榫卯

可以使用活木楔来加固贯通榫卯接合。在贯通榫头完全插入贯通榫眼后，在贯通榫头上画出侧板外表面的标记线。贯通榫头与贯通榫眼的匹配会比较松，接合需用活木楔加固（图A）。

接下来，在贯通榫头上标记出活木楔楔眼，这个楔眼需要延伸到侧板内。这样的设计才能保证活木楔的背面不会被贯通榫眼卡住。

➤ 参阅第117页"贯通榫接合的加固"。

活木楔楔眼需要倾斜一定的角度，以匹配活木楔的角度。

➤ 参阅第127页"活木楔的制作"。

使用 ¼ in（6.4 mm）厚的胶合板或中密度纤维板制作电木铣模板。在模板底部胶合一条带角度的木条，使模板获得所需的倾斜角度。可以用台锯为这块木条锯切出 7° 的斜面。用铅笔在模板上标记出中线，用来定位活木楔楔眼（图B）。然后在电木铣台上铣削出活木楔楔眼对应的槽，记得将铣头的偏移量计算在内。可以使用直径较小的铣头铣削，这样槽的圆角不会过大。使用铅笔标记出贯通榫头宽度的中线，然后将贯通榫头的中线与模板的中线对齐，并将两者固定在一起。接下来，用电木铣铣削出带角度的活木楔楔眼。最后用凿子将铣削后的楔眼四壁修整方正，但要记住保护好 7° 的斜面（图C）。因为活木楔楔眼的后端面是延伸到侧板中的，所以不用担心它会被修整成斜面，这也不会对整个接合有任何影响。在修整前端面时可以将一把斜角规设置成 7° 放在活木楔上，引导凿子进行凿切。最后把活木楔楔眼的出入（上下）边缘稍微进行倒角，以免活木楔在插入时造成贯通榫眼边缘撕裂。

另一种加固贯通榫卯接合的方法是，在榫头上切割锯缝，然后插入一条或多条木楔。

➤ 参阅第117页"多种榫卯接合"。

变式方法

　　如果不想制作带角度的楔眼，那么就需要制作双斜楔或互顶楔插入直角楔眼中。直角楔眼可以用压入式电木铣搭配模板及引导轴套进行加工。记住，模板不要倾斜。也可以在榫头上标记出楔眼，然后用凿子从榫头的上下两面向内凿切出楔眼。然后就可以插入成对的木楔了，这里要让它们斜面相对（图 V）。它们的直角面会顶住楔眼的前端面及箱体侧板的外表面，但它们的互相楔紧作用能快速地固定接合件。

活木楔的制作

　　活木楔要发挥作用，它与楔眼的角度必须匹配。图 A 给出了一些活木楔的形状示例。

　　首先将活木楔坯料加工到合适的宽度，使其能轻松插入楔眼中。然后制作一个简易的锥度夹具，用来辅助带锯锯切活木楔的斜面。将锥度夹具顶紧带锯靠山，与坯料一起进料（图 B）。锥度夹具的制作很简单，在废木料上切出一个缺口，使其具有活木楔的斜面角度以及适合活木楔的厚度即可。将活木楔部件放入锥度夹具缺口中，将靠山设置到合适的位置，就可以进行锯切了。

　　接下来，将手工刨夹在台钳中来修整木楔，可以使用推料板进料来避免切伤手指（图 C）。也可以用凿子或者带式砂光机小心地进行修整。

　　活木楔加固的贯通榫卯接合件可以不进行胶合，这样便于随时拆卸，当然为了更加牢固，也可以将贯通榫头和贯通榫眼胶合起来。安装活木楔时需要使用铁锤敲打，直到声音从沉闷变尖锐。听到尖锐声后，活木楔就固定到位了（图 D）。

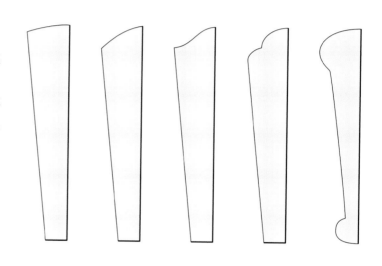

双斜楔或互顶楔

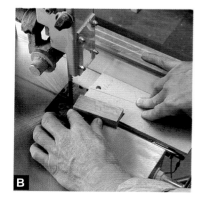
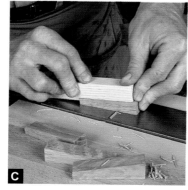

第 9 章
燕尾榫接合

燕尾榫接合可以说是木工接合的典范。它同时具有尾件和销件带来的机械强度以及长纹理面与长纹理面形成的良好胶合表面，因此燕尾榫接合成为可用于箱体结构的最牢固的接合方式。从精制的珠宝盒到大型箱柜都可以使用燕尾榫接合，这种接合方式既美观又坚固。

对于抽屉，同样没有哪种接合方式比得上燕尾榫接合在外观和强度方面的优势。这也是为什么燕尾榫接合一直作为精细木工的代表沿用至今，并仍被用于各种精美木工作品的制作。当然，你也可以用钉子或者用销子加固的半边槽组装抽屉，但想要抽屉持久耐用，那么最好选择燕尾榫接合。不仅仅是因为燕尾榫接合强度高，也充分说明你对技艺以及工艺的追求。

燕尾榫接合的强度源于其扇形展开的燕尾头和带斜面的插接头，两者形成了有力的机械连接，即使没有胶水也能保持接合状态。构成接合的燕尾头及插接头越多，意味着机械强度越高，胶合面积越大，也就意味着整体接合强度越高。

燕尾榫接合让这个小盒子看起来更显优雅。

燕尾榫的布局

从燕尾头一侧观察接合结构，外展的燕尾头和带斜面的插接头都是可见的，它们给作品带来独特的外观。而从插接头一侧来看，两者都是直线型的，很难区分彼此。在制作抽屉时，燕尾头要开在侧板上，而插接头则要在面板和背板上制作。这样能让抽屉获得最好的机械强度，因为平时使用抽屉时都是通过拉动面板将其拉出的。箱体使用燕尾榫接合时，则是将燕尾头制作在竖直的侧板上，而将插接头开在顶板和底板上。这样能使燕尾榫接合件更有效地承重。

较小的插接头是高超手艺的证明。

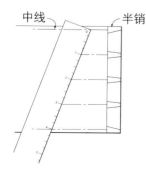

图中展示的是使用燕尾榫接合的抽屉部件。插接头都是开在面板和背板上，而燕尾头则都位于侧板上。

多种燕尾榫样式

全透燕尾榫是精湛工艺的代表，不过由于燕尾榫的使用范围很广，为了满足不同的需求，它衍生出了多种样式。

全透燕尾榫强度很高，并且其接头从箱体的两面都可以看到。这种可见性在你需要将其作为设计元素，同时展示高超工艺时是很有用的。在你想要将一侧的接头隐藏起来，特别是不希望接

▶ 燕尾榫设计准则

当燕尾头和插接头的大小完全一致时，燕尾榫接合的强度最高。当最高接合强度不是第一需求，而更追求精致的外观时，则可以将燕尾头设计为插接头的 2~3 倍。

- 手工切割燕尾榫时，将插接头设计得刚好比所用的凿子宽一点时更方便进行操作。这样凿子就能进入两个燕尾头之间来清理废木料了。

- 燕尾头和插接头的斜面倾斜程度应该在 1：8 到 1：5 之间（比值表示直角三角形的底与高之比）来避免燕尾头尖端出现短纹理问题。

- 对于大多数的燕尾榫销件，两端的插接头都是半销，这样可以获得最好的接合强度。

燕尾头和插接头的设计

均匀间距
设计均匀间距的插接头，应先确定部件两端半销的底部宽度中线，然后将一把尺子放到一条中线上，按照你的需求根据数字平均分配间距。

中线　　　　　半销

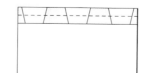

相同尺寸
如果燕尾头和插接头尺寸一致，可以在燕尾头肩线与端面之间的中线处画线。通过目测分配燕尾头和插接头。

头出现在面板上时，可以使用半透或全隐燕尾榫来达到目的。

全隐燕尾榫从外观上是看不到的，一般用于需要隐藏接合区域，同时要求接合强度很高的情况下。双搭接全隐燕尾榫曾经在盒子或托盘结构上很常用，能够提供足够的接合强度，且接合区域全部隐藏在内。它们也可以用于其他箱体作品，只是搭接部分的窄端面会显露在箱体的侧面或顶面。更精致的全隐燕尾榫版本是斜面斜接全隐燕尾榫，一直以来被用在追求精益求精的作品，例如书桌、珠宝盒、座钟这样的作品，以及基座、檐口这样的装饰性细节部件上。

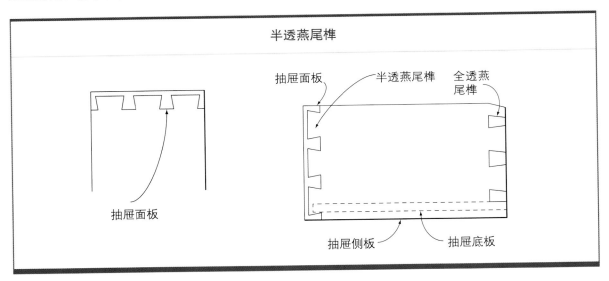

半透燕尾榫

抽屉面板

半透燕尾榫

全透燕尾榫

抽屉面板

抽屉侧板   抽屉底板

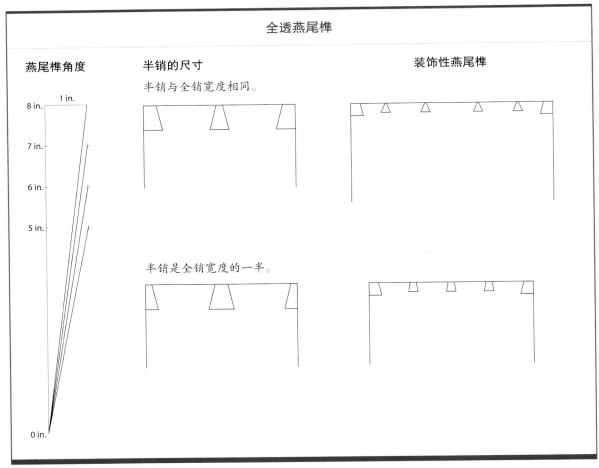

全透燕尾榫

燕尾榫角度

半销的尺寸

半销与全销宽度相同。

装饰性燕尾榫

半销是全销宽度的一半。

可滑动燕尾榫既可以用在盒子也可用在抽屉的制作上。在制作箱体时，可滑动燕尾榫能够有效防止侧板弓弯。面板超出侧板的抽屉可以使用可滑动燕尾榫来制作。这样就能将侧板隐藏起来。

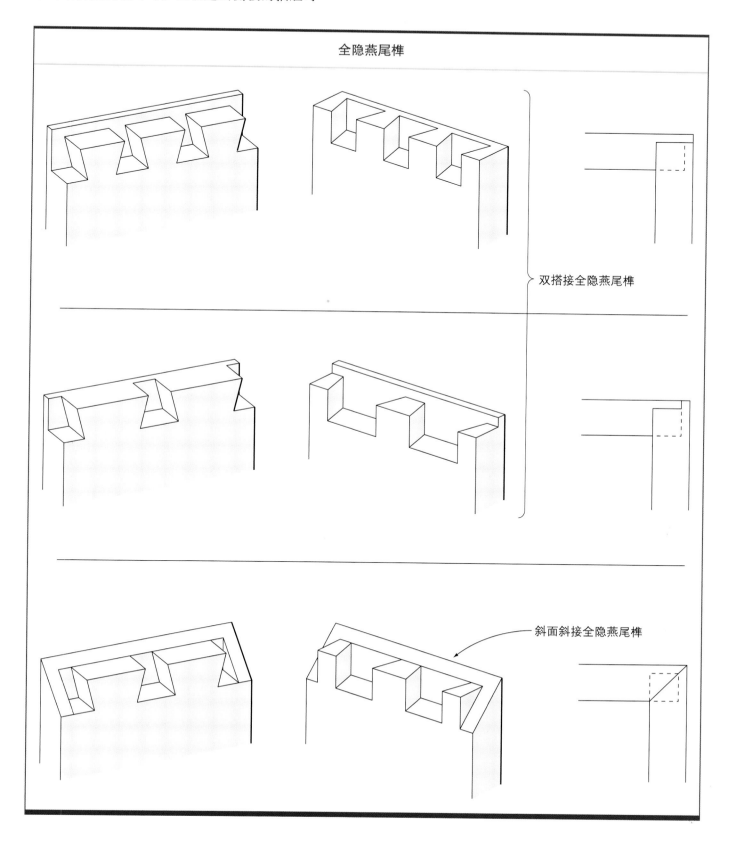

全隐燕尾榫

双搭接全隐燕尾榫

斜面斜接全隐燕尾榫

槽式燕尾榫也可以用来制作箱体，一般用在箱体的小型部件上。这种短小的燕尾榫结构常见于柜子腿的顶部或者实木侧板的边角，滑动到位后可以将箱体锁定到位。在箱体顶部使用单头燕尾榫接合顶撑后就可以将桌面固定在箱体上了。

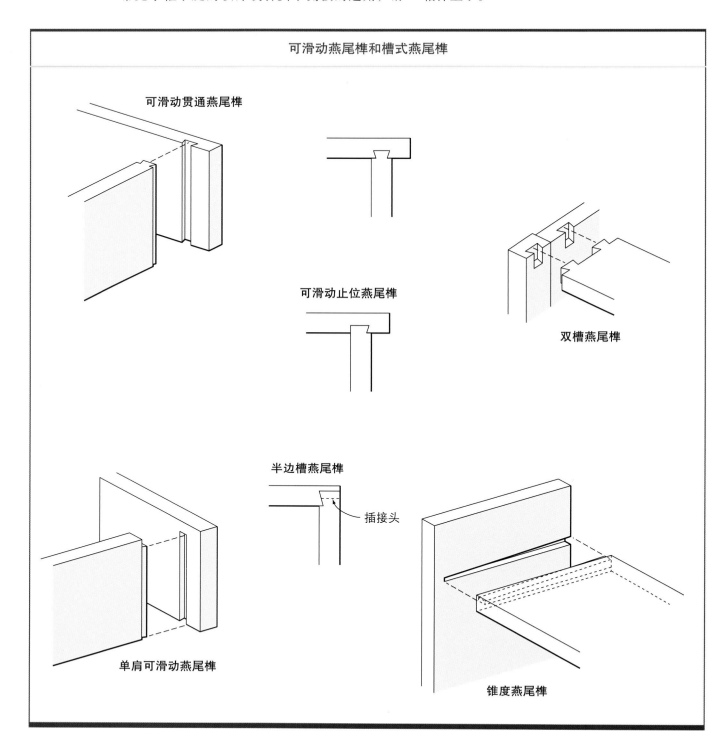

可滑动燕尾榫和槽式燕尾榫

可滑动贯通燕尾榫

可滑动止位燕尾榫

双槽燕尾榫

半边槽燕尾榫

插接头

单肩可滑动燕尾榫

锥度燕尾榫

手工制作燕尾榫的技巧

只要能使用凿子并且能用手锯锯切直线，任何人经过练习后都可以手工完成全透燕尾榫的制作。只需在锯切后稍微进行修整就可以满足接合件的匹配要求。

有的人喜欢在锯切尾件（燕尾头部件）时将部件倾斜后用台钳固定，这样就能让手锯垂直向下锯切燕尾头了。虽然这样做符合大多数人的习惯，但我仍然建议你将尾件以正常角度夹持，来学习如

➤ 先制作尾件还是销件

先加工尾件还是销件的讨论一直像烧开的水一样热烈。一般来说，可以两种方式都尝试一下，然后选择自己喜欢的方式。我在制作大多数燕尾榫接合件时都会先加工尾件。这样做的一个好处是，你可以用台钳同时固定好几块尾件，然后一次性完成切割。但对于插接头较小的部件或者所有的全隐燕尾榫部件，则需要首先制作销件了。我个人的经验是，对于全透燕尾榫，尤其是半透燕尾榫，燕尾头更容易设计、画线和制作。不过，世界上可能有一半的木匠不认同我的想法。所以，这实际上是个人偏好问题，你可以自己选择。

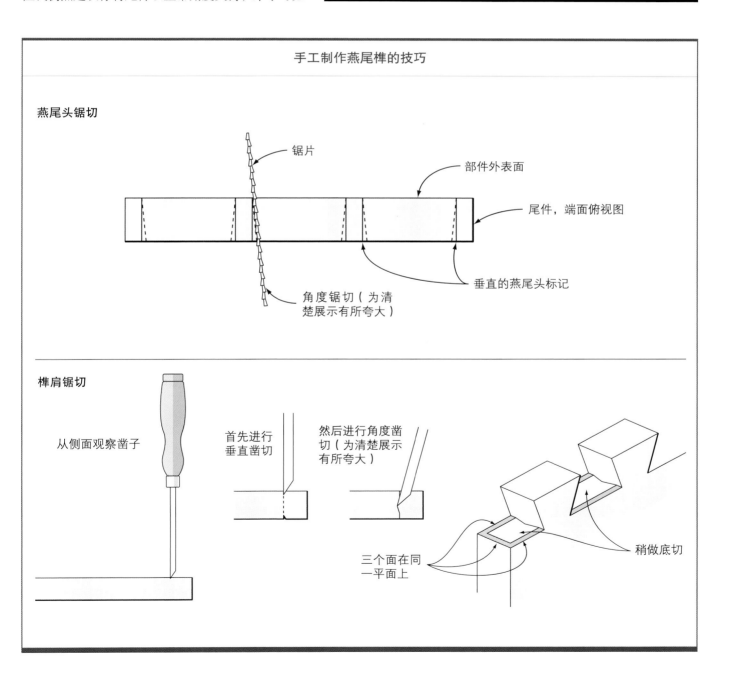

手工制作燕尾榫的技巧

燕尾头锯切

锯片

部件外表面

尾件，端面俯视图

角度锯切（为清楚展示有所夸大）

垂直的燕尾头标记

榫肩锯切

从侧面观察凿子

首先进行垂直凿切

然后进行角度凿切（为清楚展示有所夸大）

三个面在同一平面上

稍做底切

在加工软木部件时，稍微带角度向下轻轻锯切燕尾头，使其在两个方向上都成角度。当接合件组装在一起时，燕尾头的木纤维会受到挤压从而获得紧密的匹配。

要修复过小的插接头，可以为其胶合一片废木料，然后用遮蔽胶带临时固定。待胶水凝固后，重新对其进行锯切，以获得正确的尺寸。

何完成角度锯切。锯切时最重要的是保持锯片垂直于部件的端面，否则最终的接合会出现缝隙。

为了让燕尾头和插接头的接合线看起来整齐，你需要严格按照之前的画线标记进行制作。一种有效的办法是，在制作燕尾头时首先用凿子的平直背面紧贴画线垂直向下凿切，然后从废木料侧向着画线进行角度凿切。持续凿切，直到形成清晰的榫肩线，然后清除剩余的废木料。

待榫肩面凿切完成后，从边缘向中心稍做底切，这样有助于部件接合得更紧密。因为中间过高会阻碍两个部件接合在一起，并且由于榫肩面位于端面，所以即使中央区域略低也不会影响整体的胶合效果。

燕尾榫的修复

一次性准确切割出燕尾榫无疑是一个挑战，

尤其是在使用松木或杉木这类软木木材时。相对于纹理较为一致的硬木，软木要更难处理，因为它们更容易碎裂。在进行手工制作时要记住一点，锯切时出现偏差是不可避免的，即使是最熟练的木匠也需要掌握修复技术。这里为大家提供一些简单的技巧。

稍带角度向下锯切燕尾头，同时让手锯在水平方向上稍微偏转，这样燕尾头就会在两个方向上都成角度。这样在将部件接合在一起时，木纤维会被压缩以获得完美的接合匹配。这个技巧当然也可以用在硬木部件上，但要注意，有些木材制作的接合件完全不能通过"挤压"实现匹配。因此，在操作时要十分小心，倾斜角度要非常小，保证最终锯切出的燕尾头的外表面一侧稍微宽一点。在进行安装时，宽出的这部分会有效地填补制作过程中出现的小瑕疵。

如果你保留着制作过程中的废木料，那么修复工作会很轻松。永远不要在整件作品完成前丢掉任何废木料，特别是锯切燕尾榫部件时切下的端面边角料，因为它们本就源于端面，能够与燕尾头的纹理和颜色完美匹配。例如，如果锯切后的插接头尺寸过小，就可以胶合用端面边角料切割的薄木片进行填补。用胶带或弹簧夹临时固定胶合部位，待胶水凝固后重新对其进行锯切。

电木铣用燕尾榫夹具

市面上有许多优质的适合电木铣的燕尾榫夹具。不过，有些只能用来制作全透燕尾榫，有些只能加工半透燕尾榫，而最全能的燕尾榫夹具不仅二者皆可制作，还能制作其他种类的接合件。这些夹具的真正区别只在于它们完成操作的方式。

如果使用的是制作全透燕尾榫的夹具（例如，凯乐牌燕尾榫夹具），每次只能铣削一块板，首先使用轴承燕尾铣头加工，然后换用轴承直边铣头进一步铣削。铣头会沿着模板上的指状引导件铣削，因此燕尾头和插接头的大小和间距都是固定的。使用夹具时最重要的是将模板准确设置到垫板上，这将决定燕尾头和插接头的宽度，以及最终的接合匹配度。在夹具设置完成后，铣削深度并不会影响后续操作的准确性。

组合夹具（例如，全方位夹具）既能制作全透燕尾榫，也能制作半透燕尾榫。这种夹具在配合电木铣铣削时需要使用引导轴套帮助机器按照指状模板铣削。

利牌夹具同样使用指状模板并搭配多种燕尾铣头进行铣削。指状模板可以同时在夹具上进行水平和垂直方向的调节，来应对不同厚度的部件。它同样可以根据你的需求调整燕尾头和插接头的尺寸，并且可以翻转 180° 分别加工燕尾头和插接头。换句话说，它的调节能力和组合能力几乎是无限的。

首先设置利牌夹具铣削燕尾头，然后改变指状模板的位置，利牌夹具会自动转入加工配对插接头的模式。这种夹具的优势在于，你可以调整燕尾头及插接头的间距和数量。此外，你还可以对燕尾头和插接头的匹配进行微调。获得完美的匹配效果需要进行测试，这是令人头疼的地方。

不过，鉴于这种夹具的多功能性以及加工结果，在你掌握它之后，再难找到比它更好的夹具。

半透燕尾榫夹具可以同时固定内表面朝外的尾件和销件。然后在电木铣上安装特定的燕尾榫铣头，在引导轴套的引导下沿模板同时铣削两个部件。制作出的接头尺寸和间隔是固定的。这种夹具因为要同时加工燕尾头和插接头，所以需要小心调整铣削深度。铣削深度过大，插接头的间距就会过小，接合件就不能匹配铣削深度过小，

凯乐牌燕尾榫夹具利用模板和轴承铣头完成接头加工。尾件和销件需要分开加工。

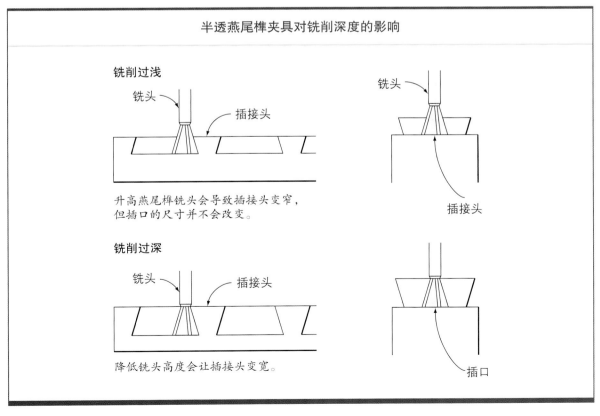

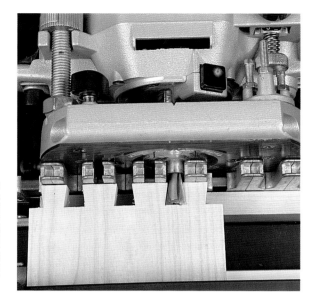

通过调整利牌夹具上的指状引导件，可以获得各种燕尾头间距，从而使全透燕尾榫的外观更加吸引人。

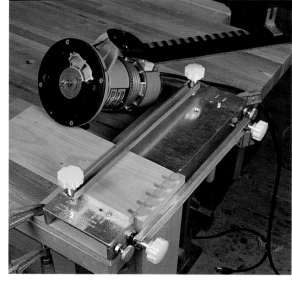

半透燕尾榫夹具使用的模板、引导轴套和燕尾铣头。这套工具可以一次性加工出互相匹配的尾件和销件。

作者收集的"5分钟制作燕尾榫"的成果。这些测试件都是学员在学习手工制作燕尾榫的过程中留下的。

插接头的间距偏大，接合就会松散。使用这种夹具最好的策略是，在设置获得完美的接合后，不要再升降铣头。如果你没有一台专门制作半透燕尾榫的电木铣，那可以制作一块标准高度块，在每次铣削时用它来设置铣削深度。

热身

很少会有木匠不经过"热身"就开始进行一些重要的操作，例如，使用昂贵的硬木制作燕尾榫。木工操作中的热身与运动前的热身具有同等的普遍性和重要性。我们在跑步前会进行拉伸，在足球比赛前会练习传接球。每个人在运动前都会进行热身，只不过我们是在制作燕尾榫前进行"热身"。

在开始加工名贵的硬木之前，给自己留出5分钟的练习时间。我会介绍一些训练来帮助你完成"热身"。在正式开工前虽然需要占用5分钟进行练习，但稍后你会感谢这5分钟的投入。

► 参阅第137页"5分钟制作燕尾榫"。

如果你很久没制作燕尾榫了，这些训练能帮助你的手和眼睛回忆起制作过程。如果你是第一次制作燕尾榫，这些训练可以帮助你轻松掌握制作这种接合件的步骤，提升自信心。

全方位夹具既可以制作全透燕尾榫，也可以制作半透燕尾榫。

全透燕尾榫

5 分钟制作燕尾榫

在正式操作前进行这项训练。你需要一把燕尾榫锯、一支铅笔、一把凿子和一把木槌。

首先，锯切出两块 ⅝ in（15.9 mm）厚、2 in（50.8 mm）宽、3 in（76.2 mm）长的木块。这里最好使用较软的硬木，例如软枫木或者桤木。用铅笔在两块木块端面标记出彼此的厚度（图A）。然后将其中一块木块竖直固定在台钳中。

先锯切燕尾头。让手锯稍带一点角度向下锯切到铅笔画线处。记住，锯片要垂直于端面，向下是带一点角度锯切，并且不要越过画线。先后锯切出燕尾头的两侧，不要在意两侧的角度是否一致，后续只要按照燕尾头的形状标记销件就可以了。然后将尾件翻转 90°，继续用台钳固定，完成榫肩的锯切（图B）。

以尾件作为模板，在销件上进行标记（图C）。直接用铅笔将燕尾头的形状标记在销件的端面就可以了。然后在销件的大面上做标记，以便于之后组装。记住，大面的标记线是垂线。接下来就可以将销件垂直放入台钳中固定了。

从销件端面在废木料侧沿着铅笔画线向下锯切，同时稍微带一点角度。当你锯切出插口时，同时锯切出了两个半销（图D）。接下来用凿子沿铅笔画线凿切去除废木料。从部件的内外两面分别向中间进行凿切，每凿切几次清理一次废木料（图E）。最后将尾件和销件组装在一起。

手工制作全透燕尾榫

在开始手工制作全透燕尾榫时，首先将划线规设置到比部件厚度稍小一点的尺寸。环绕尾件的 4 个侧面画一整圈线，而销件上只需在两个大面上画线。半销在两侧边缘，不需要任何标记线（图 A）。

接下来用斜角规设置燕尾头和插接头的两侧角度。为了获得最好的接合效果，角度对应的底与高之比应在 1∶5 到 1∶8 之间。可以先在一块方正的木板上画出角度，以底与高的比值为 1∶5 绘制直角三角形，斜边的角度就是所需的角度（图 B）。根据三角形的斜边来设置斜角规，接下来就可以在部件的内外两面标记出所有燕尾头了。然后将角度线横跨端面连接在一起。内外两面的角度线可以用斜角规延伸到对面的边缘，用来引导锯切。

[小贴士]

在锯切薄板时，可以将两块木板的端面和边缘分别对齐，一起用台钳固定进行加工。

使用较薄的燕尾榫锯锯切燕尾头。将尾件竖直夹持在台钳中，用燕尾榫锯稍带角度向下锯切。先把锯片搭在较远的长边上，将燕尾榫锯拉到锯齿朝向的反方向开锯。横向于端面逐渐向下锯切，确保锯片与尾件的端面垂直。接下来，稍微偏转锯片，按燕尾头的角度向下锯切到榫肩线处（图 C）。

将凿子刃口切入标记线去除废木料，凿切时从尾件侧面观察凿子，这样你才能注意到凿子在开始凿切时是否真的垂直于尾件。清理燕尾头的边角和榫肩，并确保榫肩是平整的或者可以对其内部稍做底切。可以在进行几次垂直凿切后，将凿子稍微倾斜一点角度进行底切（图 D）。

半销插口的凿切同样是从部件的内外两面及边缘向中间推进，加工出的三个面要在同一平面（榫肩区域）上。操作时先用手锯从部件边缘尽量靠近榫肩线垂直向下锯切，将废木料去除。接下来用凿子将端面修整到前文所述的程度（图E）。确保所有燕尾头都处理到位后，再开始加工销件。

以尾件作为模板在销件上画线。操作时用台钳将销件固定在足够高的位置，这样你就可以用平板将尾件垫高，使其与销件边缘对齐。我在这里用的是侧放的手工刨来垫高尾件。标记时使用锋利的划线刀在销件端面划刻出燕尾头的形状（图F）。然后在销件的内外两面将这些标记线垂直向下延伸到榫肩线。

在销件端面，根据燕尾头的角度垂直向下锯切，直到榫肩线处（图G）。记住，锯切永远是在标记线的废木料一侧进行。

接下来，用凿子将废木料去除。最初的凿切量要尽可能的少，然后翻转凿子，使其刃口斜面朝下将废木料清理干净。要确保部件被牢牢固定在木工桌上，可以用木工夹来固定，也可以将部件顶在挡头木或限位块上（图H）。

制作良好的燕尾榫接合件应该可以只用手就能组装在一起，并能为胶水留出足够的空间（因为木材吸水后会稍稍膨胀）。完成干接测试后，使用一块木块和铁锤或者直接用防震锤来小心地将两个部件分开（图I）。

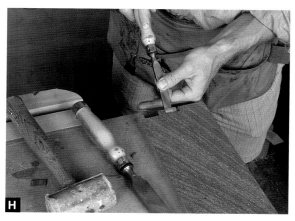

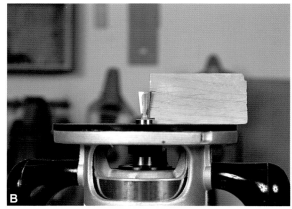

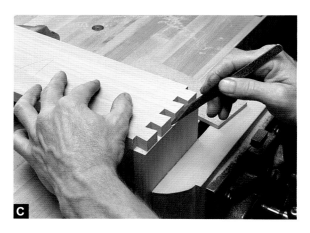

使用电木铣搭配凯乐牌夹具制作全透燕尾榫

在使用凯乐牌夹具时，首先用配套的铣头制作燕尾头。这种铣头在铣削时是沿着直线型指状模板进刀的，并在加工出燕尾头的同时也铣削出了插接头对应的插口。这个插口的大小和角度与插接头模板上带角度的指状引导件的大小是对应的。对于较薄的尾件，可以多块叠在一起进行铣削。如果需要加工多个相同的部件，可以固定限位块顶住部件边缘，来定位每次铣削的位置（图 A）。

在使用这种夹具时，铣削深度很重要，但对于操作成功与否不起决定性作用。将铣削深度设置为比模板厚度与部件厚度之和稍小一点。

可以制作一块标记有正确铣削深度的木块做标尺来设置铣头，因为木块可以轻松地跨过电木铣底座上的大孔（图 B）。在将部件固定到夹具上之前，先在尾件的端面标记中线，并将该中线与模板上两个指状引导件之间的中线对齐，然后将尾件固定到位。

> ⚠ **警告**
>
> 开始加工前一定要仔细检查铣削深度。确保铣头的轴承与指状模板接触，并且铣头不会切到限位块或者木工夹。

加工完尾件后，将销件竖直固定在台钳中，然后将尾件平放于销件的端面对齐。用手工刨或者木块将尾件垫高，使其刚好能平放在销件上。用划线刀将燕尾头标记到销件的端面（图 C）。

凯乐牌夹具的垫板是夹具设置中的关键部分。它的放置位置决定了插接头的宽度，你应该在获得夹具的第一天就将它设置好。如图所示，标记在销件端面的燕尾头形状是如何与插接头模板的指状引导件角度对应的（图 D）。前后移动带角度指状引导件，改变其与垫板的位置关系，从而决定燕尾榫组装后松紧状态。

加工插接头时为电木铣换装直边铣头。将销件正面朝外固定在夹具上。如果使用限位块来定位所有销件的位置，那么只需要在一块销件上标记燕尾头（图 E）。

> ⚠️ **警告**
>
> 　　首先要小心地将电木铣放置在模板边缘，然后再开机切入部件。不要在开机状态下将电木铣放在夹具上。在铣削过程中确保电木铣不要偏转或摇晃。

使用电木铣搭配利牌夹具制作全透燕尾榫

　　在使用利牌夹具制作全透燕尾榫时，所有的部件都是竖直固定进行加工的。先在夹具顶部夹持一块与部件厚度相同的木板（图 A）。将指状模板翻转到全透燕尾榫的插接头模式并放置到位。插接头模式使用的是锥度指状引导件，并且是靠近操作者这一侧的。即使先制作尾件，这种方式依然可以方便你将接合可视化，并容易进行标记。接下来，把尾件固定到指状模板下方顶住模板，且尾件侧边缘同时顶住侧限位块（图 B）。

　　调整指状引导件来获得所需的燕尾头数和合适的间距。可以多移动几个指状引导件到右端，这样可以为电木铣的铣削提供更多支撑（图 C）。确定将这些指状引导件全部拧紧。

　　接下来，翻转指状模板，切换到全透燕尾榫的燕尾头模式。这种模式带有彩色刻度表，并且标有全透燕尾榫图标（图 D）。注意，这一侧的指状引导件是直线型的，并与插接头的间隔标记对应。将模板调整到 ≤1 的刻度位置并锁定。在电木铣上安装正确的引导轴套和铣头，并将铣削深度调整到稍小于模板与部件的厚度之和，然后开始铣削。在整个铣削过程中，保持电木铣底座平贴在模板上（图 E），直到加工出所有燕尾头。

　　再次翻转模板，重新切换到插接头模式（图 F）。期间不要对指状引导件做任何调整或将它们拧松。可以通过前后移动模板改变其与夹具的相对位置，来调整接合件的匹配情况。这是因为

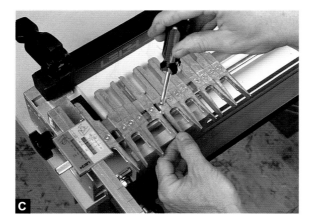

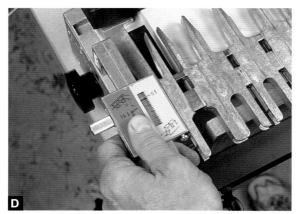

指状引导件是锥度的，模板相对于夹具越靠外，加工出的插接头就越宽。想要获得紧密匹配的接合件，可以按照设计的插接头宽度将模板调整至对应刻度。同时不要忘记将铣头和引导轴套这些变量考虑在内。具体操作时，在电木铣上安装直边铣头，并用与铣削燕尾头时相同的引导轴套（图G）。从左向右铣削，让电木铣在每个指状引导件之间缓慢移动。

　　使用废木料练习切割并检查匹配情况。当接合件达到预期的匹配程度时（图H），记下此时的刻度设置。

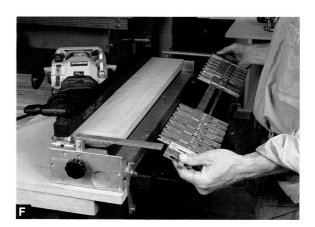

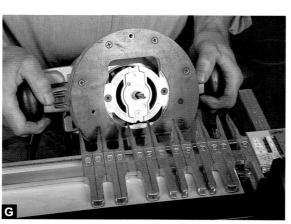

使用电木铣搭配全方位夹具制作全透燕尾榫

使用全方位夹具制作全透燕尾榫时，要将部件竖起夹持在夹具中。你需要前后移动指状模板，因为燕尾头和插接头模板都在同一侧，是朝向操作者的。它们的位置由支架垫片进行设置，以此决定切割的是燕尾头还是插接头。支架杆螺母可以进行微调从而改变接合件的匹配情况。使用全方位夹具制作全透燕尾榫需要搭配专门的铣头和引导轴套。

调整前夹，使其牢牢固定部件。在夹具顶部放一块比部件稍厚的废木料，并调整顶夹将其固定到位（图 A）。这块废木料可以是一块长木板，也可以是两块并排的短木板，这样做能避免夹具只夹一端而另一端无支撑发生变形。在支架杆靠近夹具的位置放上一厚一薄两个垫片（图 B）。

接下来，将指状模板放在垫片外侧锁定，并且它应该刚好位于废木料板的顶部。然后把尾件正面朝外用前夹固定，尾件应该顶住夹具左侧的限位块，且端面顶住指状模板，并与顶部废木料板的顶面齐平（图 C）。

[小贴士]

顶部废木料板要比部件厚 ⅛~¼ in（3.2~6.4 mm）。不管是尾件还是销件，其端面都要与模板底面和废木料板的顶面对齐。因为这里制作的是全透燕尾榫，只有废木料板稍厚一点，铣头才不会在铣透部件的同时损伤夹具。

然后调整指状引导件，得到想要的间距。这里要注意，指状引导件的直线部分要位于尾件端面的正上方。将铣削深度设置在等于或稍小于部件与指状模板的厚度之和（图 D）。先铣削部件的一个端面，然后逆时针翻转部件，铣削尾件的另一个端面（图 E）。

要加工插接头，将指状模板重新定位到薄垫片或支架杆螺母与第一个黑垫圈（共有 3 个黑垫圈）之间，并将限位块右移 ½ in（12.7 mm），或者把一块 ½ in（12.7 mm）的间隔木安装到左侧限位块上。将销件正面朝外用前夹牢牢固定到

位。这里要注意，将角度指状引导件定位到销外端面的正上方的方式（图F）。

在电木铣上安装直边铣头和合适的引导轴套，引导电木铣在指状引导件之间铣削。如果加工后接合件匹配过紧，可以顺时针转动支架杆螺母，使铣削出的插接头变小一些；如果接合件匹配过松，则逆时针转动支架杆螺母，将指状模板外移，从而增加插接头的宽度（图G）。

使用台式机械制作全透燕尾榫

也可以使用台锯和带锯制作燕尾榫。先在部件上为插接头画线，用斜角规标记出角度线。

➤ 参阅第 138 页 "手工制作全透燕尾榫"。

在台锯上安装开槽锯片来锯切插接头。锯片的宽度需要比燕尾的插口略小。锯片高度同样要比部件厚度稍小。将定角规按照燕尾头和插接头的角度偏转，并使用辅助靠山在锯切过程中帮助支撑部件（图 A）。

首先加工出所有销件一端的插接头，通过目测对齐画线与锯片（图 B）。不用担心插接头的尺寸是否完全一致，不论它们尺寸如何，都可以以它们作为模板在尾件上标记对应的燕尾头。因此尽可能地靠近标记线锯切就可以了。接下来，重新调整定角规的角度，来锯切销件另一端的插接头。

> ⚠ **警告**
>
> 操作时要确保开槽锯片不会切到定角规，特别是在重新调整角度后进行第二次锯切时。

在木工桌上固定两个限位块。将尾件顶紧一个限位块，并将两个配对部件边缘对齐顶紧另一块限位块，将插接头的轮廓线标记到尾件上。小心地用划线刀紧贴插接头画线，保证其不要被长纹理带偏（图 C）。

用铅笔加深划刻出的标记线，让它们更加明显，同时画斜线标记出废木料区域。接下来使用带锯沿标记线锯切（图 D），确保锯片一直在标记线的废木料一侧运行，不要切到标记线。

从部件内外两面向中间沿榫肩线手工凿切出榫肩。修整部件，直到它们匹配。可以先修整部件的一端，直到全部部件完成匹配（图 E）。不要试图一次性实现所有尾件和销件的匹配。对配对部件编号，确保它们一一对应。

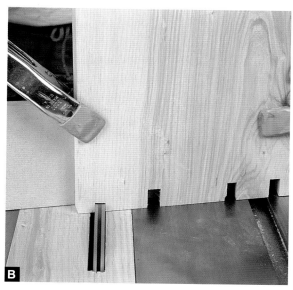

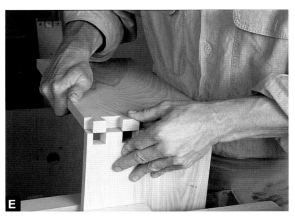

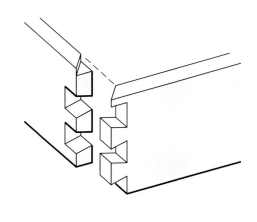

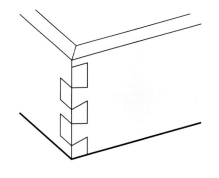

斜接全透燕尾榫

斜接全透燕尾榫的一大优势是，接合件的外观比标准的全透燕尾榫接合更美观。即使从作品的两侧仍然能看到端面纹理，但部件的前边缘不再对接接合，而是更为整齐的斜接（图 A）。

在燕尾榫部件上画线时留出一侧边缘进行斜接。在所有部件的内外两面都进行标记，但对于尾件，只标记其一侧边缘。用铅笔在尾件的另一侧边缘画出斜接标记线，可以用组合角尺的斜角尺一侧进行标记。然后制作出全透的燕尾头，但靠近斜接标记线的燕尾头不能带角度，而要加工成平直的面（图 B）。接下来，使用燕尾榫锯锯切出斜面。完成尾件的制作后，用它作为模板为销件画线，并完成销件的切割（图 C）。

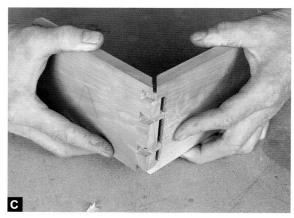

半透燕尾榫

手工制作半透燕尾榫

半透燕尾榫常用于抽屉的制作。这种接合方式只能在抽屉的侧板上看到接头，正面的接头被面板挡住了。

➤ 参阅第 130 页 "半透燕尾榫"。

制作这种接合件时，面板上需要两条不同的划刻线，因为接头不是贯通的。一条画线和之前一样，用来标记尾件的厚度。这条画线在面板的内侧面，指示尺寸比抽屉侧板的厚度稍小一点。另一条画线标记的是搭接部分的深度，位于抽屉面板的端面，距内表面约 3/4 厚度的位置（图 A）。接下来可以继续使用这个划线规设置，在尾件的内外两面和两侧边缘进行标记（图 B）。

在抽屉侧板上画线标记燕尾头。使用斜角规设置斜面角度，角度对应的底高之比在 1：5 到 1：8 之间。燕尾头的宽度一般是插接头的 2~3 倍，重要的是要确保插接头之间的插口易于切割（图 C）。

将尾件竖直固定在台钳中。让锯片垂直于端面，同时带角度向下锯切出燕尾头。这样的锯切需要勤加练习才能准确地完成（图 D）。

用凿子沿榫肩线凿切。最初的几次凿切要浅，因为如果凿切力度过大，凿子会楔入木料并偏离画线。几次凿切后，将凿子从端面切入清理部分废木料（图 E）。确保燕尾头的边角整齐且两侧平整。可以对这两个侧面稍做底切帮助部件匹配。

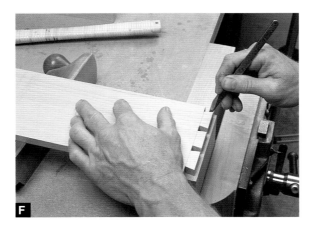

F

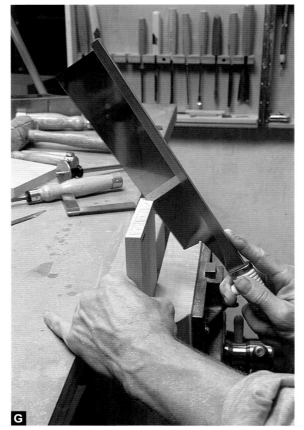

G

将销件（抽屉面板）用台钳固定。把尾件（抽屉侧板）用手工刨的侧面垫高，将燕尾头放在销件的端面。这样同时抬高两个部件，可以更容易地用一块平整的废木料板将它们的边缘对齐。将尾件的端面与销件端面的划刻线（榫头长度线）对齐，用划线刀把燕尾头的位置和轮廓线标记到销件端面（图F）。无论燕尾头是否彼此一致，它们的轮廓都被转移到了销件上。

翻转销件的内外面，用台钳重新将其固定。保持开榫锯以前高后低的角度锯切，直到两条标记线处（图G）。然后用凿子进行清理。第一次的凿切要非常轻柔，然后将凿子刃口斜面朝下继续凿切（图H）。持续从内面和端面交替清除废木料，直到切口的两个方向都到达标记线处。可以对这两个面稍做底切，使接合更美观（图I）。

进行干接测试时，一次只尝试一个燕尾头，不要强迫接合。可以通过观察接合面上发亮的部分来确定什么位置摩擦较大，然后对这些位置进行凿切修整。先修整一个部件检查匹配情况，如若不行再修整另一个部件（图J）。

H

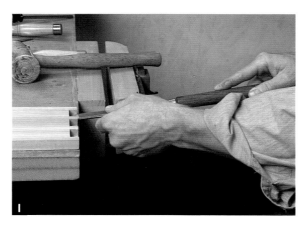

I

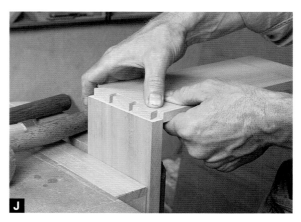

J

使用电木铣搭配利牌夹具制作半透燕尾榫

使用利牌夹具加工半透燕尾榫每次只能处理一个部件。夹具配合一个设定到特定深度的燕尾榫铣头进行铣削才能获得最佳结果。你可以调整指状引导模板来适应不同厚度的部件并获得不同大小的燕尾头与间距。这种夹具需要配备特定的铣头和引导轴套。

在夹具顶部放一块间隔板并固定到位（图A）。根据间隔板调整指状引导模板的高度，并使用半透燕尾榫尾件模式，这一侧带有彩色刻度表和半透燕尾榫头的标志。然后把模板放到间隔板上，把模板刻度设置为比燕尾头部件的厚度尺寸稍小一点（图B）。

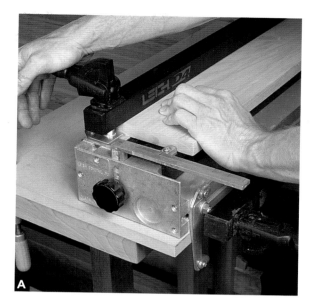

将尾件竖直固定在夹具前方，尾件的端面顶住模板下表面，左侧边缘顶住限位器。可以稍微将模板提起一点点，以便于调整指状引导件来获得想要的布局（图C）。调整指状引导件获得想要的燕尾头间隔，然后将引导件拧紧锁定。在确定的引导件右侧增加一到两个引导件，可以在电木铣铣削时提供更好的支撑。

重新把指状模板放置在废木料顶部。在电木铣上安装一个 7/16 in（11.1 mm）的引导轴套和一个 1/2 in（12.7 mm）的铣头。根据使用手册上的铣头角度和铣削深度的关系设置铣头高度。铣削深度会影响接合件的匹配，因为铣削深度决定了插接头的大小。铣削深度越大，制作出的插接头就越大。正式操作前一定要用废木料进行练习，找到正确的铣削深度。

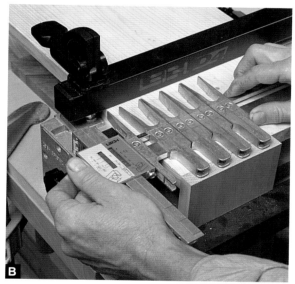

➤ 参阅第 135 页 "半透燕尾榫夹具对铣削深度的影响"。

从右向左移动电木铣，进行顺铣。这样可以预先划端部件表面纹理，消除掉任何可能存在的撕裂（图D）。然后从左向右移动电木铣，在指状引导件之间进行铣削。在铣削出所有燕尾头之后，取下尾件，在其位置另放一块废木料板竖直固定在夹具前部，废木料板要高出夹具顶面 1/8 in（3.2 mm），并顶住左侧的限位块。

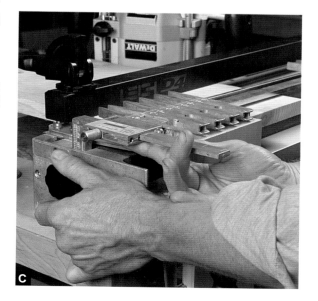

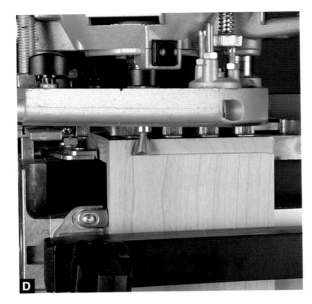

然后将销件水平放置在夹具顶部，销件端面要顶住废木料板的内面（图 E）。把指状模板稍微提起一点，更便于完成这些操作。将模板前后翻转 180° 切换到半透燕尾榫销件模式，并将刻度设置为尾件的厚度尺寸（图 F）。然后把指状模板放回到销件进行铣削，通过一系列从左向右的短程铣削制作销件。

当插接头制作完成后，将其取下检查接合件是否匹配（图 G）。如果接合过松，可以稍微放低铣头，在两块新木板上进行测试。当铣头设置正确后，记录这个数值，或者制作一块铣削深度标准块，为将来的设置提供便利。

> **⚠ 警告**
>
> 　在加工销件时千万不要进行顺铣。插接头位于端面，任何从右向左的铣削都会让电木铣尝试将自身拉入木料，引起机器震动和卡顿。

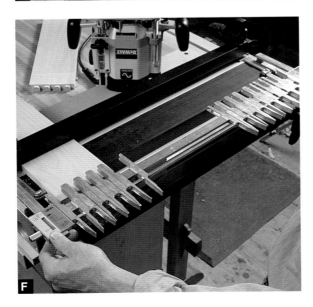

使用电木铣搭配全方位夹具制作半透燕尾榫

使用全方位夹具制作半透燕尾榫可以同时加工两个部件，需要搭配一副指状引导模板、一个 ½ in（12.7 mm）的燕尾榫铣头和一个 ⅝ in（15.9 mm）的引导轴套。首先安装引导轴套，然后把铣头装到电木铣上。将铣削深度设置为约 ¹⁹⁄₃₂ in（15.1 mm）。松开所有的滑动限位杆并将它们移走。检查操作手册，设置好最终的侧方限位块的位置。调整夹杆匹配部件的厚度。

在这个例子中，我将制作一个半透燕尾榫接合的抽屉。将侧板内面朝外放在全方位夹具中。升高侧板使其越过夹具顶面，并顶住侧方限位块（图 A）。将抽屉面板水平放在全方位夹具顶部，面板的内面朝上且端面顶住侧板的内面。接下来，重新固定竖直的侧板，使其端面与水平的面板内面平齐（图 B）。

设置支架垫片，使指状槽的底部距离面板端面约 ¹⁹⁄₃₂ in（15.1 mm）。检查这个距离和侧方限位块的位置，让两个部件彼此错开 ⁷⁄₁₆ in（11.1 mm）（图 C）。接下来，先对竖直的侧板从右向左进行顺铣，以预先切断木纤维，避免后续出现撕裂（图 D）。然后小心地从左向右移动电木铣，在每个指状引导件之间铣削，确保沿每个槽铣削到底（图 E）。

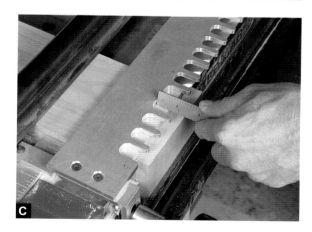

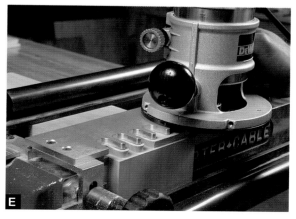

使用电木铣搭配通用牌夹具制作半透燕尾榫

使用通用牌夹具可以同时加工尾件和销件。你需要准备一个燕尾榫铣头和一个与指状模板匹配的引导轴套。在铣削正式部件前一定要使用废木料来进行练习。铣削深度的设置至关重要，它决定了接合件能否良好匹配。

➤ 参阅第 135 页 "半透燕尾榫夹具对铣削深度的影响"。

先将尾件（或抽屉侧板）竖直放置在通用牌夹具中，尾件内面朝外。让尾件固定得稍高一些，便于与水平放置的销件（抽屉面板）内面对齐，销件的内面朝上。确保两块板都顶住侧方限位块（图 A）。重新固定尾件，使其端面与水平销件的内面平齐（图 B）。

将铣头安装到电木铣上，并设置好铣削深度，铣削深度对于接合件的匹配至关重要，因此，在找到正确的深度设置后，最好制作一块标准块来引导每一次的设置。或者，可以将设置好的电木铣作为该夹具的专用机器，不再更换铣头（图 C）。

将电木铣底座边缘放置在指状模板的边缘，然后开机进行铣削。不要在开机状态下把电木铣放到模板上，并且在操作过程中保持电木铣不会晃动、侧倾或被提起（图 D）。先横跨竖直板的端面从右向左铣削，通过顺铣预先切断木纤维，防止出现撕裂。然后在指状引导件的引导下，小心地从左向右铣削。最后，从头再铣削一次，确保铣头在每个槽中铣削到底。

使用电木铣搭配利牌夹具制作半边槽燕尾榫

使用利牌夹具可以像制作半透燕尾榫那样制作半边槽燕尾榫。这种夹具每次只能加工一个部件，一般先加工竖直部件，再加工水平部件。但如果需要把抽屉侧板安装到带半边槽的面板上，则需要先在面板四周加工出半边槽。先在一块废木料板端面制作与面板半边槽匹配的半边槽。在电木铣台上使用 3/8 in（9.5 mm）的开槽铣头在面板四周制作半边槽。铣削时可以使用支撑板来避免铣头退出时造成木板边缘撕裂（图 A）。

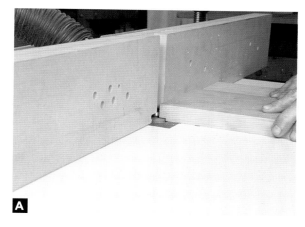

制作一根与面板半边槽宽度相同的间隔木条，并用双面胶带将其固定在夹具的侧向限位块上。这样能把抽屉侧板隔开一段距离，即面板半边槽的宽度。用侧板边缘顶住间隔木条、侧板端面顶住直线型指状引导件并固定到位（图 B）。先加工抽屉侧板。首先从右向左进行顺铣。然后从左向右铣削每个指状引导件之间的槽，并铣削到底（图 C）。保证间隔木条锁定到位，完成所有燕尾头的铣削。

接下来，取下间隔木条，将并带半边槽的废木料板竖直固定在夹具中，槽口向内。将带半边槽的面板槽口朝上水平放在夹具顶部，面板端面要顶住废木料板上槽口的底部（图 D）。和往常一样，先用废木料练习，再加工目标部件（图 E）。

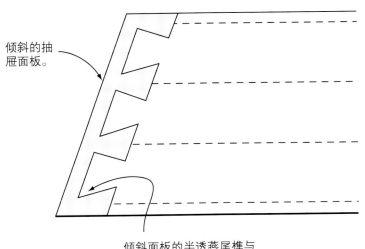

倾斜的抽屉面板。

倾斜面板的半透燕尾榫与
面板边缘平行。

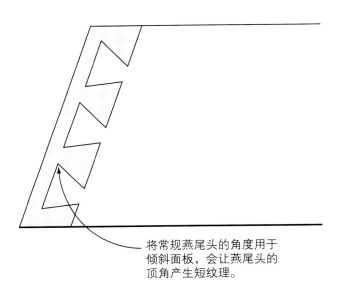

将常规燕尾头的角度用于
倾斜面板，会让燕尾头的
顶角产生短纹理。

A

倾斜抽屉面板使用半透燕尾榫

　　与常规的半透燕尾榫相比，倾斜的或者说带角度的抽屉面板燕尾榫需要不同的布局方法。这是因为常规的燕尾头角度在用于倾斜面板后会让燕尾头的顶角产生短纹理（图 A）。

　　首先将抽屉侧板的端面加工成所需的角度。用划线规紧紧顶住侧板端面划刻出榫肩线（图 B）。然后先将斜角规设定一个角度标记尾件的一端，再将斜角规设定为匹配的角度，标记尾件的另一端。第一个角度垂直于侧板端面，第二个角度则是面板倾斜角的余角。换句话说，就是让标记出的燕尾头平行于面板边缘，而不是垂直于端面，就好像侧板端面仍然是方正的（图 C）。

　　标记完成之后，手工将燕尾榫制作出来。

> ➤ **参阅第 147 页"手工制作半透燕尾榫"。**

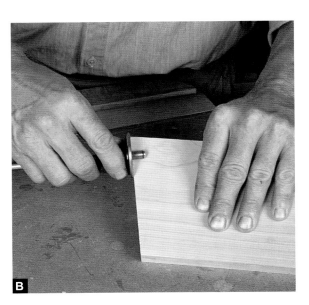

B

C

弓形抽屉面板使用半透燕尾榫

弓形抽屉面板需要的燕尾榫是垂直于面板弧线构成的弦线的（图 A）。

先为面板制作一个弧形模板。可以使用这个模板分别标记出面板的内外曲线，但要注意，这两条曲线不是同心的（两条弧线都较短，因此不同心也不重要）。在画内曲线时，注意在面板内面两端留下两个小平面。也可以在锯切出面板曲线后，在两端刨削出两个平行于弦线的平面。这两个平面的宽度要尽可能与抽屉侧板的厚度相同，这样侧板的榫肩才能刚好贴合在这两个平面上（图 B）。

然后正常切割出侧板的燕尾头。

► **参阅第 147 页 "手工制作半透燕尾榫"。**

当燕尾头制作完成并清理干净后，将面板固定到台钳中，以侧板为模板在面板端面上标记出插接头（图 C），可以用一块废木料支撑侧板的另一端。与制作其他半透燕尾榫一样，将面板竖直固定制作插接头。

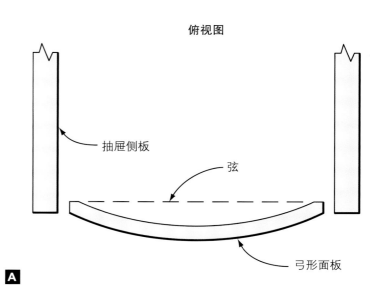

俯视图

抽屉侧板

弦

弓形面板

A

B

C

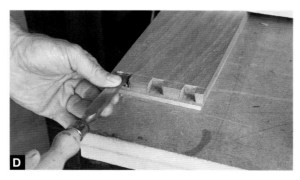

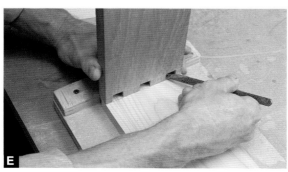

全隐燕尾榫

半边槽全隐燕尾榫

半边槽全隐燕尾榫实际上是将燕尾头和插接头通过简单的半边槽接合隐藏起来的一种接合方式。在箱体结构上，半边槽的端面会在侧面或顶面露出。制作这种接合件应先加工出插接头，因为用插接头标记燕尾头更容易。

对于带半边槽的销件，先在销件木板上轻轻划刻出肩线，使插接头的长度稍小于尾件厚度。然后在销件端面为半边槽画线，制作出用来放置燕尾头和插接头的方正的半边槽。然后在尾件上划刻出对应的半边槽画线（图 A）。使用安装开槽锯片的台锯或者在电木铣台上安装开槽铣头来制作半边槽。

可以用硬卡纸或者黄铜垫片制作一个燕尾模板。根据你的喜好设定好燕尾头的角度，画好垫片后用剪刀裁剪出模板。使用这个燕尾模板在带半边槽的销件上标记出插接头和燕尾头对应的插口（图 B）。现在就可以使用燕尾榫锯带角度锯切出插接头了。

➤ **参阅第 147 页"手工制作半透燕尾榫"。**

为了快速清理燕尾头插口，可以用安装小直径直边铣头的压入式电木铣进行操作。为电木铣提供良好支撑，先从右向左进行顺铣。将铣削深度设置到接近半边槽的深度（图 C）并完成铣削，然后用凿子从端面的半边槽画线出发进行凿切，直到半边槽的宽度线（图 D）。

以销件作为模板，将其竖直放置在尾件上标记出燕尾头（图 E）。切割燕尾头，直到尾件与销件匹配。

斜面斜接合全隐燕尾榫

斜面斜接合全隐燕尾榫从外观上只留下斜接的接缝，燕尾头和插接头都被隐藏在斜面中。配对部件必须厚度相同才能获得较好的接合效果。

根据部件厚度精确设置划线规（图 A），并且只在部件的内面标记榫肩线。然后在其中一块木板的端面外角画斜线，与刚才的榫肩线相接（图 B）。接下来，使用安装开槽铣头的电木铣在两块木板上加工出半边槽。半边槽的宽度约为部件厚度的 2/3，这样从侧面看，斜线正好把需要锯切掉的部分分为两个等腰直角三角形。使用划线刀在所有部件的两侧边缘划刻出斜线。

使用燕尾榫规为销件画线。

➤ 参阅第 156 页 "半边槽全隐燕尾榫"。

销件两侧边缘的半销需要内移，为斜面腾出空间。使用燕尾榫锯尽可能地沿斜线锯切到榫肩线处（图 C）。锯切插接头时保持锯片前高后低进行锯切。不要担心锯片会切入最上方的斜面部分，但也不要损坏斜面。

用凿子沿部件内面和端面的标记线小心地清理销件，直到半边槽的内壁处。也可以使用电木铣加快废木料的清理速度（图 D）。暂时不要将方正的半边槽接头加工成斜面，因为还要用其支撑部件来标记燕尾头（图 E）。接下来，把销件竖直放到尾件上并一起顶紧限位块。将两个部件边缘小心地对齐，并用划线刀标记出燕尾头的轮廓线。然后用凿子粗切出销件的斜面（图 F）。

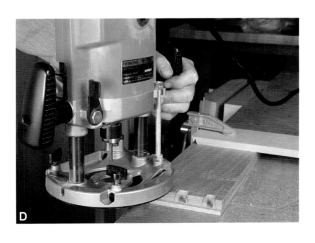

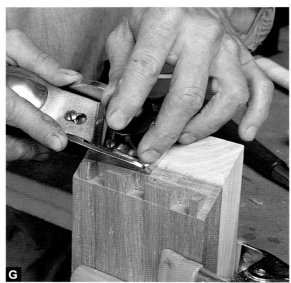

使用任何刨刀宽度与底座宽度相同的手工刨，例如图中的斜刃短刨，将斜面修整到准确的45°（图 G）。可以制作一个有45°斜面的木块，将其与部件固定在一起支撑短刨刨削。

全隐燕尾榫对部件的匹配程度要求很高，必须确保两个斜面完美地闭合。在制作燕尾头时，锯片既是前高后低，又有左右偏斜，是以双重角度进行锯切的（图 H）。

用电木铣清理废木料。然后用凿子将插接头的插口和半销的插口修整干净，它们都需要精确处理到榫肩线和斜面线处（图 I）。

可滑动燕尾榫

可滑动贯通燕尾榫

在开始制作可滑动燕尾榫之前，要确保部件表面平整，且已经去除了所有的初始刨削痕迹。如果在可滑动燕尾榫切割完成后使用手工刨、砂纸或刮刀处理部件，可能会影响接合件最终的匹配（图 A）。

首先加工燕尾槽。如果榫头的宽度是 ½ in（12.7 mm），可以为电木铣台安装 ½ in（12.7 mm）的直边铣头进行铣削，先粗略地铣削出凹槽，其深度比最终深度稍浅。操作时将部件端面顶住靠山，让直边铣头正好相对于燕尾槽居中（图 B）。

接下来，在电木铣台上安装燕尾榫铣头，并将铣削深度设置为最终深度。必须一次铣削到位。操作时双手向下按压部件，以保持凹槽深度一致。如果不放心，可以再铣削一次。可以加入垫板来防止部件边缘撕裂，或者可以预先将部件切割得比最终尺寸宽 ⅛ in（3.2 mm），留出足够的木料以备后续锯切掉，以此应对不可避免的边缘撕裂问题。可以在电木铣台上安装嵌入件来尽量覆盖铣头周边（图 C）。

接下来保持部件直立，在电木铣台上加工燕尾部分。此时不需要重新设置铣头的高度，既可以获得与第一次铣削完美匹配的结果。移动靠山靠近铣头，让铣头只露出一部分。先铣削所有部件加工出榫头的一侧，然后再铣削另一侧。正式加工前可以先用与部件厚度相同的废木料进行铣削，从而精细调整靠山的位置。如果需要进一步铣削榫头，用铅笔在台面上标记出靠山的位置，然后松开固定靠山的夹子，轻拍靠山使其远离标记，露出更多的铣头。每次移动靠山后都需要再次铣削榫头的两侧（图 D）。

如果你觉得接合件已经接近匹配，不愿冒险调整靠山进一步铣削，可以在部件和靠山之间垫薄纸片来微调两者的距离。这样每次可以将部件推离靠山一点点，比如1美元纸币的厚度约为0.08 mm（图 E）。如果接合仍然过紧，可以移除薄纸片再铣削一次。如果部件较窄，用手工刨

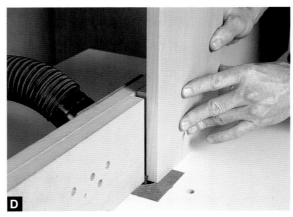

稍微刨削一下就可以让部件更贴近铣头。

　　在开始组装接合件之前，先用手工刨刨削榫头的端面（图 F）。这样能为榫头提供更多的滑动空间，同时为胶水留出空间。也可以在铣削榫头时稍稍降低铣头进行铣削。如果榫头还是不能在燕尾槽中顺利滑动，可以用深度计检查燕尾槽的深度，确保其沿整个长度方向一致（图 G）。

> ⚠ **警告**
> 　　注意铣头在部件上退出的位置。操作时把双手放在安全的位置，远离铣头在部件上的退出点。

可滑动止位燕尾榫

　　制作可滑动止位燕尾榫与制作可滑动贯通燕尾榫的方法基本一致，只是需要在电木铣台靠山上设置一个限位块来限定铣削区域。在限位块下方垫上间隔木把限位块适当抬高，可以避免木屑堆积在限位块上影响终止效果（图 A）。

　　可以把燕尾槽的端面凿切方正，也可以让它保持圆角而后修整榫头的对应部分与之匹配，就是将完成锯切和匹配的燕尾榫去掉一截，使其不与燕尾槽的圆角末端直接接触。用夹背锯锯切掉废木料，然后用凿子将榫肩修整平整（图 B）。榫肩部分可以稍做底切，或者设置好台锯进行精确锯切。

　　可滑动燕尾榫应该只用手就可以顺利滑入一半，但要将其分开只能用木槌敲打。要分开可滑动燕尾榫，需要在燕尾榫部件的侧面用夹子固定一块能刚好滑入燕尾槽的废木料作为敲击垫板。

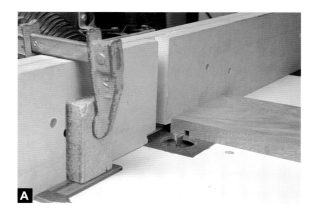

在敲击过程中要确保燕尾榫部件没有对着身体。对于可滑动贯通燕尾榫，可以从两端观察接合是否到位，但对于可滑动止位燕尾榫，则只能从一端进行观察（图 C）。

手工制作单肩可滑动燕尾榫

单肩可滑动燕尾榫的制作比较简单，因为燕尾榫和燕尾槽都有一侧是平直面。

➤ **参阅第 132 页"可滑动燕尾榫和槽式燕尾榫"。**

首先确定燕尾榫的角度，完成斜角规的设置（图 A）。在一块木板的两端同一侧标记出这个角度，用手工刨将木板刨削到位作为角度靠山（图 B）。将角度靠山或锯切引导板固定在部件上，并将锯片顶住靠山锯切燕尾槽（图 C）。确保在锯切过程中锯片紧贴靠山，且锯切不要越过深度标记。

接下来，使用靠山的平直边缘引导锯切。确保靠山与部件边缘互相垂直（图 D），然后将燕尾槽的平直面锯切到所需深度（图 E）。

使用凿子配合木槌清理燕尾槽（图 F），然后用槽刨将燕尾槽刨削到最终深度（图 G）。

使用斜角规在燕尾榫部件上标记出燕尾榫一侧的角度，同时标记出榫肩线。把角度靠山固定在台钳中，靠山的斜面与燕尾榫标记线对齐，然

后用一把宽凿子凿切出燕尾榫（图H）。为了接合件能够匹配，可以使用手工刨精修燕尾榫部件的平直面（图I）。

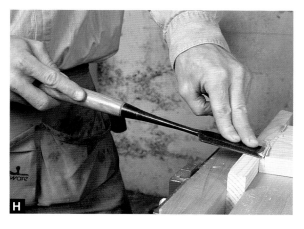

使用电木铣台制作单肩燕尾榫

　　在使用电木铣台制作单肩燕尾榫时，首先将部件刨削到厚度比铣头宽度稍大一点的程度，为匹配留出调整空间。为电木铣安装直边铣头，但不要使铣头相对于燕尾槽的宽度居中。将靠山设置到位，使用直边铣头铣削燕尾槽的平直面。铣削深度设置为全深度，进行多次铣削并将燕尾槽的底部清理干净。在部件侧面并排放置一块垫板可以防止铣头退出的边缘出现撕裂（图A）。

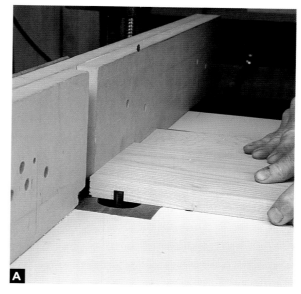

　　接下来安装燕尾榫铣头并设置好铣削深度，先进行一次铣削，切割燕尾槽的斜面。确保部件是迎着铣头的旋转方向进料的（图B）。

　　只在部件的一面铣削燕尾头（图C）。如果需要精修，可以用手工刨刨削燕尾榫部件的平直面。在处理区域用铅笔画线，然后用调整好的手工刨或者刮刀横跨部件进行修整。这样可以让燕尾头稍微变小。重新检查匹配情况，直到燕尾榫能够完全滑入燕尾槽中（图D）。

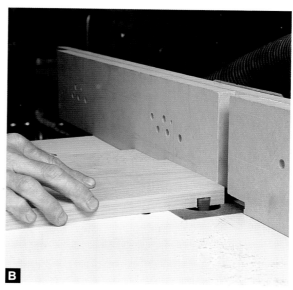

> ⚠ **警告**
>
> 　　在扩大燕尾槽的铣削，也就是第二次铣削燕尾槽的斜面时，一定要迎着铣头的旋转方向进料。因为这次铣削铣头只有一侧接触木料，如果按正常的进料方向操作，可能会出现危险的顺铣，把部件抛飞出去。你需要从左向右，而不是从右向左进料，来避免发生危险。

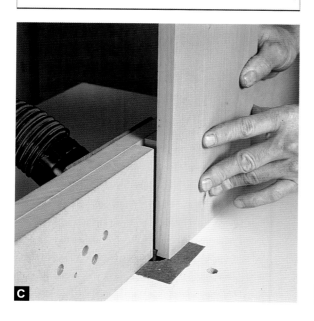

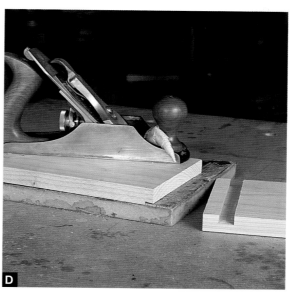

半边槽可滑动燕尾榫

在电木铣台上为抽屉面板上制作半边槽可滑动燕尾榫与制作其他半边槽接合件的过程一样。将部件平放在台面上进料，使用燕尾榫铣头进行铣削。不要忘记用垫板顶住部件，防止铣头退出的边缘发生撕裂。

设置靠山，使铣头铣削出的半边槽宽度比部件厚度稍小（图 A）。可以使用垫片先进行多次较浅的铣削，逐渐撤走垫片，直到部件直接顶住靠山完成最后的清理铣削。也可以先用台锯切掉部分废木料，再用电木铣台进行一次清理铣削。

接下来无须改变铣头高度，直接铣削对应的燕尾榫部件，因为这个设置可以让两个部件完美配对。移动靠山靠近铣头，只让其露出一部分。铣削燕尾榫部件（也就是抽屉侧板）时应将部件竖起来（图 B）。先进行较浅的铣削，然后逐渐移动靠山露出更多铣头，直到两个部件完美匹配（图 C）。可以用圆木榫加固接合区域，从而获得最高的接合强度。

锥度可滑动燕尾榫

锥度可滑动燕尾榫消除了普通可滑动燕尾榫的阻塞和匹配问题。这种结构的燕尾槽和燕尾榫沿长度方向具有锥度变化，这样两个部件在组装的前半段匹配较松，安装到位后就会完全锁紧。

将一个带有辅助靠山的直角导轨固定在部件上。如果将燕尾槽的位置用铅笔标记出来，会使辅助靠山的定位更容易，因为电木铣上的燕尾榫铣头可以与标记对应。不过，操作时首先要用直边铣头进行粗铣去除废木料（图 A），然后再换用燕尾榫铣头完成全深度铣削。整个操作过程中要确保电木铣底座始终紧贴靠山（图 B）。

接下来，在直角夹具和辅助靠山之间夹入一块 $1/16$ in（1.6 mm）厚的垫片，它的位置刚好位于部件的前缘。然后就可以铣削燕尾槽的斜面一侧了。确保垫片夹在部件边缘而不是在辅助靠山的边缘。如果燕尾槽要做成止位的，铣削后要用凿子将止位槽的末端修整方正。可以使用间隔木定位部件的位置，在箱体的对应侧板上加工出位置相同的燕尾槽（图 C）。

➤ 参阅第 59 页"使用电木铣搭配靠山制作端面半边槽"。

燕尾榫的加工可以在电木铣台上完成，使用与开槽相同的铣头，并且铣头只露出一部分。这次需要将 $1/16$ in（1.6 mm）厚的垫片用胶布固定在部件一面靠近边缘的位置。这样会将部件稍稍推离靠山，从而加工出燕尾榫的斜面。加工燕尾榫的另一侧不需要使用垫片，将部件的整个面平贴到靠山上铣削即可（图 D）。

A

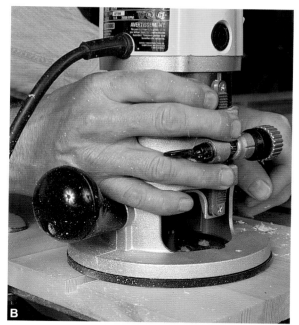

B

C

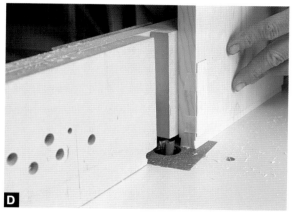

D

槽式燕尾榫

手工制作槽式燕尾榫

手工制作槽式燕尾榫的第一步是在箱体的横撑上加工出榫头，然后用这个榫头在侧板上进行标记。设置好划线规，在横撑两端标记出肩线。确保横撑两端肩线的距离是正确的（否则箱体无法保持方正），然后通过干接测试检查箱体是否方正。用斜角规来标记燕尾榫的斜边，也可以仅凭目测进行标记。接下来，将横撑用台钳固定，用燕尾榫锯锯切出燕尾榫（图A）。

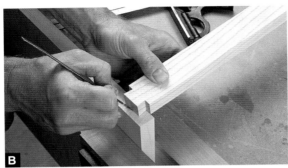

将横撑的燕尾榫端放置在侧板端面，用划线刀进行标记。可以用废木料或者手工刨的侧面来支撑横撑的另一端，同时用直角尺对齐横撑和侧板（图B）。然后用划线规将横撑的厚度标记在侧板上。从燕尾榫画线的两端出发，将画线垂直延伸到榫肩线上。用手锯以前高后低的角度来锯切插槽（图C）。

用凿子对插口进行清理。可以对插口的各个面稍做底切，以帮助接合部件匹配（图D）。

制作单肩版本的槽式燕尾榫方法与上述的相同，只是无须加工出第二个榫肩。标记并制作燕尾榫，然后利用燕尾榫在侧板上标记插槽。最后，就像图C中那样切割出侧板插槽。

组装接合件，如有偏差，只需用手工刨刨削横撑部件的平直面，直到部件匹配（图E）。与其他带榫眼的接合件一样，在榫头的底面切出一个小榫肩可以隐藏插口底部边缘在加工过程中可能出现的凹陷或损伤（图F）。

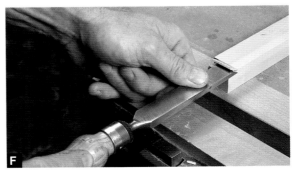

使用台锯制作槽式燕尾榫

　　另一种为箱体横撑制作燕尾榫的方法是使用台锯锯切。首先，使用横切夹具和限位块提供引导横切出榫肩。将锯片高度设置在刚好到达燕尾榫斜面标记线的位置（图 A）。

　　接下来，将锯片调整到所需角度，把横撑竖起，使用定角规进料，完成锯切（图 B）。在定角规的靠山上固定限位块来引导锯切。设置好锯片高度，确保斜面切口位于榫肩切口之下。最后用凿子完成边角的修整。

使用电木铣台制作槽式燕尾榫

　　可以在电木铣台上安装燕尾榫铣头来制作箱体侧板上的插槽。将靠山设置到位，依次铣削出插槽上对应榫头斜面的两个侧壁。先铣削出近端的侧壁，使用限位块来限制铣削深度（图 A）。也可以先用直边铣头铣削掉部分废木料，或者使用台钻钻孔去除部分废木料，再使用燕尾榫铣头进行铣削。最后用凿子将插口底部的边角修整方正。

　　干接箱体部件，并锯切出横撑部件，使其长度刚好适合两侧板之间的插口距离（图 B）。

　　在电木铣台上使用相同的燕尾榫铣头为横撑部件制作榫头。不过在此之前，要先用台锯和带锯粗切出燕尾榫的颊面和榫肩。然后在铣台上将横撑竖起，使用垫板提供支撑完成铣削（图 C）。

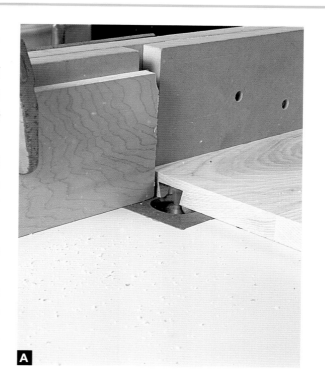

双槽燕尾榫

　　箱体横撑通常需要更宽一些，以更有效地避免侧板发生扭曲。这种情况就可以使用双槽燕尾榫结构。当插槽距离侧板外表面太近时，可以用手锯将燕尾头锯切得稍短一些。即使燕尾头只锯短 1/8 in（3.2 mm）也会有很大差别（图 A）。在侧板上标记并制作出两个燕尾头，在横撑上制作出插槽，然后小心地完成组装（图 B）。

◆ 第三部分 ◆
平板框架接合

对接接合，第 171 页

斜角斜接，第 182 页

搭接接合和托榫接合，第 204 页

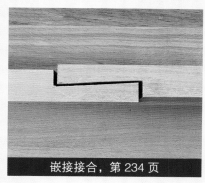

嵌接接合，第 234 页

拼接接合，第 247 页

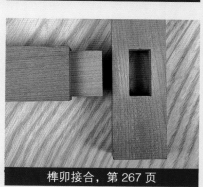

榫卯接合，第 267 页

　　平板框架接合是我们在制作家具时第二种主要的接合系统。相比构成箱体的宽板，平板框架的部件普遍更小、更轻，可以制作许多种类的作品。单独的平板框架可以用来制作镜框、相框、画框和床头板，在边角处引入其他接合后可以制作桌椅板凳。平板框架还可以内嵌镶板，让我们可以制作出橱柜和书桌这样的大件作品。

　　因为构成平板框架的部件普遍较小，所以有多种接合方式可以将它们连接在一起，包括对接接合、斜角斜接、普通榫卯接合和搭接接合。其中一些接合方式与构建箱体所用的接合方式是相同的，但针对平板框架重新进行了设计，以期在不牺牲接合强度的情况下为较小的部件提供最大的胶合面。

第 10 章
对接接合

对接接合的平板框架可以在多种情况下使用，但最常见的是用于柜子的面框结构。柜子的面框可以掩盖胶合板或者刨花板边缘，还提供了安装铰链的位置，同时也为柜子其他部件的画线提供了材料。面框通常是使用胶水配合钉子或者螺丝固定到柜子上的，这在一定程度上补偿了对接接合的局限性。这样做的好处是双重的，箱体的正面边缘得到加强，同时平板框架也被牢牢固定到位。

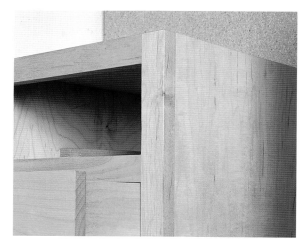

面框可以掩盖胶合板边缘。

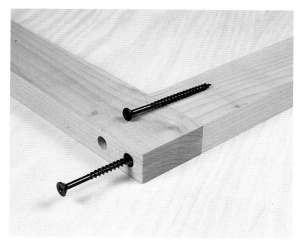

为长螺丝钻取埋头孔，通过螺丝加固对接接合面框。

平板框架对接接合的加固

我们都会用铁锤和钉子来完成平板框架的对接接合，但想要获得最佳结构强度，应对拉力和张力，应该对平板框架的对接接合进行加固。

用螺丝穿过平板框架的垂直部件钉入水平部件中将面框部件固定在一起。如果螺丝的螺纹相对较长，它就能牢牢地将垂直部件固定到水平部件的端面。但要记住螺丝的位置，以免面框安装到柜子上时造成阻碍。如果螺丝孔在柜子外观上是可见的，那最好为螺丝制作埋头孔，并用木塞填补和隐藏螺丝孔。

斜孔螺丝能够快速完成面框的制作。它们可以将对接接合件牢牢拉紧，在胶合框架时它们的作用实际上和木工夹一样。所有的面框结构都要注意一点，即在安装螺丝前一定要确保框架是平整的。

圆木榫同样可以用来固定面框，并且在将面框固定到柜子上时，无须担心钉子或螺丝等紧固件钉到圆木榫上。为圆木榫钻孔需要非常专注，因为它们很不容易对齐。钻孔前确保面框是平整

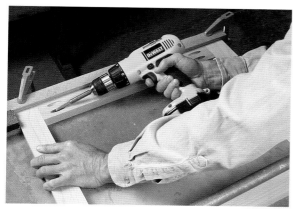

在安装斜孔螺丝时，一把平尺可以帮助你对齐面框的
垂直部件和水平部件。

将饼干榫插槽
设置在相对于
部件宽度居中
的位置。

圆木榫也是加固面框结构的一种可选方法，但相比其
他方法，圆木榫孔的对齐有些棘手。

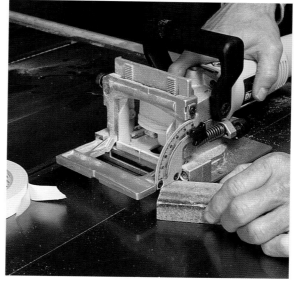

使用一个木块
来检查饼干榫
机的靠山设置
是否准确。这
个木块应该能
与靠山的两端
都紧密匹配。
如果靠山的位
置存在偏差，
可以将双面胶
粘贴到靠山表
面充当垫片。

的，不论圆木榫是隐藏的还是贯通的，都要保证
钻孔位置精确。

　　饼干榫可能是最简单、强度最高的加固对接
接合的方法。因为饼干榫在对接接合两个部件中
的胶合面均为长纹理面，所以胶合非常牢固。在
部件较厚时，可以将两片饼干榫上下排列插入。
和使用圆木榫一样，在将面框安装到柜子上时无
须担心钉子或螺丝伤到饼干榫片。在较小的平板
框架上同样可以使用饼干榫，不过要将它们偏移
到不可见的边缘上。饼干榫机并不能自动保证易
用性和精确性，使用时还是要注意一些要点。

精确地切割饼干榫插槽

　　这里将介绍使用饼干榫机精确开槽的方法。
首先要确保靠山与刀头是平行的。如果两者不平

将饼干榫机侧
面的中心标记
与框架部件的
厚度中线对齐。

可以用木工夹将垫板固定到木工桌台面上，或者用垫板顶住挡头木来为部件提供支撑。

在台锯上使用横切夹具进行横切时，一定要经常检查夹具是否方正，特别是在夹具长时间使用后。同时也要检查锯片与台面的角度，保证垂直锯切。

行，在对接接合的两个部件上开槽后会使接合的偏移量加倍。确保开出的插槽相对于部件的厚度居中，才能避免透过接缝看到饼干榫片。不过，即使插槽标记没有相对于厚度完全居中也不用过于担心，只要确保所有插槽的参考面都是同一表面，接合依然可以保持平齐。

　　操作时不要一手固定部件，一手握持饼干榫机进行开槽。可以使用垫板顶住部件，或者用木工夹将部件固定在木工桌台面上。

制作对接接合件

　　对接接合件的锯切永远要从两个方向进行。大多数对接接合件的锯切都是 90° 的，即垂直横跨部件的宽度方向垂直向下完成锯切。当使用手锯时，要始终沿铅笔画线的废木料侧锯切，并始终保持画线清晰可见。确保锯切路径顺畅无木屑，可以一直看到画线。

锯切对接接合件时要横跨部件垂直锯切。如果将两个部件叠放在一起锯切，很难保证锯切一直垂直向下，最终的结果就是两个部件长度不一致。

　　也可以使用斜切锯锯切框架部件，但要注意对长部件给予足够的支撑。可以使用限位块引导锯切。即使只锯切两个部件，设置限位块也是值得的，这样锯切出的两个部件尺寸完全相同。

　　台锯也能出色地完成横切操作。如果你的台锯没有滑动台面，可以使用横切夹具或定角规辅助进料，同时要经常检查设置，确保锯切方正。

➤ 参阅第 30 页 "对接接合"，了解更多关于横切的信息。

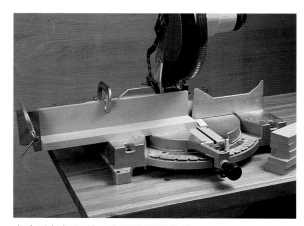
多次重复锯切前一定要设置限位块。

使用螺丝加固的对接接合

普通螺丝加固的对接接合

　　对接接合件的制作要求很简单，就是要保证接合强度。首先确保部件平直，沿长度方向没有任何扭曲或弓曲，且横切后的横切面要与部件的前后表面和边缘都是垂直的。当然，前提是部件经过最初的刨平后，其边缘都是平直方正的，特别是与配对部件端面接合的那个边缘（图 A）。

　　用台钻在平板框架垂直部件的外侧边缘钻孔，钻头要足够大，使螺丝头能够轻松进入。首先测量螺丝头的尺寸，以免螺丝头与孔不匹配，攻入后损伤钻孔。钻孔要足够深且在整个深度上笔直没有偏斜，使螺丝能够充分紧固（图 B）。

　　在加工较薄的部件或者用非常坚硬的木材制作部件时，要先钻取引导孔。有些带螺旋尖的螺丝在攻入木料时不会造成木料开裂，但在使用它们之前应首先在废木料上进行测试，了解螺丝的性能和工作方式。确保螺丝引导孔的直径比螺丝的根部稍小。螺丝根部是指螺丝上没有螺纹的部分（图 C）。

　　组装平板框架时，在水平部件的端面涂抹胶水可以稍微增加紧固力。将组装好的平板框架顶紧挡头木或者用夹子固定的木板，平放在木工桌台面上拧入螺丝。在螺丝表面涂抹一些蜡有助于螺丝更轻松地拧入（图 D）。或者，先胶合部件并用木工夹固定平板框架，等待胶水凝固后，再拧入螺丝（图 E）。如果平板框架边缘是可见的，那可以用木塞填充埋头孔。

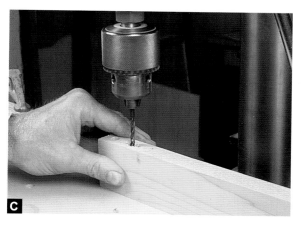

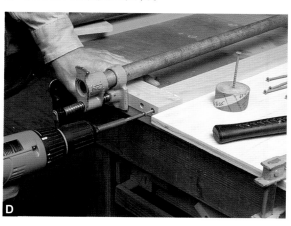

斜孔螺丝加固的对接接合

斜孔螺丝解决了平板框架边角的埋头孔显露在外的问题，因为斜孔螺丝是从框架内表面完成安装的。斜孔螺丝的安装非常迅速，因为它们都带有自攻螺纹。只需要一个钻头就可以钻取埋头孔和很短的引导孔。而且使用斜孔螺丝还不需要用木工夹固定框架。

具体操作时，先将部件安装到斜孔夹具上，并用配套钻头钻孔（图 A）。钻第一个孔前应先在钻头上设置深度限位环。在夹具中插入一个垫片，让钻头尖端钻入垫片中，然后锁定深度限位环。这样做能防止钻头不小心钻入夹具，进而变钝（图 B）。

在部件上钻孔到设定深度，然后清理掉钻头和孔中的木屑（图 C）。这个钻头的前端有足够长的引导部分，可以为螺丝钻取较小的引导孔。最后将斜孔螺丝拧入到位。记得在水平部件的端面涂抹胶水（图 D）。

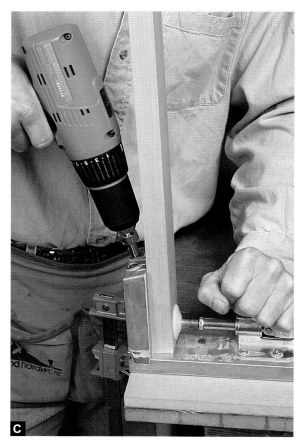

使用圆木榫加固的对接接合

使用贯通圆木榫加固的对接接合

圆木榫越长，接合强度越高。使用贯通圆木榫加固对接接合可以获得更好的固定效果，并能提供装饰性。

首先在平板框架上标记出圆木榫的位置（图A）。用台钻在垂直部件上钻取贯通孔。设置台钻靠山，将钻孔位置定位在垂直部件厚度的中心。用铅笔在台面上做一些标记，以定位垂直部件的位置。钻取贯通孔时，要在垂直部件下方垫上一块废木料保护台面。操作时每个垂直部件都要钻通，记得及时清理钻头上的木屑（图B）。

钻孔完成后，干接框架并夹上木工夹，每个部件都要正确对齐。然后穿过垂直部件的贯通孔在水平部件上钻孔。在钻头上做标记以获得合适的钻孔深度。保持钻头水平且笔直钻入，不要因钻头偏斜导致垂直部件上的孔扩大，将每个孔钻到深度标记处（图C）。

将圆木榫锯切得稍长一些，以应对安装时圆木榫因敲击而引起的端面散裂。先把圆木榫插入水平部件的端面，检查圆木榫的伸出量是否足够，如果没有问题就可以准备胶合了。准备好大铁锤和木工夹，只在水平部件的端面和榫孔中涂抹胶水。如果在圆木榫上涂抹胶水，胶水会随着圆木榫的插入被刮掉（图D）。

使用隐藏圆木榫的对接接合

用圆木榫加固平板框架需要使用圆木榫定位夹具帮助定位圆木榫孔的位置。仔细检查圆木榫夹具的设置，确保钻出的孔是一路笔直向下的。如果圆木榫带角度插入部件，平板框架会发生扭曲。将框架表面朝上放置在木工桌上，用铅笔标记出圆木榫孔的位置（图 A）。

将平板框架的水平部件竖起牢牢固定在台钳中，然后将圆木榫定位夹具安装到水平部件的端面（图 B）。

把圆木榫定位夹具上尺寸合适的圆木榫孔的标记与水平部件上的铅笔标记对齐（图 C）。我为 ¾ in（19.1 mm）厚的框架选用的是 ¼ in（6.4 mm）的圆木榫。使用一个带有中心定位尖的开孔钻头为圆木榫钻孔。在设定钻孔深度时，需把中心定位尖的长度考虑在内。对于较大的钻头，中心定位尖的突出量是很可观的，不能忽视。如果圆木榫孔不够深，插入圆木榫后平板框架就不可能组装到位（图 D）。可以用一条遮蔽胶带缠绕在钻头上指示钻孔深度（图 E）。

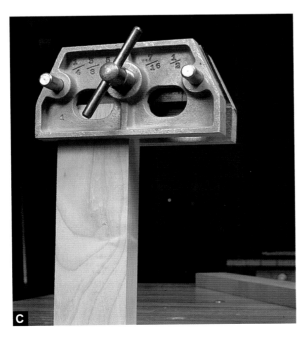

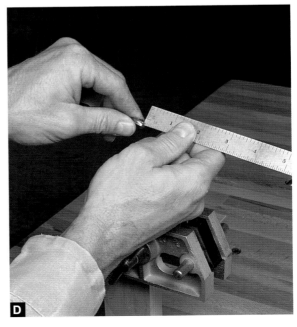

　　将水平部件上的孔都钻到所需深度，确保每次钻孔时都将圆木榫定位夹具标记与水平部件上的标记对齐。接下来，把垂直部件固定在台钳中钻孔，钻孔深度的设置同水平部件（图 G）。

　　检查圆木榫与钻头的尺寸是否匹配。如果圆木榫因为收缩端面变为椭圆形（它们的确很容易变形），那么圆木榫就不能与圆木榫孔匹配。一种快速解决这个问题的办法是，用"烤箱"对圆木榫稍加烘烤，使圆木榫进一步收缩到更容易插入孔中的程度。涂抹胶水后，圆木榫会吸水膨胀恢复正常的形状，将自身锁紧到位（图 H）。

　　使用的圆木榫表面要有螺旋状或直线型的凹槽。凹槽的作用是在圆木榫插入榫孔时使胶水能够溢出。将胶水涂抹在榫孔的入口处，这样随着圆木榫的插入，胶水会被圆木榫推入榫孔的侧壁和底部（图 I）。胶合组装平板框架时要提前准备好木工夹。必须通过木工夹施加一些压力，才能使框架部件完全对接在一起（图 J）。

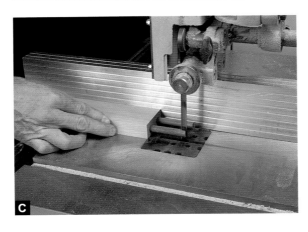

使用带木楔贯通圆木榫加固的对接接合

　　带木楔贯通圆木榫加固的对接接合算是圆木榫加固的对接接合中最牢固的版本，同时其外观也最具吸引力。通过在圆木榫上楔入木楔，可以将圆木榫牢牢固定在部件中，而部件与圆木榫的原本接合面并不利于胶合。确保圆木榫上的木楔槽走向正确，在木楔插入后顶紧的是圆木榫的端面而不是长纹理面，以防止木楔插入后圆木榫的长木纹方向开裂。让垂直部件的末端稍微超出平板框架，以防止插入木楔后部件端面的短纹理区域崩坏（图A）。

> ➤ **参阅第175页"使用贯通圆木榫加固的对接接合"了解钻孔方法。**

　　先将圆木榫胶合到水平部件端面的榫孔中，然后用手锯在圆木榫端面锯切出木楔槽。如果用的是燕尾榫锯，可以得到较窄的木楔槽（图B）。也可以用带锯锯切木楔槽，需使用靠山精确定位锯切位置，锯切深度不应超过圆木榫露出部分的1/3（图C）。

> ➤ **参阅第355页"木楔的制作"。**

　　因为木楔要与楔孔匹配，所以在胶合前需要花一点时间对其边缘稍做修整。用一把短刨对木楔边缘轻轻刨削几次就可以了（图D）。在水平部件的端面和楔孔中涂抹胶水。准备好木工夹和垫块，如有必要，可以先将水平框架组装好。接下来，取下木工夹，并用铁锤敲入木楔（图E）。木楔完全插入圆木榫后，用手锯将带木楔圆木榫锯切到贴近垂直部件边缘的程度，但不要切到垂直部件（图F）。最后用刨刃锋利的短刨修齐带木楔圆木榫的末端（图G）。

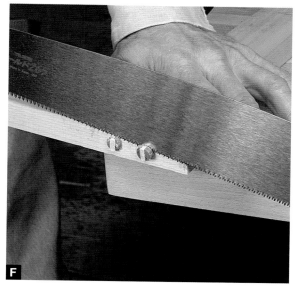

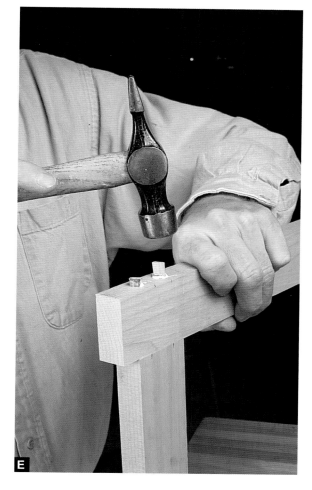

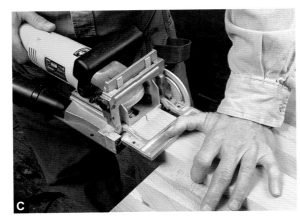

使用饼干榫加固的对接接合

使用单个饼干榫加固的对接接合

饼干榫可以加固平板框架，并且在外观上是不可见的。将饼干榫插槽开在相对于部件厚度居中的位置。同时标记出所有平板框架部件的外表面作为基准面，确保最终得到的平板框架是平整的。确保饼干榫片的尺寸足够小，过大的话容易在接缝处露出。或者，如果开槽的边缘是不可见的，可以稍微偏置插槽的位置。在实际操作前先用废木料进行试切，以确定插槽的直径。

首先在平板框架上标记出饼干榫插槽的位置（图A）。将平板框架顶紧固定的垫板或者木工桌挡头木来获得良好的支撑。先在垂直部件的边缘开槽（图B），然后在水平部件的端面开槽。记住，一定要让饼干榫机与部件保持水平，保证刀头垂直部件表面切入（图C）。

用刷子在插槽中涂抹足量的胶水（图D）。因为饼干榫片接触胶水就会开始膨胀，从而增加组装的困难，所以要提前准备好木工夹尽快完成夹持固定（图E）。

使用多个饼干榫加固的对接接合

对于部件较厚的平板框架，可以使用多个饼干榫来加固对接接合。这种方式会让饼干榫插槽更靠近部件表面。首先在部件表面标记出开槽的位置（图 A），然后在垂直部件端面和水平部件边缘标记出插槽的深度（图 B）。

首先设置好饼干榫机，为所有部件切割第一个插槽（图 C）。然后，调整靠山，改变开槽位置（图 D），完成所有部件第二个插槽的切割（图 E）。如果不想调节靠山，也可以先完成较低位置的插槽切割，然后在靠山下面放置垫片，通过升高刀头来切割较高位置的插槽。垫片必须表面平整且厚度合适，刚好将饼干榫机的刀头升高到合适的位置。

[小贴士]

如果部件表面的刨削足够精确，可以在完成第一个插槽的锯切后，将部件翻面切割第二个插槽。这样操作需要在部件的内外两面都进行标记。

在将饼干榫片胶合到位之前，提前准备好木工夹，以快速完成平板框架的组装（图 F）。

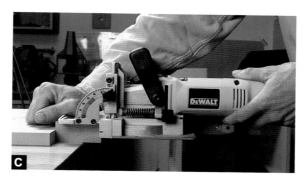

第 11 章
斜角斜接

在需要平板框架保持连续的长纹理外观时，斜角斜接是最常用的接合方式。因为斜角斜接不会有任何端面外露，可以沿平板框架在其内面或外面制作出整体连续的装饰样式。斜角斜接很适合镜框和画框，以及需要设计装饰边缘的面框、门框和其他不想暴露端面的框架结构。

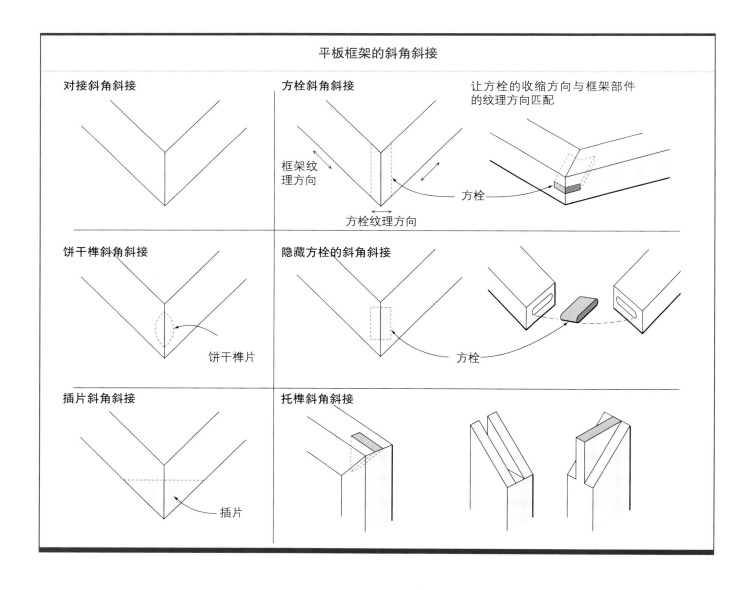

平板框架的斜角斜接

对接斜角斜接

方栓斜角斜接

让方栓的收缩方向与框架部件的纹理方向匹配

框架纹理方向

方栓

方栓纹理方向

饼干榫斜角斜接

饼干榫片

隐藏方栓的斜角斜接

方栓

插片斜角斜接

插片

托榫斜角斜接

斜角的锯切

锯切斜角需要很高的精确性。水平和垂直两个方向的任何角度偏差都会在最终的接合面留下缝隙。大多数斜角斜接都是平分 90° 的，因此接合件的两个斜角都要锯切为 45°。其他斜角斜接也需要平分设定的角度，简单来说就是，斜角斜接的角度总是最终接合角度的一半。

使用手锯精确锯切斜角需要大量练习。

锯切装饰部件时，要从装饰面切入而不是切出，否则会造成装饰面撕裂，影响美观。

可以凭借目测使用夹背锯手工锯切斜角，也可以配合木工常用的斜切辅锯箱进行锯切，但总的来说，手工锯切基本都需要对部件进行修整，否则斜角很难匹配。使用斜切辅锯箱锯切装饰件时，一定要从装饰面切入而不是切出，以免撕裂装饰面，影响装饰效果。锯切方向同样与使用的手锯有关，欧式锯需要前推完成锯切，而日式锯需要后拉进行锯切。

斜切锯或复合斜切锯按照设定角度重复锯切的效果更好。对于较长的平板框架，要确保锯切时为其提供良好的支撑，同时设置好限位块方便重复锯切。

在没有斜切锯的情况下，可以使用台锯进行锯切。不过，定角规并不能沿台锯台面滑槽精确运动，因为定角规与滑槽的匹配往往过于松散。不过，通过安装带有嵌入件的定角规滑条可以解

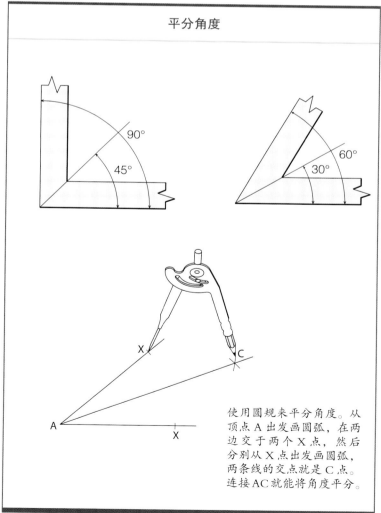

平分角度

使用圆规来平分角度。从顶点 A 出发画圆弧，在两边交于两个 X 点，然后分别从 X 点出发画圆弧，两条线的交点就是 C 点。连接 AC 就能将角度平分。

决这个问题。设置定角规的靠山，使锯切时锯片能将部件顶到靠山的角度，这样操作更安全，即使锯切出的面可能不是那么整齐。因为这样的爬坡式锯切比较费力，所以锯切面会有些毛糙，把角度反过来使部件顶住锯片锯切的话，锯切面会比较整齐，但部件被拉向锯片，手指暴露在锯片前的风险会大增。

小贴士

可以在靠山上用双面胶粘贴一片砂纸来防止部件滑动。

使用相框夹具是在台锯上锯切斜接斜角的最佳方式。这个夹具运用了最简单的几何学概念：直角。在一块胶合板上锯切出直角，然后将其安装到另一块装有滑条的木板上，并让直角的顶角正对锯片，使两条直角边都与锯片成45°，分别用这两条边作为靠山锯切配对部件，就能接合得到最终的90°角。即使这两个靠山与锯片的夹角稍稍偏离45°，但只要两角之和为90°，锯切

后配对部件的斜角还是90°。只要记住，分别用相框夹具的两侧靠山来锯切配对部件的斜角就可以了。

使用相框夹具时，平板框架部件不能太厚或者用大面顶住靠山进行锯切，因为相框夹具自身厚度的关系，锯片从相框夹具上露出的高度是有限的。但总的来说，这种夹具靠山能够精确引导锯切，并且它有两个滑条在导轨中滑动，大大减少了相框夹具的晃动，可以极大地提高斜角的锯切质量。使用径切木材来制作滑条，可以最大限度地减少木材形变的影响。

► 参阅第89~90页"斜面斜接件的制作"了解更多加工技巧。

设置定角规的角度。使锯片将部件推到靠山上。

相框夹具靠山的两条边必须彼此垂直，这样才能保证切出的部件角度互为余角。

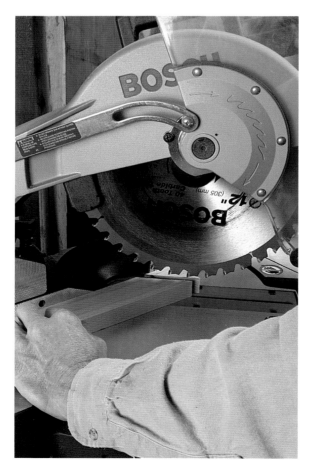

复合斜切锯可以准确完成斜角的重复锯切。

在相框夹具上设置限位块进行锯切，以获得长度相同的部件。

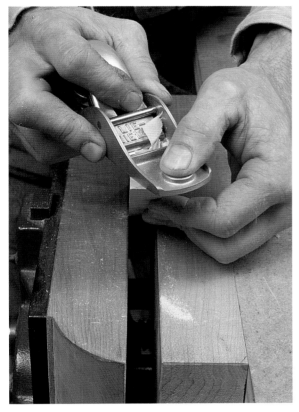

用短刨对斜角进行修整时要轻轻刨削。

修整斜角

大多数的斜角锯切完成后都需要做一些修整，才能实现无缝接合。如果你的短刨经过了精心调试且刨刃研磨锋利，可以用它轻轻刨削几次将斜角修整整齐。也可以使用台刨配合斜角刨削台进行修整。

用斜角刨削台来修整手锯切出的斜角。

使用斜角修整器是另一种可选的工作方式。这种断头台式的工具利用杠杆原理完成切削，即使最坚硬的木料也不在话下。使用斜角修整器时需要对它做一些设置和微调才能获得最佳结果，这会花一些时间，但可以获得玻璃般光滑的切面，让你享受修整这项工作。

圆盘砂光机也可以高效地完成斜角的修整。使用一个单滑条的相框夹具固定好部件，用砂碟进行打磨。分别用相框夹具的两侧靠山来加工两个配对部件。需要注意，研磨总是使用砂碟的左半部分，这样才能将部件下压平贴在台面上。这一切的前提是确保砂碟与台面互相垂直。

斜角斜接的加固

斜角斜接经过加固后会更牢固。斜角斜接并没有很高的强度，因为它们本质上只是外观稍好一点的对接接合。对接斜角斜接的接合面正好介于长纹理面和端面之间，并不是很好的胶合面。通过加入钉子、无头钉或者销子这样的紧固件，可以轻松地将平板框架部件接合在一起并提高其接合强度。

隐藏式紧固件，比如共轭连接件或者螺栓，可以在平板框架背面将较大的斜角固定在一起。还有更简单且强度更高的方法。饼干榫加固的斜角斜接胶合效果极好。圆木榫也可以用来加固斜角斜接，但准确对齐需要较高的技术。

在斜角斜接中使用方栓可以提供更多的胶合面，以及漂亮的装饰效果。方栓要在胶合前切割到位。可以用与平板框架部件颜色对比鲜明的木料制作方栓，或者用销钉销住方栓来表明方栓的存在。方栓同样有助于胶合操作，因为它们可以防止接合件在胶合时滑动散开。制作出好用且美观的方栓，要按照厚度和长度尺寸精确切割。

插片槽是在斜角斜接部件胶合在一起后加工出来的。可以使用台锯锯切插片槽，或者用电木铣制作插片槽。横向于接缝锯切暴露出的是长纹理面，能与插片进行良好的胶合。在接合区域嵌入插片不仅能够加固斜角斜接，同时可以让框架看起来更美观。

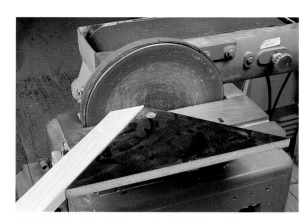

用砂碟的左半部分进行研磨，将部件压在台面上。

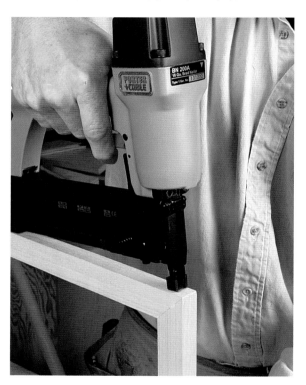

将无头钉钉入斜接面能快速固定斜接部件。

将斜角修整器的靠山精确设置到 45°，确保部件不会在操作时滑动。

在斜角接合的接面上加入饼干榫能够增加长纹理对长纹理的胶合面。

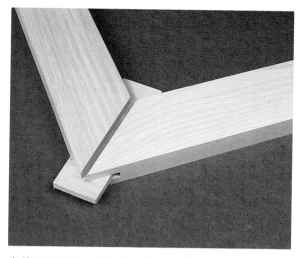

方栓可以连接和加固斜角斜接，增加长纹理对长纹理的胶合面。方栓的纹理方向与部件的纹理方向一致才能获得最佳接合强度。

使用销钉销住的方栓不仅可以增加斜角斜接的强度，而且更美观。

横跨斜角斜接接缝的插片不仅可以锁定接合，而且增加了设计细节。

插片斜角斜接

普通插片的斜角斜接

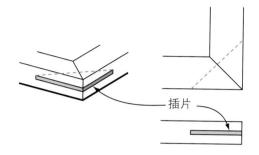

插片

正面插片的斜角斜接

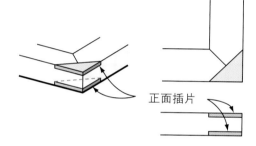

正面插片

燕尾形插片的斜角斜接

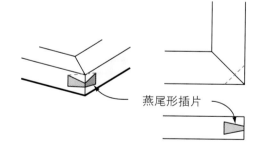

燕尾形插片

蝴蝶榫斜角斜接

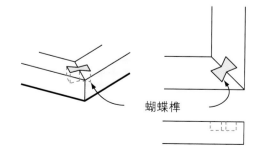

蝴蝶榫

这种正面插片是可见的，并且强度不错。

斜角斜接的胶合

斜角斜接的胶合有一个特点，就是胶合面容易吸收胶水。部件的端面孔隙虽然会被以一定角度切断，但它们仍会吸收胶水，并可能导致胶合面缺胶。你可以涂抹过量的胶水来解决这个问题，但这样会很混乱且没有必要。可以先在胶合面涂抹一层胶水来填充端面孔隙封闭胶合面，保证后续的胶合过程不会缺胶。

在胶合前确定夹紧方式。带夹可以为平板框架接合提供合适的压力。也可以制作一些垫块来帮助夹紧平板框架和分散压力。用废木料锯切出小斜角，并将垫块夹持到平板框架上。确保木工夹的把手彼此远离，互不干扰，并且夹紧时垫块不会滑动。分散均匀的压力应该可以将垫块固定到位，不过也可以在垫块表面粘贴砂纸增加摩擦力，防止垫块滑动。

➤ 参阅第 92 页"斜面的胶合"。

对斜角斜接的接合面涂胶封闭能在正式胶合时保持胶合面留有足够的木工胶。

带夹能够为平板框架的斜角斜接施加均衡的压力。

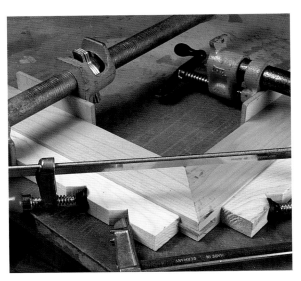

使用垫块能够横跨接缝施加均匀的压力。

对接斜角斜接

对接斜角斜接

　　使用组合角尺在部件上标记出 45° 斜角线。画线时将组合角尺的 45° 边紧贴部件边缘。为了在锯切时有更多的辅助线方便观察，可以将斜角线垂直于画线平面延伸到部件边缘（图 A）。

　　使用手锯锯切斜角，要记住，锯切包含两个方向的切割：成角度横跨部件的方向和竖直向下（图 B）。练习有助于在操作时获得更好的结果。斜切辅锯箱是用来粗切斜角的老式工具。木匠会用它们来完成修整工作。使用时将锯片插入 45° 的槽进行锯切（图 C）。

　　也可以使用短刨轻轻刨削斜角接合面进行修整。如果你小心操作，且短刨经过了精细调试，刨刃足够锋利，修整操作可以很快完成。确保短刨底面平贴部件表面进行刨削（图 D）。

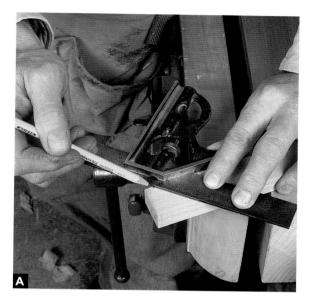

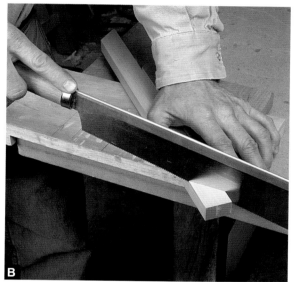

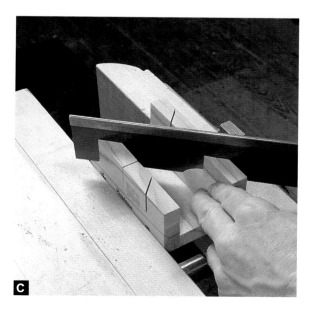

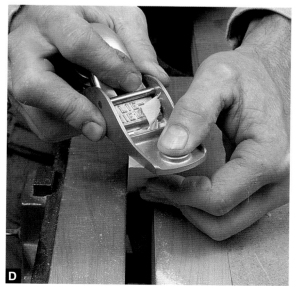

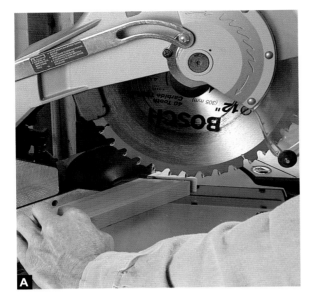

使用钉子加固的对接斜角斜接

简易的平板框架可以用钉子或无头钉横跨接缝钉入进行加固。使用手锯或复合斜切锯锯切出斜角后（图A），胶合平板框架，并用带夹或斜接夹夹持固定。静置过夜，待胶水凝固后，就可以钉入钉子加固接合了。

非常硬的木料需要预先钻取引导孔，以免木料开裂。用铁锤钉钉子时，要将平板框架支撑固定在木工桌桌腿的正上方，通过桌腿吸收铁锤敲击时的震动（图B）。无头钉同样可以用来销紧对接斜角斜接。可以在部件的同一侧钉入多颗无头钉，这样钉入的无头钉之间不会相互影响。要确保正确瞄准和正确的钉入角度，让无头钉相对于平板框架厚度居中。钉入无头钉时要避开部件上的木节，并保证手指远离接合区域（图C）。

最后，用冲钉器将钉头敲到木料表面之下，用腻子填补钉眼后，再进行表面处理（图D）。

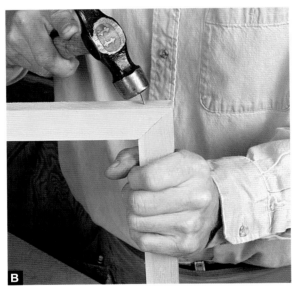

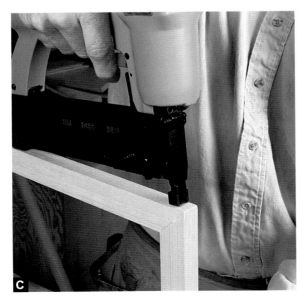

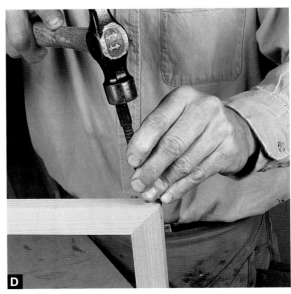

饼干榫斜角斜接

饼干榫斜角斜接

横跨接缝加入饼干榫可以加固斜角斜接的强度。为了保持饼干榫隐藏在内，饼干榫片的长度要比接缝的长度短。饼干榫插槽开在长纹理面上，所以饼干榫能够提供良好的胶合效果。

首先在平板框架表面标记出饼干榫的位置（图 A）。然后分别在两个部件上开插槽，使其相对于部件的厚度居中。如果插槽没有完全居中，只要在开槽时保证配对部件的参考面一致，最终还是能让插槽对齐的。稳稳握持饼干榫机，将靠山平贴接合面开槽（图 B）。

在插槽中涂抹足量的胶水，插入饼干榫片，使其吸湿膨胀将接合件牢牢锁定。记住，要在胶合饼干榫片前对斜角斜接的接合面进行涂胶封闭（图 C）。准备好木工夹，组装部件（图 D）。

方栓斜角斜接

使用电木铣台制作方栓斜角斜接件

要使用方栓，需要沿斜角接合面的长度方向开槽。方栓的纹理方向应与框架部件的纹理方向匹配，这样它们的收缩方向才能保持一致。方栓可以用与框架颜色对比鲜明的木料制作，也可以使用与框架相同的木料制作，但要记住，方栓在外观上是可见的，因为它露出的部分具有部分端面属性（端面颜色较深，特别是在表面处理之后）。

可以使用电木铣台来制作不太深的方栓插槽。根据方栓的厚度（插槽的宽度）选择合适的直边铣头（图 A）。在平板框架部件上测量并标记出方栓的位置，并尽可能地将其定位在部件厚度的中心。如果部件较厚，可以使用双方栓，但要将它们均匀分散在接合面上（图 B）。

可以用方栓斜切夹具切割方栓插槽（图 C）。

A

B

将部件放到夹具上,然后设置电木铣台靠山,将部件上的标记与铣头对齐后,用木工夹牢牢固定电木铣台靠山(图D)。如果要加工较深的插槽,不要妄想一次铣削到位,而要通过多次渐进式铣削得到最终深度。铣削时可以用木工夹将部件固定在斜切夹具上,或者用手将部件稳固保持在斜切夹具中,多次进料,渐进铣削(图E)。在第二次进料时,可以在斜切夹具上固定第二靠山(与第一个靠山对称分布)。第二靠山主要用于加工具有相同基准面的部件。通过这样的设置,即使插槽没有相对部件厚度正好居中,也可以保证配对部件的插槽互相对齐(图F)。

变式方法

也可以在电木铣台上安装开槽铣头来加工方栓插槽。使用零间隙靠山,只露出铣削插槽所需的铣头部分(图V)。将多个部件叠放在一起同时进行铣削,并使用垫板为部件提供支撑。记住,部件要参考相同的基准面放在台面上。

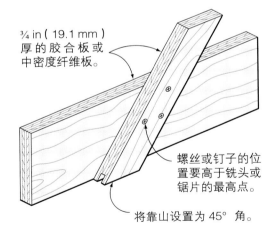

¾ in(19.1 mm)厚的胶合板或中密度纤维板。

螺丝或钉子的位置要高于铣头或锯片的最高点。

将靠山设置为45°角。

C

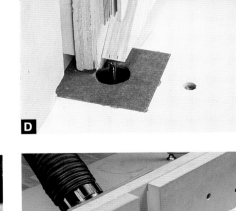

D

E

F

V

使用台锯制作方栓斜角斜接

　　用台锯为斜角斜接件锯切方栓时，锯片高度要设置的与插槽深度相同。设置靠山，使锯片与部件上的插槽标记对齐，同时把部件放在斜切夹具上一起顶住靠山。图中展示的是使用常规锯片锯切的一条 ⅛ in（3.2 mm）宽的插槽（图 A）。使用窄锯缝锯片可以锯切出宽度均匀的小尺寸方栓插槽。

　　根据插槽的全深度设置锯片高度（图 B）。以中等速度完成第一次进料（图 C）。进料速度过慢会灼烧木料。

　　然后用部件顶住夹具的第二靠山，完成另一端插槽的锯切。锯切时将部件用木工夹固定，或者用手扶住部件牢牢顶紧靠山（图 D）。

A

B

C

D

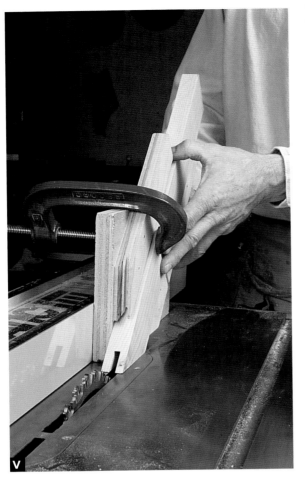

变式方法

　　锯切较宽的方栓插槽时可以使用开槽锯片。将平板框架部件用木工夹固定。为了避免撕裂部件边缘，可以使用垫板支撑部件（图 V），或者在部件边缘用划线规先行划刻。

　　用木销销住方栓不仅可以提高接合强度，还使作品更加美观。在胶合完成后，用台钻配合开孔钻头钻穿方栓，然后将涂抹胶水的木销锤入孔中，并用凿子将木销的凸出部分修平（图 E）。

➤ **参阅第 43 页"制作装饰性木塞"。**

使用多轴铣削机制作隐藏方栓斜角斜接

　　多轴铣削机或者其他水平安装的电木铣可以出色地完成为隐藏方栓斜角斜接件铣削方栓插槽的任务。

　　在电木铣上安装正确尺寸的铣头来加工插槽（图 A）。在水平台面上固定一个锯切出 45° 面的靠山，或者用台面自带的限位块来定位部件，使其斜角接合面正对铣头。将部件牢牢固定，使其在铣削过程中不会移动（图 B）。接下来，根据插槽长度设置铣头的横向行程（其实是部件行程，加工时铣头是固定的，移动的是部件）。要设置限位块来限定插槽的两端（图 C）。然后设置铣削深度，先将铣头与部件接触确定零位置，再设置铣削深度。最后完成所有部件的铣削。如果铣削位置没有正好相对于部件厚度居中，则需要为配对部件设置互补式铣削（图 D）。

接下来切割方栓。先用带锯粗切出方栓木条，然后用台锯将木条锯切到所需的厚度和宽度。需要注意，方栓的厚度与插槽的宽度一致，方栓的长度对应方栓木条的宽度。因此方栓很薄，最好制作成长条进行锯切（图 E）。

➤ **参阅第 196 页"方栓的制作"。**

将方栓的边缘倒圆，与插槽的两端圆角对应。为电木铣台安装圆角铣头，并设置好铣削深度，为方栓边缘倒圆（图 F）。如果没有与插槽对应的圆角铣头，可以将方栓加工得稍窄一些，并对边缘进行倒棱。横切方栓得到方栓，将方栓涂抹胶水后插入一侧插槽中，然后检查其宽度与两侧插槽的深度是否匹配。如果没有问题，就可以将方栓与斜角斜接件胶合在一起了（图 G）。

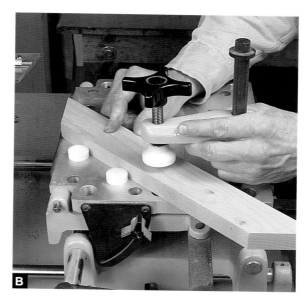

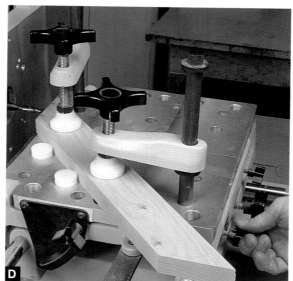

F

G

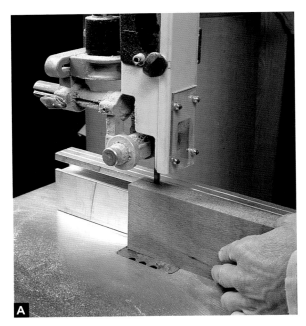

A

方栓的制作

　　方栓可以使用与平板框架相同的木料制作，也可以使用与平板框架木料颜色对比鲜明的木料制作。需要记住，方栓的纹理方向应与平板框架的纹理方向一致。这样所有木料可以同步收缩。

　　首先，用带锯粗切出宽度与插槽长度一致的方栓木条（图 A）。然后用台锯修整方栓，使其厚度等于或稍大于插槽的宽度。使用推料板进料。方栓的厚度可以稍厚一些，这样便于稍后用手工刨刨削掉锯切痕迹（图 B）。最后用台锯或带锯横切方栓，将得到准确尺寸的方栓（图 C）。

> ⚠ **警告**
> 　　当横切方栓这样较小的部件时，会出现部件卡在锯片和限位块之间的情况。因此要将其固定住，以免发生回抛。可以用铅笔而不是手指来压住它。

B

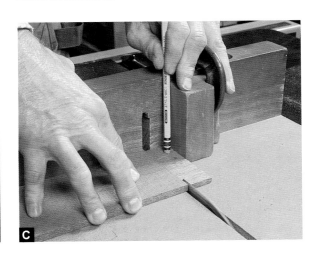

C

托榫斜角斜接

托榫斜角斜接

托榫斜角斜接更像普通的榫卯接合而不是斜角斜接，但从外观上看它还是斜角斜接。两个接合部件的切割方式是不同的。将一个部件的端面锯切出斜角，将另一个部件的端面横切方正。图A中部件上的铅笔线区域代表将要切掉的部分。你需要在斜角部件上切割出一个直角插槽，在方正部件上加工出两个斜角榫肩，同时得到榫头。

在台锯上安装开槽锯片，配合开榫夹具锯切插槽。斜角部件在锯切时应竖直放置，用木工夹固定在开榫夹具上。设置锯片高度，使最高点与插槽底部标记线平齐。锯切出所有插槽（图B）。

使用斜切夹具为方正部件锯切榫头和榫肩。设置锯片高度，使最高点与肩线平齐（图C）。先用斜切夹具锯切出榫头的第一个颊面。然后保持设置，完成所有方正部件的锯切（图D）。

重新设置台锯的靠山，然后锯切第二个颊面。由于此时靠山距离锯片很近，所以可以在夹具和部件之间夹上垫片，将部件从夹具表面推开一点，从而避免锯切时锯片损伤夹具（图E）。

变式方法

除了用斜切夹具锯切榫头，还可以使用定角规配合开槽锯片完成锯切（图V）。将部件平放并固定在定角规的靠山上，通过多次锯切加工出榫头的颊面。

干接，只用手将部件接合在一起。完成组装后，用木工夹横跨接缝夹紧表面进行固定（图F）。

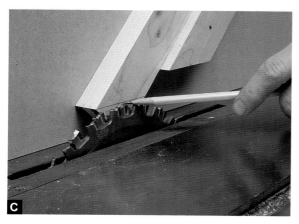

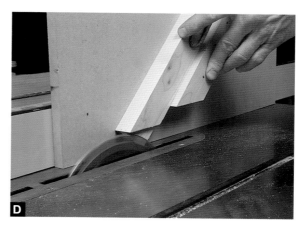

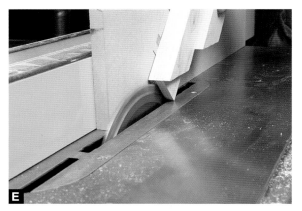

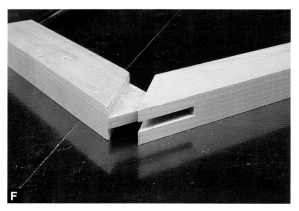

插片斜角斜接

普通插片斜角斜接

在制作插片斜角斜接时，要在平板框架完成胶合后再制作插槽（图 A）。胶合完成后，先用手工刨、刮刀或砂纸将平板框架表面修整平滑，然后标记插片的位置和尺寸。标记时可以将平板框架固定在台钳中（图 B）。

可以在电木铣台上安装直边铣头来铣削插槽，这样可以得到平整的插槽底部。进料时用斜切夹具支撑平板框架。按照插槽的全深度设置铣头高度，但不要试图一次铣削到全深度，需要通过多次渐进式铣削完成插槽加工。第一次铣削时可以将平板框架用木工夹或者用手固定得稍高一些，然后每完成一次铣削就将平板框架放低一点，逐渐增加铣削深度。每铣削出一个插槽，旋转平板框架，继续加工下一个边角（图 C）。

变式方法

如果需要为较宽的平板框架制作更深的插槽，可以使用台锯搭配斜切夹具进行加工（图 V）。锯切时需要将框架和夹具一起紧紧顶住靠山。

用带锯加工插片木条，先粗切出木条的宽度和厚度。使用与平板框架木料颜色对比鲜明的木料可以为平板框架增加亮眼的设计元素（图 D）。

用台锯将插片木条锯切到所需的厚度，使用推料板完成进料（图 E）。插片木条的宽度可以稍宽一些，这样锯切出的插片长度也会稍长一些。无须担心插片的长度，因为在将插片胶合到平板框架插槽后，插片超出的部分会被切掉。

在挡头木上用短刨将插片刨削到最终尺寸。短刨较为小巧，能够胜任这个任务。刨削时在要刨削的插片后面再放一块插片，用来支撑短刨的底座（图 F）。当插片可以用手安装到插槽中且能够紧贴插槽时，就可以进行胶合了。确保插片能够一直插到插槽底部，一定要进行确认，不能看到胶水被挤出就认为插到底了，只有插片外缘与插口两侧边角平齐才可以（图 G）。待胶水凝固，用带锯锯切掉插片超出框架的部分，然后用手工刨或砂纸将插片两端修整平齐（图 H）。

小贴士

修整插片时，要让手工刨从边角出发进行刨削，反方向刨削的话，可能会把插片插中扯出。

C

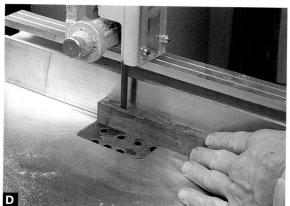

D

E

F

G

燕尾形插片斜角斜接

为燕尾形插片制作插槽的方法与制作普通插槽是相同的，只是用燕尾榫铣头代替了直边铣头。为减少燕尾榫铣头的磨损，可以先用直边铣头去除大部分废木料。也可以先用台锯锯切掉部分废木料（图 A）。如果直边铣头的中轴与框架部件的厚度中心对齐，那么更换燕尾榫铣头后无须重新设置靠山。如果没有对齐，那就需要在安装并设置好燕尾榫铣头后，配合斜切夹具调整靠山位置。设置完成后就可以铣削燕尾槽了（图 B）。

使用相同的燕尾榫铣头制作燕尾形插片。首先锯切出一些宽度比燕尾形铣头稍大的木条。确保木条的高度（即插片厚度）尺寸稍大一些，这样就可以留出余量来顶住靠山。让铣头从靠山中露出一部分进行第一次铣削，然后进行第二次铣削，并检查插片与插槽的匹配情况。如果燕尾形插片能与插槽紧密匹配，铣削就完成了（图 C）。

表面插片的斜角斜接

　　表面插片的斜角斜接的使用可能源自一次偶然的失误，因为靠山的错误设置导致接合表面被切掉，但最终的结果还不错，因此一种强化斜角斜接的新方法诞生了。表面插片槽的锯切与普通插片槽的锯切基本相同，只是锯切的位置在平板框架的表面。

　　在平板框架的4个角的两面都锯切出插片槽。根据插片槽的全深度设置锯片高度（图A）。锯切完正面后，只需将平板框架翻面，使用斜切夹具再次锯切（图B）。

　　首先用带锯粗切出插片木条，再用台锯对其进行修整。插片木条的厚度要比插片槽深度稍大一点，以便于用木工夹进行固定（图C）。

　　同时将两面的插片胶合到平板框架上，确保它们都直达插片槽的底部。用木工夹将插片从表面夹紧（图D）。最后将它们修整到与框架的表面和边缘平齐（图E）。

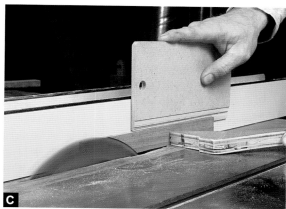

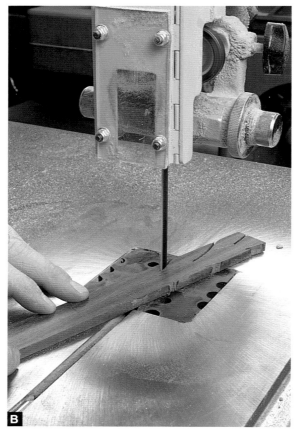

蝴蝶榫斜角斜接

在平板框架胶合完成后，横跨接缝嵌入蝴蝶榫，既可以强化斜接接合，同时提升了框架的美观度。可以先在接合区域内部用隐藏方栓或饼干榫强化接合。蝴蝶榫木条要比最终的蝴蝶榫更宽、更厚。用卡纸或木板制作一个蝴蝶榫的模板，用来在蝴蝶榫木条上进行标记（图A）。

用带锯粗切出蝴蝶榫的形状，尽可能地靠近画线锯切，同时将蝴蝶榫锯切到所需长度。如果你的带锯可以正负角度倾斜台面，那最好设置为5°的斜切（图B）。然后用一把锋利的凿子修整蝴蝶榫的外形。可以把蝴蝶榫放到挡头木上或者固定在台钳中进行修整，注意保持手指位于刀口后面。蝴蝶榫修整好后，将它的边缘合端面都处理成5°斜面。这样蝴蝶榫的一面相比另一面稍小一些，便于嵌入（图C）。

从平板框架的边角测量并定位蝴蝶榫插槽，然后将蝴蝶榫紧紧按压在平板框架表面，较小的面朝下，用划线刀沿蝴蝶榫的底部画线。这样在将蝴蝶榫嵌入插槽中时，稍大的顶面可以掩盖修整插槽时留下的任何瑕疵。记得为平板框架四角的每组标记线与对应的蝴蝶榫编号配对（图D）。

用铅笔沿标记线加深线条，使标记线更容易被看到。然后在电木铣上安装一个小直径的直边铣头，将铣削深度设置得稍小于蝴蝶榫的厚度。接下来靠近标记线徒手铣削。逆时针铣削，这样的顺铣会将铣头从部件表面推开，使铣头不容易碰到标记线，从而更容易控制铣削过程，但要记住，每次的铣削量不要过大（图 E）。

接下来，用凿子沿划刻的标记线进行清理。垂直向下切入框架中，但要小心处理镶嵌区域的尖角。因为如果凿切过深，凿子的刃口斜面会损伤尖角的另一侧。尖角部分应尽量用凿子带角度凿切（图 F）。

单独测试每个蝴蝶榫的匹配情况，直到它们都能插入插槽底部。然后在插槽的底部和侧壁涂抹胶水，并用铁锤将蝴蝶榫敲入到位（图 G）。也可以用木工夹来夹持蝴蝶榫，保证它们完全嵌入。待胶水凝固，用手工刨将高出框架表面的蝴蝶榫部分刨平（图 H）。

E

F

G

H

第 12 章
搭接接合和托榫接合

当中等接合强度足以满足框架结构的设计要求时，可以使用搭接接合制作平板框架。由于搭接接头通常只包含一个平直的榫肩和切掉一半厚度后露出的一个平整的颊面，因此很容易使用各种工具进行制作。这种接合的匹配同样比较简单，因为两个部件都很容易修整，而且只需将两个平面彼此贴合，不需要进行更精细的调整。

这种接合结构有大量的长纹理对长纹理的胶合面，其榫肩也可以在一定程度对抗木材形变，但搭接接合对扭曲的抗性不足，因此需要使用木销或螺丝来强化接合。搭接接合主要用于较窄的部件，以避免木材形变带来的问题。相框、镜框和其他一些简单的平板框架都可以使用搭接接合。如果在较宽的部件上使用搭接接合，那么必须使用螺丝或木销进行加固。但即使进行了加固，由于部件较宽所带来的木材形变问题还是会影响接合强度。在这种情况下，使用形变量较小的胶水，比如黄色的聚醋酸乙烯酯（PVA）胶就是一个好主意。

因为搭接接合会暴露较多的端面纹理和胶合线，因此这种接合并不适合在户外环境中使用。如果非要在户外使用搭接接合，可以使用环氧树脂胶进行胶合。

搭接接合的一个显著优点是，它的接合件容易塑形，以匹配曲线形或带有装饰设计的框架。

托榫接合件中有两个分居两侧的榫头，这样看来它更像是榫卯接合而非搭接接合。如果托榫接合出现在框架的转角处，那么它们更像是槽式的榫卯接合。托榫接合能够提供良好的胶合面，但因其在框架的两个侧面都是贯通可见的，造成它们对抗推拉的能力较弱。同时因为托榫接合件有大量端面纹理暴露在外，部件很容易吸水和失水，导致部件的接合强度因木材形变而受到影响，但在使用木销加固后，托榫接合的强度还是不错的。

托榫接合在长纹理面和端面颜色反差较大的木料上使用时效果很好，并且很适合进行造型和装饰加工。托榫接合件的匹配可以通过用手工刨沿长纹理边缘稍加修整轻松获得。托榫接合也可以在箱体框架上使用，从底部为长横撑提供结构性支撑。

搭接接合件可以快速制作出来，并能提供中等的接合强度。这种接合件还易于塑形，就像图中的这个镜框。

半搭接接合

平面转角半搭接接合

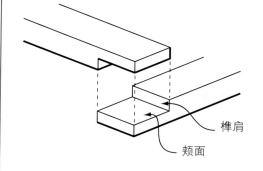

榫肩

颊面

斜半搭接接合

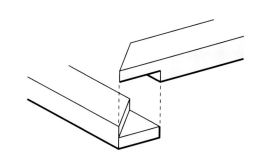

T 字形半搭接接合

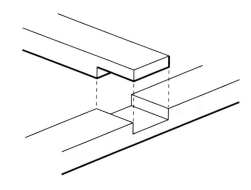

十字形半搭接接合

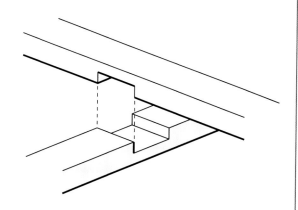

燕尾式半搭接接合

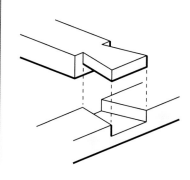

单肩燕尾式半搭接接合

立体转角半搭接接合

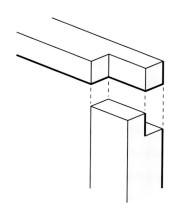

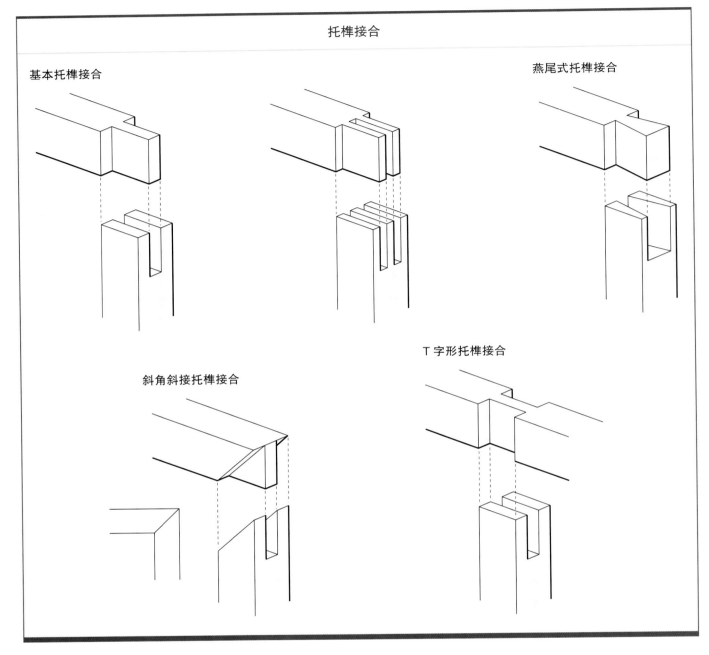

托榫接合

基本托榫接合

燕尾式托榫接合

斜角斜接托榫接合

T 字形托榫接合

托榫接合会在接合区域的顶面和侧面露出端面。

半嵌套接合是在部件的宽度方向上加工得到的。简单的半嵌套接合很适合箱体内部的隔板或者交叉的窗格部件。抗扭箱结构就是依靠半嵌套接合构建的内部的结构性箱体框架。但是因为半嵌套接合没有榫肩部分来对抗扭曲，所以如果在较宽的部件上使用半嵌套接合，会很容易导致部件沿长纹木面开裂。如果接合区域容易受到外力冲击，那么最好使用这种接合的强化版本，使其能够更长久地保持紧密匹配状态。

制作方法

由于大多数搭接接合件和托榫接合件都具有简单的平直榫肩，因此可以使用各种锯片和电木铣铣头，或者两者的组合进行制作。你可以根据预期的加工速度、制作精度、可重复性和噪声大小来选择合适的方法。虽说任何手锯都可以完成榫肩和颊面的锯切，但使用横切锯齿的夹背锯来加工榫肩，使用纵切锯来加工颊面，可以获得最佳结果。这些手锯的锯齿都是专门设计用来完成上述操作的。

显而易见，台锯是制作平直的颊面和榫肩的理想工具。但还有多种电动锯可以完成这些锯切操作，包括带锯、滑动复合斜切锯、摇臂锯，甚至手持式电圆锯。只要勤加练习，反复验证设置，就能在实际操作时获得正确的锯切深度。

在更精细的操作中，接合件的外观效果会变得很重要，此时可以使用电木铣加工出完美匹配的颊面。

有一个步骤可以在使用上述的任意方法时加快部件的制作和组装速度，即只要条件允许，先用带锯快速地完成两次粗切。这样做的意义在于：第一，通过去除大量的废木料使后续的铣削或锯切操作加快；第二，使加工过程更安全，因为大量木料被去除，用台锯锯切时不会出现回抛；第三，也是最重要的一点，你可以利用带锯锯切下来的废木料帮助夹持接合件，这样就不会出现木工夹损伤部件表面的问题。

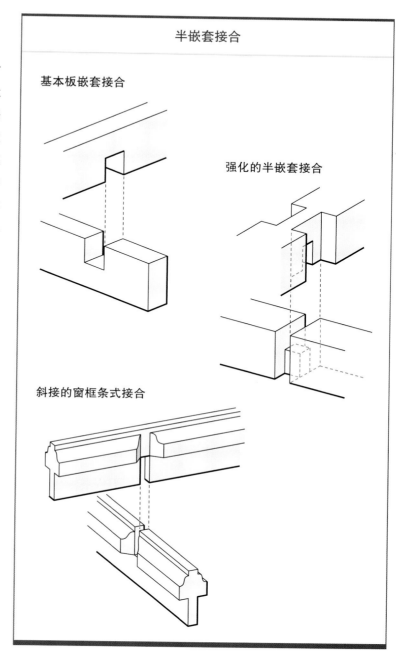

半嵌套接合

基本板嵌套接合

强化的半嵌套接合

斜接的窗框条式接合

因为缺少榫肩带来的强化作用，半嵌套接合件很容易出现开裂。

颊面的锯切最好使用纵切锯完成，榫肩的锯切最好使用横切锯齿的夹背锯来完成。

在带锯上设置靠山，粗切出部件的颊面和榫肩。

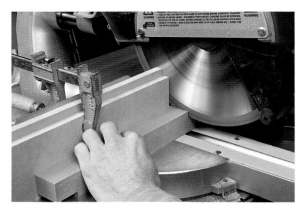

使用一台滑动复合斜切锯完成托榫接合件或搭接接合件的锯切。通过多次锯切，最终可以移除废木料得到颊面。使用一个限位块来引导榫肩的锯切。

在模板的帮助下，可以用修边铣头完成转角搭接接合件的加工。

接合件的匹配

为了让操作更简单，可以将基本搭接接合中的两个部件的颊面加工得完全一样。仔细布局和画线，并让接合件组装到一起后长纹理面稍微凸出一些。这样能让夹持变得更简单，尤其是对于托榫接合，效果会更好，因为压力可以直接作用在接头上，无须再专门制作垫块分散压力。长纹

当接合件的长纹理面稍微凸出一些时，夹持和清理操作会变得很简单。

理面的修整也要比难处理的端面更容易。最后，相比修整横撑的顶面，修整桌腿的顶面对作品最终高度造成的影响也会变小。

夹持

因为转角搭接接合件很容易切割，所以当你看到接合件在胶合时所需要的木工夹数量时，你会很吃惊。胶合操作需要如此多的木工夹是因为，需要在三个方向上拉近接合件将其组装在一起。这种夹持模式在胶合托榫接合件时也是适用的，从而确保接合区域紧密匹配且美观。

要把转角搭接接合件组装在一起，这些木工夹都是必需的。

转角半搭接接合

手工制作转角半搭接接合件

　　手工制作转角半搭接接合件时，第一步是用划线规在部件的内外表面和两侧边缘画线。可以用铅笔加深画线使它们更清晰。设置划线规，使设定尺寸比部件厚度稍小一些（图 A）。然后用一把直角尺帮助设置直边靠山，辅助锯切榫肩。最后检查靠山两侧，确保其固定到位（图 B）。

　　用横切锯紧紧顶住靠山，沿榫肩线垂直向下锯切，直到两侧的画线处。可以在锯片上粘贴遮蔽胶带标记锯切深度。操作时要保证锯片紧贴靠山垂直向下锯切（图 C）。然后将部件竖起固定到台钳中锯切颊面。使用纵切锯能获得最佳结果。当然，也可以用横切锯齿锯完成锯切，但需要耗费更长的时间。在加工较宽的部件时，夹背锯可能因锯片较窄而不能一次性完成颊面的全深度锯切，可以用普通横切锯帮助完成锯切（图 D）。

　　最后，可以用牛鼻刨、榫肩刨或者宽凿来清理完成锯切的颊面。要确保最后得到的颊面平整无起伏（图 E）。

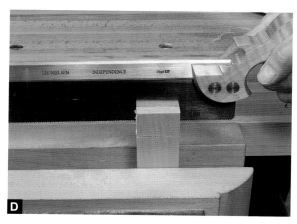

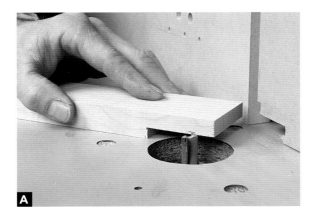

使用电木铣台制作转角半搭接接合件

使用安装有宽铣头的电木铣台，可以快速完成半搭接接合件的加工。铣头高度要设置得比部件厚度的一半尺寸稍小一点。先用带锯进行粗切，这样就能将铣头设置到最终高度（图 A）。将靠山设置到可以铣削出榫肩的位置，可以用一个部件提供引导。最终将靠山与铣头的距离设定为比部件的宽度稍小。具体操作时，将部件边缘紧贴靠山，旋转铣头，使其距离靠山最远的刃口与部件的另一侧边缘对齐（图 B）。

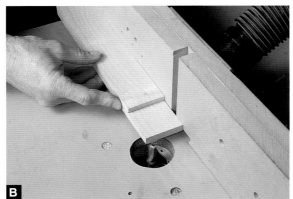

将两个以上的部件边缘对边缘靠在一起，形成一个加工组一起铣削。也可以使用一块垫板与部件并排放置，放置铣头退出的部件边缘出现撕裂。从部件的端面开始铣削，并要全程压住部件。根据铣头的直径，可能需要多次铣削来完成加工（图 C）。最后将部件顶住靠山，完成最终的铣削（图 D）。

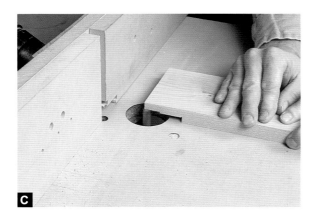

使用台锯制作转角半搭接接合件

首先在部件上标记出榫肩线和锯切深度线（也就是颊面的标记线）。榫肩的宽度应比部件厚度的一半稍小，颊面的长度应比部件的宽度稍小，这样后续的修整和夹持都会简单一些。设置好锯片的高度，并在横切夹具上固定一个限位块，来确定榫肩的锯切位置（图 A）。

通过多次横切来获得颊面，最终切割出榫肩

（图 B）。大多数组合齿锯片在锯切后会在颊面上留下很多细小的沟槽，可以前推横切夹具让部件正好位于锯片的顶部，再前后移动部件进行修整。接下来将部件朝限位块稍微移动一点，重复上述操作，直到整个颊面被清理干净（图 C）。

[变式方法]

可以使用定角规和开槽锯片快速完成搭接接合件的锯切（图 V）。靠山设置在部件端面顶住它时能锯切出榫肩的位置。多次锯切，直到部件顶住靠山，注意保持中等进料速度。

T 字形或十字形半搭接接合

手工制作 T 字形或十字形半搭接接合件

对于 T 字形的半搭接接合件，先按照转角半搭接接合的样式制作垂直部件。

➤ 参阅第 209 页 "手工制作转角半搭接接合件"。

将垂直部件放在水平部件上，用垂直部件的榫肩紧紧顶住水平部件的边缘，然后用划线刀在水平部件上沿垂直部件的轮廓画线（图 A）。接着用铅笔在水平部件的边缘标记锯切深度，使其比部件厚度的一半稍小一点。

对于十字形半搭接接合，将两个部件交叉叠放在一起，并用直角尺确保它们对齐后再进行标记。

用凿子沿标记线凿切出一条刻痕，帮助定位锯片（图 B）。然后向下锯切到所需深度。可以在锯片上粘贴一条遮蔽胶带并用铅笔做标记，用来指示锯切深度。一直向下锯切，直到深度标记线处。确保锯切出的榫肩是平直的。如有需要，可以在部件上固定一块木块作为靠山引导手锯进行锯切（图 C）。

在两侧榫肩之间进行多次接近全深度的锯切，然后用凿子去除废木料。为了避免撕裂部件边缘，应用凿子从部件的两侧边缘向中间进行凿切（图 D）。

平槽刨清理榫槽底部，确保最终获得的底面是平整的（图 E）。

使用手工刨来完成接合区域的最终修整。修整垂直部件的边缘，使部件能够刚好滑入水平部件的榫槽中。这样操作比修整端面更简单。翻转垂直部件，确保其两侧边缘都能与水平部件的榫槽匹配（图 F）。

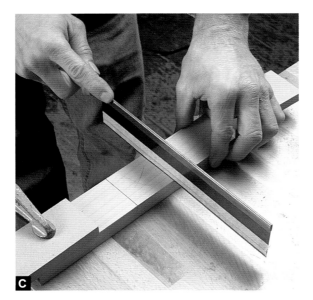

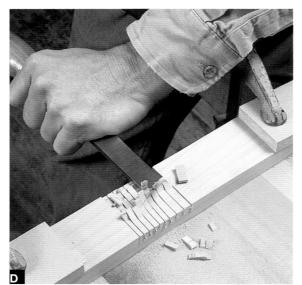

使用台锯制作 T 字形或十字形半搭接接合件

　　制作 T 字形或十字形半搭接接合件时，两个部件的宽度应相同。在十字形半搭接接合的一个部件上标记榫槽宽度，使其比部件宽度稍小一点，同样也将榫槽深度设置得比部件厚度的一半稍小一点。在横切夹具上固定两个限位块，用来指示榫槽两侧的榫肩位置（图 A）。

　　进行多次锯切得到榫槽。然后将横切夹具前推，让部件正好位于锯片上方，在两个限位块之间前后移动部件进行清理，直到整个榫槽底面整齐平直（图 B）。

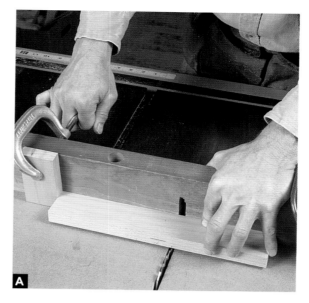

A

➤ 参阅第 210 页 "使用台锯制作转角半搭接接合件"。

| 变式方法 |

　　也可以在台锯上安装开槽锯片进行加工（图 V）。操作时要以中等速度进料。

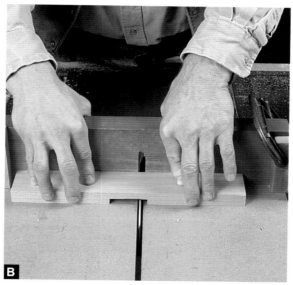

B

　　用手工刨修整十字形半搭接接合件的边缘，使其宽度与榫槽匹配。翻转一个部件，使其榫槽朝上，用其两侧边缘来检查接合件是否匹配到位（图 C）。

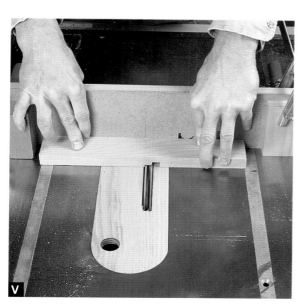

V

C

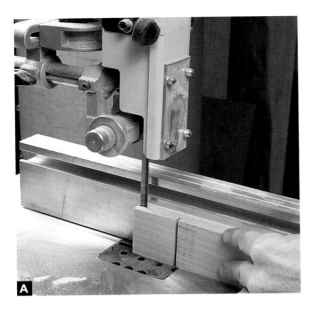

燕尾式搭接接合

燕尾式搭接接合

制作燕尾式搭接接合件，第一步是在台锯上将部件的肩部锯切到接近全深度的位置。然后用带锯配合靠山加工颊面（图A）。

变式方法1

用电木铣台加工接头的颊面。先用带锯完成粗切，再用电木铣台完成最后的加工（图V1）。这样可以直接将铣头高度设置为全高度。

接下来，标记出燕尾斜面，并用带锯锯切出斜面。先从部件两侧边缘沿燕尾头的肩线锯切到斜面处，然后再从端面方向沿斜面切下废木料。最后用凿子清理榫肩（图B）。

变式方法2

可以用燕尾榫锯手工锯切出燕尾头的颊面和榫肩（图V2）。

将制作好的燕尾部件放到配对部件上进行标记。用燕尾部件的榫肩紧紧顶住榫槽部件的边缘。可以用木块垫起燕尾部件的另一端，使其燕尾端可以平放在榫槽部件表面（图C）。用台锯粗切出榫槽（图D），然后用手锯锯切出榫槽的榫肩（对应燕尾的斜面）。这样操作能确保得到与燕尾榫头轮廓完全一致的榫槽（图E）。最后用凿子清理榫槽的底面，得到最终深度（图F）。

变式方法3

也可以用安装直边铣头的电木铣来加工榫槽。先徒手铣削，确保不要越过榫肩线。将榫槽底面铣削到一定深度后，用轴承修边铣头配合固定在部件上的靠山铣削出榫肩（图V3）。

斜接转角半搭接接合

使用电木铣制作斜接转角半搭接接合件

使用电木铣制作半搭接接合件，需要首先将一个部件的一端斜切为45°，将配对部件的一端锯切成直角。接下来用一个斜切夹具配合修边铣头铣削直角部件。操作时将斜切夹具固定到位，并调整铣头的铣削深度，完成首次铣削（图A）。铣削时确保铣头轴承一直紧贴夹具（图B）。然后降低铣头高度，让轴承顶住上一步铣削出的边缘进行铣削，最终的铣削深度比部件厚度的一半稍小（图C）。

接下来，将一个直角夹具固定在斜切件的斜角端进行铣削。使用相同的铣头，通过多次铣削得到最终的深度（图D）。

制作这种斜接半搭接接合件，不仅可以获得搭接接合的各种优点和足够的胶合面，还可以直接在接合件的外边缘添加装饰件（图E）。

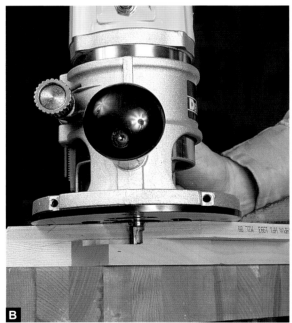

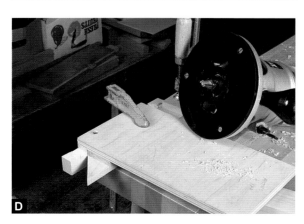

使用台锯制作斜接转角半搭接接合件

　　用台锯制作斜接转角半搭接接合件需要成对锯切。其中的一个部件为具有斜角榫肩的直角端面，另一个部件则为具有直角榫肩的斜角端面。制作这种接合件时要在两个相对部件的两端锯切斜角，在另一对相对部件的两端锯切直角。

➤ **参阅第 183 页 "斜角的锯切"。**

　　先将两个配对部件加工得方正平直，并锯切到所需的长度（图 A）。用定角规辅助台锯锯切出直角榫肩。锯切深度设置为比部件厚度的一半稍小一点，同时设置限位块，使榫肩与斜角顶点的距离比部件宽度稍小一点（图 B）。然后在直角端面加工斜角榫肩。无须改变锯片的设置，限位块要设置在使锯片正对部件端面的一角切入的位置附近（图 C）。

　　接下来锯切颊面。搭配具有 45° 靠山的榫头夹具在直角端面锯切出颊面（图 D）。将斜角端面部件竖起，搭配普通榫头夹锯切出颊面。

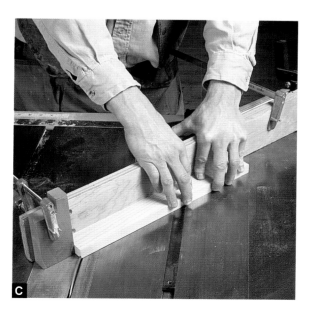

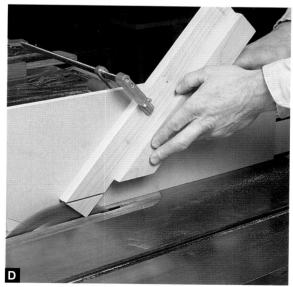

转角托榫接合

手工制作转角托榫接合件

托榫接合，或者叫槽式榫卯接合，通常将插槽宽度设计为部件厚度的 1/3（两侧的榫头则占据另外的 2/3）。我个人比较喜欢稍小一点的榫头，其厚度接近部件厚度的 1/4，但要尽量使插槽的宽度接近凿子的宽度，方便清理废木料。

首先用划线规在部件的两面划刻出插槽的深度线，然后在部件端面用铅笔画出颊面线，并将画线沿两侧边缘垂直延伸到深度线处（图 A）。

使用夹背锯从端面的颊面线垂直向下锯切，保持锯缝始终位于画线的废木料侧（图 B）。然后用凿子沿画线垂直向下凿切，清理插槽的底部。可以从侧面观察凿子是否垂直于部件。最初的几次凿切要非常轻，然后逐渐加大力度，并定期清理废木料。要从部件的两面向中间凿切。也可以对插槽底部稍做底切（图 C）。

通过插槽部件设置组合角尺，来标记配对部件的榫肩。角尺的设置尺寸要比部件宽度稍小一点（图 D）。然后用组合角尺设置靠山，用来引导榫头部件上榫肩的锯切。要确保靠山与部件互相垂直（图 E）。

将榫头部件竖直固定在台钳中，用夹背锯沿颊面画线垂直向下锯切，直到榫肩线处（图 F）。为了制作出的托榫接合件表面平齐，在锯切出第一个颊面后要及时检查两个部件的匹配情况。将第一个颊面贴住插槽部件的外表面，如果插槽的侧面与榫头部件的外表面能够对齐，则表明两者是匹配的。如果插槽侧面相对于榫头部件凸出，可以用手工刨修整颊面进行匹配（图 G）。

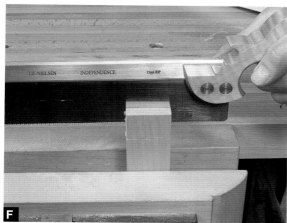

使用台锯制作转角托榫接合件

先对接合件进行标记，让插槽的厚度稍小于部件厚度的 1/3。然后用划线规划刻出插槽的深度线，切断木纤维以免撕裂部件边缘。使用榫头夹具支撑接合件，锯切到接近插槽全深度的位置（图 A）。

小贴士

组合齿锯片不能加工出足够平整的插槽底部，可以用平齿锯片作为替代锯切插槽底部。

锯切多次，直到加工出插槽。为了获得较好的外观，稍后用凿子清理插槽底部（图 B）。

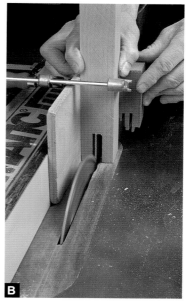

变式方法 1

可以用开槽锯片进行一次或两次锯切加工出插槽（图 V1）。将部件支撑到位，以中等速度进料。利用划刻线或者并排放置的垫板来避免部件边缘撕裂。

加工榫头部件时先锯切榫肩。在横切夹具的靠山上固定限位块，并调整锯片高度，使其稍低于所需高度（图 C）。

变式方法 2

锯切完榫肩后，先用带锯粗切颊面（图 V2），避免后续用台锯锯切时废木料到处抛飞。带锯切下的废木料可以用作后续胶合夹紧时的垫板，或者如果榫头加工得过小，可以将废木料原位粘回重新锯切，这些废木料的纹理和颜色可以与部件完美匹配。

然后搭配榫头夹具完成颊面的修整（图 D）。将第一个颊面平贴到插槽部件的外表面来检查接合件的匹配情况。如果榫头部件的外表面与插槽的侧面平齐，那么它们就是匹配的（图 E）。

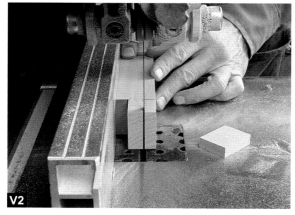

使用台锯制作双头转角托榫接合件

　　制作双头托榫接合件的工作量几乎是基础托榫接合件的 2 倍。尽量将插槽和榫头在部件上对称分布，这样就可以通过简单地翻转部件完成对侧的锯切。先制作插槽，从部件的中心起始，然后逐渐向外扩展。

　　使用开槽锯片搭配榫头夹具锯切插槽。调整榫头夹具，使锯片正对部件正中的插槽标记线，设置锯片高度，使其等于插槽的全深度。为了保证锯切出的插槽完全居中，可以先完成一次锯切，然后翻转部件再进行一次清理锯切。这样的镜像锯切能够消除任何偏差，保证插槽完美居中（图 A）。

小贴士

　　划线规在部件表面划刻出的线切断了木纤维，因此能避免部件边缘撕裂。

　　接下来，加工与插槽匹配的榫头。在配对部件上标记榫头，并调整榫头夹具进行第一次锯切（榫头的第一个颊面）（图 B）。在榫头部件上锯切出一条窄槽后将其翻面，进行第二次锯切。检查这两条窄槽之间的榫头与插槽是否匹配。可以通过观察榫头与插槽的两侧是否能对齐来检查匹配情况（图 C）。

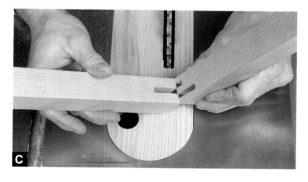

　　如果榫头能够匹配，接下来需要锯切出插槽部件的两侧榫头。调整榫头夹具，使加工出的榫头稍厚一点，这样便于后期进行修整，使其与插槽匹配。锯切好第一个榫头后翻转部件，继续锯切第二个榫头（图 D）。最后，依次检查每个榫头的匹配情况，通过翻转部件让榫头的两面都能与插槽匹配（图 E）。

➤ **参阅第 206 页"托榫接合"**。

使用台锯制作燕尾式转角托榫接合件

燕尾式转角托榫接合件也可以用台锯制作。根据预期的燕尾头斜面角度设置滑动斜角规，并用它来设置台锯锯片的倾斜角度（图 A）。进行两次锯切，加工出燕尾头两侧的斜面。可以自制榫头夹具操作，在完成一侧锯切后翻转部件，锯切另一侧。设置好锯片高度，使锯缝顶端刚好位于榫肩线的下方（图 B）。

➤ 参阅第 26~28 页"夹具"。

| 变式方法 1

另一种加工方式是将钢制的榫头夹具调整到所需角度，引导锯切出燕尾头的斜面（图 V1）。锯片垂直于台面，而夹具靠山的角度要用斜角规来设置。

搭配横切夹具来锯切榫肩，但要先用带锯将废木料去除，再用台锯进行修整，这样在用台锯锯切时就不用担心废木料卡在部件和锯片之间了。保存好从带锯上切下的废木料。锯切榫肩时可以在横切夹具的靠山上固定一个限位块，锯片的高度要刚好低于榫头的颊面（图 C）。

最后，用凿子清理榫头颊面与榫肩之间残留的废木料（图 D）。

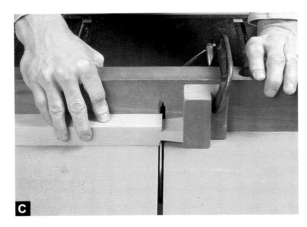

以制作好的燕尾头为模板，在榫槽部件上画线（图 E）。要锯切榫槽，需要把部件带角度固定在榫头夹具上。这里可以使用带锯锯切下来的带角度的废木料作为垫片，用胶带将其粘贴在夹具靠山上，让榫槽部件同步倾斜。将榫槽部件在夹具上固定好，进行第一次锯切（图 F）。然后取下垫片，将其翻面并再次粘贴到靠山上。现在可以锯切榫槽的另一侧了（图 G）。

也可以使用带锯锯切出榫槽的两侧。不过，锯切榫槽两侧的颊面需要带锯台面能够向两个方向偏转足够的角度。

[变式方法 2]
先向一个方向偏转带锯台面完成榫槽一侧的锯切，再向另一个方向偏转台面锯切出榫槽（图 V2）。

➤ 参阅第 206 页"托榫接合"。

E

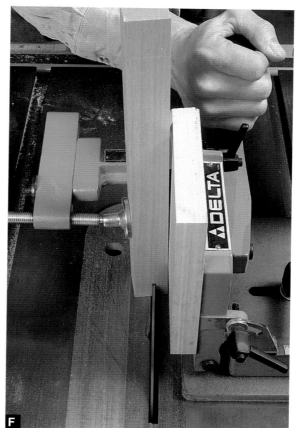

F

V2

G

手工制作燕尾式转角托榫接合

制作燕尾式托榫接合件，首先要设置划线规，使设定尺寸比部件宽度稍小，在两个部件上标记出榫头长度/插槽深度，也就是榫肩线（图 A）。设置滑动斜角规，使燕尾头斜面角度对应的底和高之比在 1∶5 到 1∶8 之间，然后用该角度在榫头部件上画线，一直延伸到榫肩线处（图 B）。

首先，将部件固定在台钳中，用横切锯沿榫肩线锯切（图 C）。接下来，使用纵切锯锯切燕尾头的斜面（图 D）。最后，将斜面与榫肩的转角清理干净，如有需要，还可以薄切燕尾头的颊面。此外，还可以对榫肩靠近榫头底部的位置稍做底切，然后再用榫头标记插槽部件。

用一块废木料将榫头部件与插槽部件的边缘对齐，并用划线刀将榫头的轮廓转移到插槽部件上（图 E）。使用燕尾榫锯锯切出燕尾形插槽，一直向下锯切到榫肩线处（图 F）。在清理废木料时将凿子刃口嵌入榫肩线垂直向下凿切，然后从端面凿入清理废木料（图 G）。

➤ 参阅第 206 页 "托榫接合"。

斜接转角托榫接合

　　将斜接转角托榫的一个部件端面加工成斜角，另一个部件的端面横切平直。用开槽锯片在斜角端面制作榫槽。将榫槽部件竖直固定在榫头夹具上锯切（图 A）。榫头部件需要加工出斜角榫肩，因此需要使用开槽锯片搭配设置成 45° 的定角规锯切出榫头颊面和 45° 斜角榫肩（图 B）。

> ➤ 参阅第 197 页"托榫接角斜接"和第 206 页"托榫接合"。

　　在第一个颊面锯切好后，将定角规水平转动 90°，设置成另一侧的 45° 引导锯切第二个颊面。如果需要加工多个部件，可以设置限位块来限定每次锯切的位置（图 C）。制作好的部件应该只需要稍微施力就能让榫头滑入榫槽中（图 D）。

变式方法

　　也可以使用普通锯片加工榫槽（图 V），然后用凿子清理榫槽底部。斜角榫肩的锯切同样需要使用定角规提供辅助。然后使用斜角榫头夹具辅助加工颊面。部件贴靠靠山一侧的颊面可以先用带锯粗切，以免在用台锯锯切时木料卡住。外侧颊面则不用担心，台锯锯切时废木料会直接落在台面上。

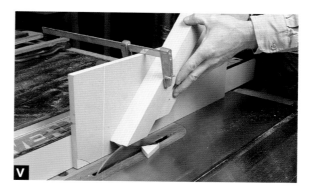

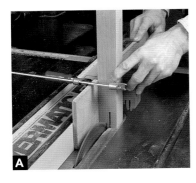

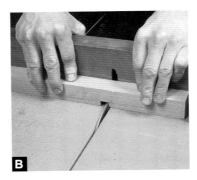

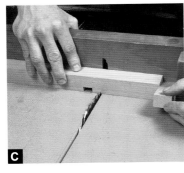

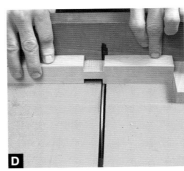

T 字形托榫接合

T 字形托榫接合

将接合件竖直固定在榫头夹具上，用台锯锯切榫槽。

➤ **参阅第 219 页"使用台锯制作转角托榫接合件"。**

用划线规在接合件表面划刻，以免接合件撕裂（图 A）。接下来，加工出与榫槽匹配的榫头。

➤ **参阅第 213 页"使用台锯制作 T 字形或十字形半搭接接合件"。**

在横切夹具的靠山上设置限位块来确定榫肩的位置，并将锯片设置到靠近标记的高度，进行多次渐进式锯切（图 B）。在接合件端面和限位块之间放置一块间隔木，用来确定第二个榫肩的位置。锯切到第二个榫肩处，完成第一个颊面的加工（图 C）。

翻转接合件继续加工其第二个颊面。同样利用限位块和间隔木锯切出两个榫肩。在去除中间的废木料之前，应先检查榫头与榫槽的匹配程度（图 D）。如果接合件不匹配，可以适当升高锯片来改变榫头的厚度。

变式方法

也可以使用手持式电木铣将榫头颊面清理到最终的深度（图 V1）。在接合件旁边固定一块厚度与之相同的木板来支撑电木铣底座。可以使用直边铣头徒手铣削，也可以使用轴承修边铣头沿榫肩铣削。最后用一把宽凿子清理没有铣削到的位置（图 V2）。

检查接合件每个部分的匹配情况。依次翻转两个接合件，用不同的面和边缘接合在一起进行检查。如有需要，使用手工刨来对相应区域进行修整（图 E）。

半嵌套接合

使用台锯制作半嵌套接合件

使用台锯制作半嵌套接合件，第一步是标记出榫槽部分的深度和宽度，使它们分别比部件的一半宽度和整个厚度稍小一点。在进行匹配时，可以将接合部件凸出的长木纹部分用手工刨刨削平整。

根据部件上的标记在横切夹具的靠山上固定限位块（图 A）。分多次渐进式锯切，将制作出的榫槽与另一个部件进行匹配测试，榫槽应该刚好不能与部件的厚度匹配（图 B）。然后在横切夹具的靠山上设置第二个限位块，精确定位榫槽的另一侧，并完成锯切（图 C）。

接下来，在另一个部件上锯切出配对榫槽。如果不能确定限位块的位置是否正确，可以在部件的端面和限位块之间夹一片垫片。这样锯切出的榫槽会略窄一点。检查匹配情况，如果榫槽宽度略小，移走垫片再次锯切就可以了（图 D）。

将两个部件进行匹配，如有必要，可以用手工刨来修整部件表面。这样不仅可以消除之前的加工痕迹，而且可以使半嵌套接合件更精确地匹配在一起。分别对两个部件的榫槽进行匹配检查，了解哪里过紧，然后进行修整，直到两个部件紧密接合在一起（图 E）。

➤ 参阅第 207 页 "半嵌套接合"。

强化的半嵌套接合

加固半嵌套接合件能够有效防止部件从底部开裂。首先，先在一些废木料上练习做标记，根据标记来设置好锯片的高度和限位块的位置。在第一个部件上标记出一个榫槽和两条与榫槽宽度一致的表面窄横向槽。在第二个部件上标记尺寸一致的榫槽和两条与部件厚度一致的宽横向槽（图A）。

安装一组与榫槽宽度一致的开槽锯片。设置锯片高度，使其稍小于部件宽度的一半，并锯切出两个部件的榫槽。接下来，使用同样的锯片和限位块设置在第一个部件两面开出窄横向槽，这里需要调整锯片高度，使开出横向槽后留下的部分正好与榫槽匹配（图B）。

然后锯切第二个部件两面的宽横向槽，这里开槽锯片的宽度要与部件厚度一致，并相应调整限位块的位置（图C）。同样需要调整锯片高度，使开槽后留下的部分能与榫槽匹配（图D）。

完成第二个部件两面的宽横向槽锯切（图E）后，检查接合件的匹配情况，如果接合件非常接近匹配，只需稍稍调整，可以使用手工刨来进行精修。一般使用台刨修整部件表面，使用榫肩刨修整横向槽的深度（图F）。

➤ 参阅第 207 页 "半嵌套接合"。

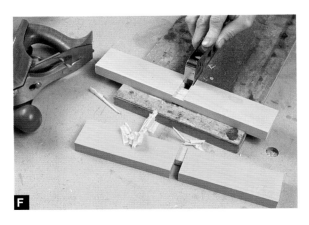

窗格条式接合

　　窗格条式接合本质上就是半嵌套接合。要将窗格条部件接合在一起，必须在每个装饰部件上制作斜角，或者将一个部件的装饰细节处理到与另一个部件匹配的程度。如果没有合适的圆口凿，那么可以制作一个斜角模块来引导装饰部件的斜切。这个斜角模块需要将两块木板固定在一起形成一个直角，然后把两块木板的一侧端面都锯切成斜角。

　　榫槽的锯切用横切锯手工完成（图 A）。

变式方法

　　也可以使用开槽锯片为装饰部件开榫槽（图 V）。

　　使用一把宽凿子搭配斜角模块在装饰部件上加工出斜角。将斜角模块与底部边缘的榫槽侧面对齐，或者与从装饰部件上的榫槽侧面延伸到底部边缘上的标记对齐（图 B）。

　　先在窗格条的底部边缘锯切出榫槽，然后在装饰部件的两侧沿榫槽侧面继续锯切。注意不要锯断装饰部件（图 C）。完成装饰部件两面的锯切后（图 D），清理掉中间的废木料。

　　使用斜角模块在装饰部件上加工出斜角。然后测试部件的匹配程度，根据需要修整部件，以获得紧密的匹配（图 E）。

➤ 参阅第 207 页 "半嵌套接合"。

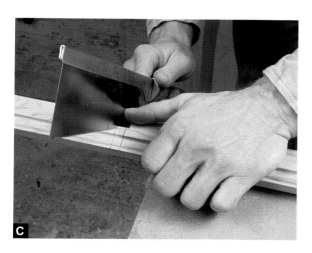

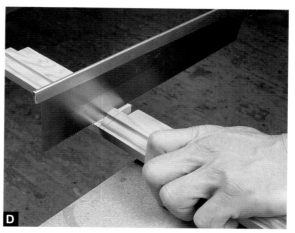

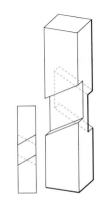 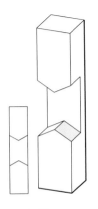 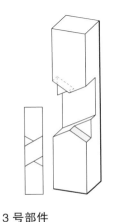

中间部件（1号部件）
所有的榫槽深度都为部件厚度的1/3

2号部件
所有的榫槽深度都为部件厚度的2/3

3号部件
一个榫槽深度为部件厚度的1/3，另一个榫槽深度为部件厚度的2/3

A

B

三合一搭接接合

三合一搭接接合

三合一搭接接合是一种用来创造六幅轮或者制作模型的接合方式（图A）。所有部件的宽度和厚度都是相同的，长度可以在接合件制作完成后锯切得到。榫槽都是以60°角在部件的侧边缘锯切得到的，榫槽深度可以为部件厚度的1/3或2/3。每个榫槽的宽度都与部件宽度一致。

在台锯上安装开槽锯片，锯片高度为部件厚度的1/3。把定角规设置到60°。使用废木料进行试切，检查所有的设置是否准确。

先从中间部件（1号部件）开始加工。只在其一面锯切出全宽度的榫槽，其深度为部件厚度的1/3（图B）。

在2号和3号部件上用滑动斜角规进行标记。在每个部件的一面标记一条60°的斜线，以这条线量出部件宽度后，再标记另一条60°斜线。在斜线的远端用直角尺横跨部件标记一个点，这个点就是另一个方向的60°斜线的起点，用这两个起点标记出两条斜线（图C）。

接下来，在2号和3号部件上锯切出一个深度为部件厚度2/3、宽度与部件宽度相同的榫槽（图D）。然后将定角规设置在锯片另一侧，朝向与先前的60°方向对称，且只在2号部件上锯切出另一个方向的2/3深度榫槽（图E）。

将 1 号部件和 2 号部件组装在一起，并在 1 号部件的另一面标记出第二个榫槽（图 F）。重新设置锯片高度，使其为部件厚度的 1/3，然后锯切 3 号部件（定角规的设置不变）（图 G）。在 1 号部件的另一面锯切出第二个榫槽，确保其方向与第一个榫槽相反。最后检查接合件的匹配情况并完成安装（图 H）。

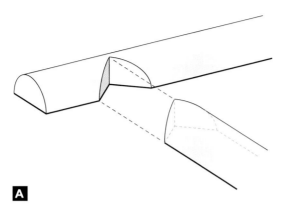

A

鸟嘴接合

内收式鸟嘴接合

鸟嘴接合就是简单地在部件边缘切出一个 V 形插口，将其与对应形状的榫头部件接合起来的方式（图 A）。也可以在预先经过塑形的装饰部件上加工出 V 形插口进行鸟嘴接合（图 B）。

将台锯锯片倾斜 45°，用定角规牢牢固定装饰部件并辅助进料。锯切出插口，确保锯片高度略小于插口的全深度，这样锯片才不会破坏插口的对侧面（图 C）。插口两侧的锯切完成后，使用凿子清理插口的底部（图 D）。

使用相框夹具在配对部件的端面锯切斜角。在要加工的端面标记出部件宽度的中线，每次锯切都要从中线起始（图 E）。

➤ **参阅第 26~28 页"夹具"。**

B

C

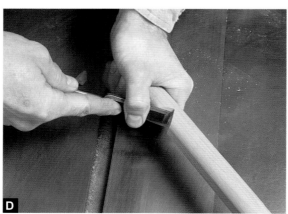

D

E

外凸式鸟嘴接合

外凸式鸟嘴接合件通常在木工中用作结构构架的部件（图 A）。使用滑动斜角规进行标记，手工制作部件（图 B）。

也可以将台锯锯片设置成所需的角度，横切得到插槽部件；用带锯在另一个部件的端面锯切出 V 形鸟嘴。

接合件的精修可以在部件的边缘进行，最后用紧固件来强化鸟嘴接合（图 C）。

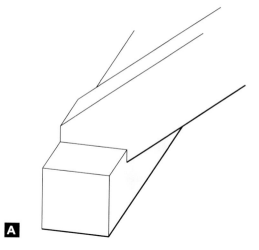

A

B

C

第 13 章
嵌接接合

基础的嵌接接合的强度依靠的是小角度长切得到的长纹理面和胶水的黏合力。这些接合面与尽可能暴露长纹理面的小角度斜接非常相似。斜坡角度对应的底和高之比通常在 1：8 到 1：10 之间，简单的嵌接接合可以连接多个部件形成极长的整体，并且看不出接合的痕迹，嵌接接合本质上是对接接合的扩展，但你基本看不出任何对接接合的影子。嵌接接合不仅通过最大限度利用长纹理胶合面获得了很高的强度，而且接缝几乎是不可见的。相比对接接合，嵌接接合能更好地融入部件中，因为对接接合通常会露出颜色较深的胶合线。当然，制作嵌接接合件需要较高的技术。

嵌接接合的无缝特质对于高度可见的区域是十分重要的，比如较长的装饰部件，通常这类部件都需要"隐藏"接缝的接合方式。使用嵌接接合能够获得较长的部件长度，并且整体都保持长纹理的外观。制作扶手和船舶则是另外两个会用到嵌接接合的领域。

嵌接接合类型多样，可以非常简单，比如半搭接嵌接接合和钩状嵌接接合；也可以很复杂，比如带楔嵌接接合。

嵌接接合有多种类型可用于作品的设计中，用来应对潜在的应力。其中一些接合形式十分简单，典型的就是半搭接嵌接接合。其他形式的嵌接接合在木结构建筑中比较常见。利用这种接合结构制作出的长木板能很好地应对地震产生的剪切力。总之，在端面上制作的嵌接接合件能很好地对抗作用在接合件上的张力、压力和剪切力。

制作和强化

制作基础的嵌接接合件可以用一把优质的手持纵切锯来完成。对于正式的木工作品，则可以使用电圆锯或者斜切锯来制作嵌接接合件。如果需要切割宽板或者对加工精度要求很高，要充分利用电木铣夹具来引导铣头铣削出嵌接接合件。

基础的嵌接接合是依靠胶水来获得强度的。复杂的嵌接接合可以像普通的榫卯接合一样，依靠颊面和榫肩获得更高的接合强度。这些接合方式都可以用木楔快速加固。

在装饰部件上制作嵌接接头可以用配备高品质锯片的斜切锯来完成。

制作较长的嵌接接头以获得更多的胶合面，需要很高的加工精度，可以使用手持式电木铣搭配嵌接接头夹具来完成。

相比对接接合，简单的嵌接接合能最大限度地提供长纹理胶合面来获得较高的接合强度，并且整体外观是无缝的。

复杂的嵌接接合可以像普通榫卯接合一样，利用颊面和榫肩来对抗张力和剪切力。

基础嵌接接合

手工制作嵌接接合件

手工制作嵌接接合件，需要首先将滑动斜角规的角度设置为底边与高的比在 1∶8 到 1∶10 之间，并在部件上进行标记（图 A、图 B）。

将部件牢牢固定进行锯切（图 C）。如果将几个部件叠放在一起进行锯切，它们几乎可以自动对齐（图 D）。

最后，用手工刨来清理接头，完成全部加工（图 E）。

变式方法

也可以使用斜切锯锯切嵌接接头（图 V）。

A

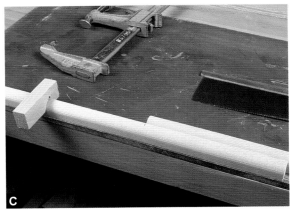

B

C

D

E

V

使用电木铣制作嵌接接合件

也可以使用手持式电木铣制作嵌接接合件。将部件固定在嵌接接头夹具中（图 A）。这个夹具的两侧是带角度的，能以合适的角度加工嵌接接合件。将压入式电木铣安装在嵌接接头夹具顶部的支架上。

通过多次渐进式铣削获得最终深度。从嵌接接头的坡顶开始铣削，并逐渐下移支架（图 B）。安装高品质的宽刃直边铣头，铣削完成后几乎不用进行清理工作（图 C）。

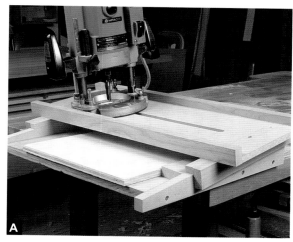

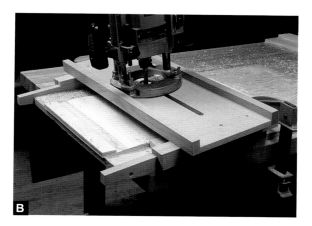

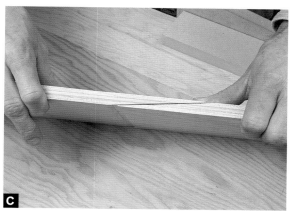

半搭接嵌接接合

半搭接嵌接接合

半搭接嵌接接合的布局和制作方式与转角半搭接接合是完全一致的（图 A）。唯一不同的地方在于，嵌接接合是将两个部件的端面相对，而不是互相垂直接合在一起。

➤ 参阅第 209~211 页 "转角半搭接接合"。

半搭接嵌接接合的转角处，也就是榫肩与颊面的相交处，在强度上有些弱，特别是在承重的情况下。这种接合需要依靠木工胶或紧固件将其固定（图 B）。有多种方法可以制作这种接合件。

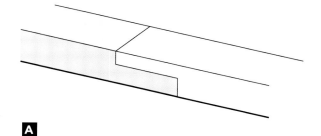

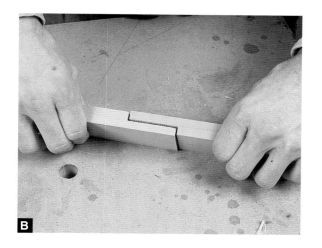

手工制作

　　手工制作半搭接嵌接接合件，要首先用划线规在部件的表面和边缘进行划刻标记，划线规的设置值略小于部件厚度的一半（图C）。然后搭配一个靠山来引导锯切。可以用一把直角尺确定靠山的位置，并用木工夹将靠山固定在部件上。用一条遮蔽胶带在锯片上标记出锯切的深度，为锯切提供引导。沿榫肩线向下锯切，直到锯片标记的深度线处（图D）。

使用台锯

　　也可以用台锯来制作半搭接嵌接接合件。完成颊面和榫肩的锯切后，用锯片清理颊面，得到平整的表面（图E）。

使用开槽锯片

　　同样可以使用开槽锯片搭配定角规来加工半搭接嵌接接合件（图F）。将靠山设置在合适的位置，引导开槽锯片锯切榫肩。

斜面搭接嵌接接合

斜面搭接嵌接接合

斜面搭接嵌接接合与半搭接嵌接接合只有少许不同（图 A）。因为斜面搭接嵌接接合件的颊面是带角度的，所以接合件在对抗张力方面稍强一些。尽管如此，斜面搭接嵌接接合件仍然需要使用紧固件和胶水加固。

设置滑动斜角规的角度，使其对应的底与高之比为 1 : 8，然后在部件边缘用铅笔标记出颊面线（图 B）。用台锯以 90° 角锯切出榫肩，在横切夹具的靠山上设置限位块，确定榫肩的锯切位置。注意：锯切不要越过铅笔标记线（图 C）。

使用带锯锯切颊面。尽量靠近铅笔标记线锯切，同时保持锯缝位于废木料侧（图 D）。使用牛鼻刨或者宽凿将颊面修整平整（图 E）。

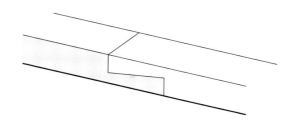

A

B

C

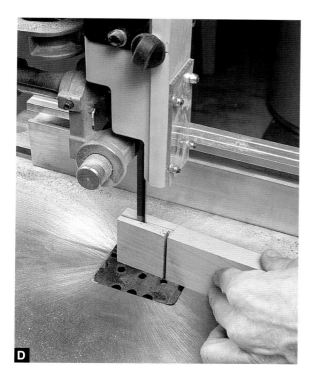

D

E

钩状嵌接接合

钩状嵌接接合相比基础的嵌接接合能提供更高的接合强度，这是因为榫肩（端面）较小，而颊面较大（长纹理面）（图A）。

部件的端面和榫肩需要锯切成5°~10°的斜面。将台锯锯片设置到所需的角度（图B）。先用带锯粗切颊面，然后将部件竖直固定在榫头夹具上，用台锯锯片锯切（图C）。

完成锯切后，修整部件的端面和榫肩，来实现最终的匹配（图D）。

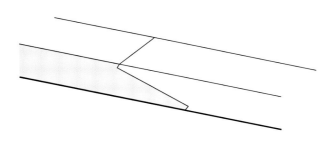

A

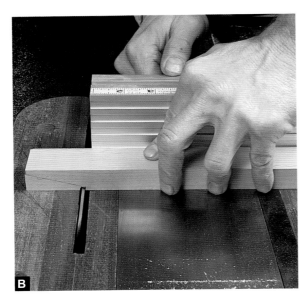

B

C

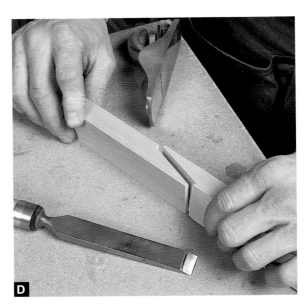

D

叠嵌接合

叠嵌接合

首先为部件划线，将端面与榫肩之间的距离平分，标记出大切口并进行锯切（图 A、图 B）。在台锯上安装开槽锯片，并设置限位块来引导榫肩的锯切。

在第一个部件上锯切横向槽。使用间隔木将部件与定角规上的限位块分隔开，完成第二次锯切（图 C）。完成大切口的加工后，降低锯片高度，开始锯切颊面（图 D）。

使用凿子或手工刨进行修整，直到两个接合件匹配（图 E）。

要强化叠嵌接合，可以在两个接合件上锯切出匹配的切口。使用与切口匹配的双斜楔或互顶楔来将接合部件锁紧（图 F、图 G）。

➤ **参阅第 127 页"活木楔的制作"。**

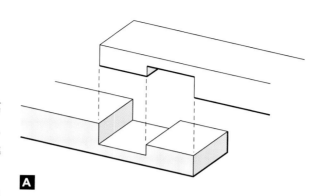

A

B

C

D

E

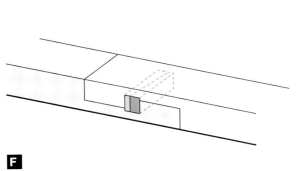

F

G

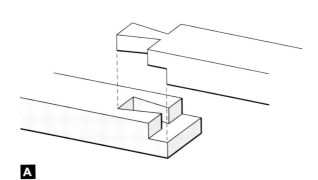

A

B

C

搭接燕尾榫嵌接接合

搭接燕尾榫嵌接接合

　　可以将搭接嵌接接合的接头制作成燕尾形（图A）。使用滑动斜角规来标记燕尾头。不要将燕尾的斜面角度设置的过大，否则会在燕尾头端面形成强度较弱的短纹理区域。斜面角度对应的底和高之比在1∶5到1∶8之间为宜（图B）。使用划线规划刻出燕尾头的榫肩线。

　　用台钳固定部件，用手锯沿燕尾头的榫肩线向下锯切，直到燕尾的颊面线（图C）。然后将部件竖直固定在台钳中，从端面向下锯切燕尾的两侧斜面。接下来，沿颊面线向下锯切到榫肩处（图D）。最后凿子进行清理。

　　也可以使用台锯锯切燕尾头。将锯片倾斜到所需角度，并用榫头夹具将部件竖直固定。需要进行两次锯切加工出燕尾的两侧斜面（图E）。

　　在燕尾头部件上标记出搭接接合的标记线（颊面和榫肩），然后用横切锯手工锯切榫肩。从部件端面沿颊面线向下锯切，直到榫肩线处（图F）。使用宽凿来清理切口。确保最终的颊面和榫肩平整且互相垂直（图G）。

　　用制作好的燕尾头在销件上标记出榫眼。可以在尾件下方垫一块废木料，使燕尾头平贴在榫眼部件上（图H）。在榫眼部件上加工出搭接接合对应的颊面和榫肩，并将切面清理干净（图I）。

将手锯以前高后低的角度锯切榫眼，锯切的深度要尽量深，但要避免锯切到标记线。可以在销件插接头的端面凿切出限位面，让手锯可以轻轻伸入锯切（图 J）。最后，用凿子清理出榫眼，并完成两个部件的匹配（图 K）。

锥形指接榫接合

锥形指接榫接合

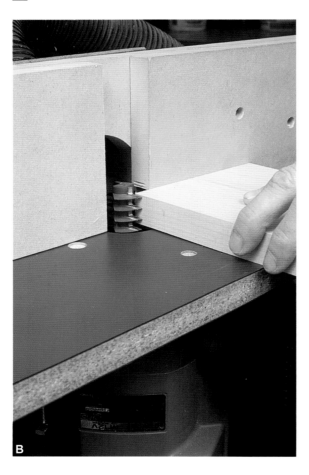

锥形指接榫接合可以在现今的很多板材上见到，这是因为我们消耗了过多的自然资源，而使用锥形指接榫接合的板材能够继续作为建筑材料为我们所用。这种接合能够提供足够的胶合面，同时也有一定的机械抗性，因此具有不错的强度（图 A）。

在有调速功能的电木铣台上安装指接榫铣头。将电木铣转速降到 10000 转 / 分左右。设置铣头高度，使其等于部件的全厚度。配对部件的铣削使用相同的铣头高度设置（图 B）。

先将第一个部件正面朝上进行铣削（图 C），然后把第二个部件正面朝下铣削。调整铣头高度和铣削深度（也就是调整靠山的位置），直到两个部件的表面能够完美对齐，锥形指接榫能够紧密接合（图 D）。

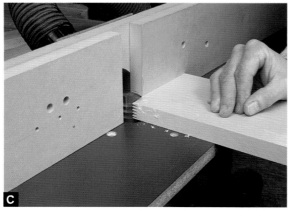

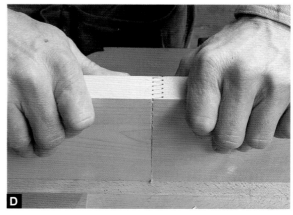

带楔嵌接接合

制作带楔嵌接接合件

首先为带楔嵌接接合件画线，使其长度至少与部件的宽度相同（图 A、图 B）。在台锯上安装横切夹具，为两个部件锯切出两个内侧榫肩，设置限位块来引导锯切（图 C）。

用带锯粗切出部件的颊面后，将部件竖直固定在榫头夹具上，设定台锯锯片高度，锯切出部件的颊面和榫肩切口（图 D）。如果锯片是组合锯齿的，锯切后可以用一把窄凿来清理切口底部。

继续锯切，在端面加工出与切口匹配的半边槽（图 E）。可以用榫肩刨或凿子清理半边槽。

楔眼的加工可以用开槽锯片一次锯切完成。为了方便，将楔眼定位在颊面的中线上，从而易于在接合后对齐（图 F）。

将楔子做成双斜楔或互顶楔的样式（图 G）。用铁锤将楔子敲入楔眼中锁定接合（图 H）。如果不会再拆开带楔嵌接接合件，那么可以使用胶水进行胶合。

➤ 参阅第 127 页 "活木楔的制作"。

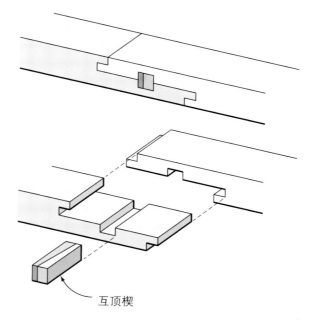

互顶楔

A

B

C

D

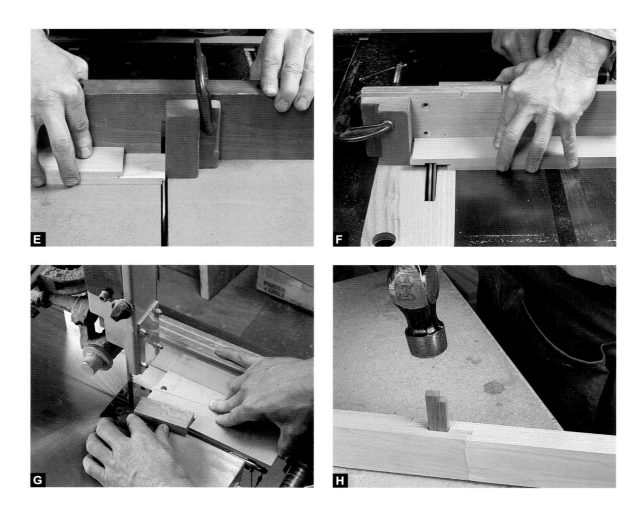

第 14 章
拼接接合

　　如果榫卯接合代表了大部分的木工接合形式，那么拼接接合就是剩下的那部分。拼接接合的接合强度主要依靠胶水，但也有例外。使用搭接方式无胶接合的木板可以用作柜子的背板，用窄板无胶嵌接接合的木桶可以用铁环固定。还有一些拼接接合需要使用饼干榫、圆木榫或者企口进行强化。这些强化措施除了提高接合强度，还有助于将部件对齐。一对拼接接合件需要具备以下条件：要接合的两个边缘必须平直平整无扭曲，并且使用高品质的胶黏剂进行胶合。

　　使用高品质胶黏剂的拼接层压板强度非常高，通常比周边木材的强度还要高。这样的强度很大程度上取决于接合面是否平直、干净、没有扭曲，这样才能在木材发生形变时，接合区域不会承受额外的应力。只要夹持力足够大，任何接合件都可以被拉紧到一起，但对于想要持久使用的接合件，只能施加中等的夹持力。

拼接接合的应用

　　可以使用拼接接合制作简单的层压板，构建出箍桶式门，或者利用窄木板制作出宽板。还可以用这种接合方式制作桌面、箱体侧板和框架镶板。或者用实木封边条以边缘层压的方式对胶合板或者其他人造板进行封边处理。

弹性拼接接合

　　拼接接合虽然是非常基础的接合方式，但也很有难度，将两个配对边缘沿其长度方向完全接合在一起无疑是很困难的。大多数木板都有一定的弯曲，特别是在宽度方向上，不过可以通过木工夹将其端面的缝隙闭合。但是考虑到水分的吸收和流失在木板的端面会成倍增加，因此想要让接缝完全闭合并不容易。

通过基础的边缘层压覆盖人造板的边缘。

弹性拼接接合

注意，为了方便体会，图中的缝隙有所夸大，其真实尺寸应该是 $1/32$ in（0.8 mm）。

在两个待接合部件的边缘沿长度方向分别稍做底切。

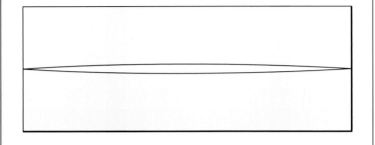

在将部件接合在一起时，中间部分需要更多的压力来促使接缝完全闭合。

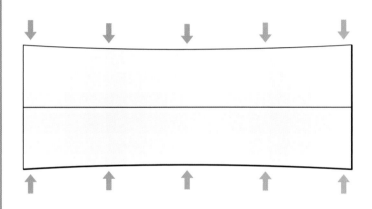

弹性拼接接合使端面获得了更多的压力，使其因水分流失造成的分离趋势被有效抑制。

要检查弹性拼接接合的效果，可以观察两个边缘干接后是否有少许光线透过，且当你旋转其中一块木板时，应该可以在端面处感受到一定的阻力。

如果边缘层压最终失败了，通常问题首先发生在木板的端面。这就是最合适使用弹性拼接接合的时候。沿木板的边缘长度方向稍微底切出内凹的表面，并施加压力来闭合接缝。这样就会在端面形成更大的压力，同时减少回弹，通常端面是木板材最早流失水分的位置，也是接合最容易分离的位置。在两块木板的接合边缘都底切出内凹表面，底切幅度以胶合后能透过一丝光线为佳。

边缘胶合

在进行任何拼接接合前，养成检查细节的习惯，才能获得最好的结果。在刨削部件边缘前先确定它们的纹理方向。有些木匠会选择交替排列拼接部件的心材朝向。另外一些人则会让心材一侧朝向同一方向。还有的人则只关心拼板后能否获得最佳外观。

如果你需要在胶合后对部件表面进行手工刨削，最好保持部件的纹理方向是统一的，以方便操作。记住，即使是最简单的拼板，两块木板组合在一起的方式也有 8 种之多，应根据需求选择最合适的拼接方式。

标记出木板的待胶合边缘和接合后的正面。使用管夹或木工夹进行夹持，它们可以精确对齐部件。先将木工夹平放到一个平整的台面上，如果台面和木工夹的夹持面都是平整的，并且部件放到木工夹上后也是平整的，那么最终的接合部件大概率也是平整的。

将部件边缘刨平，然后进行干接测试。这样便于你了解在胶合时需要多少木工夹和其他工具，避免出现你在四处找工具，而木工胶已开始凝固的窘境。干接时还要检查部件的两面，观察接合处是否有缝隙。确保木工夹提供的压力在部件的长度和宽度方向都是均匀的。如果端面部分翘起，可以用防震锤敲击木板，让它们在夹持状态下保持平整。

涂抹足量的木工胶，使木工夹夹紧后接合处有少许胶水被挤出。C 形夹可以保持部件端面平整对齐，也可以使用防震锤敲击端面保持木板平整。保持部件的两面夹持力均匀一致。如有需要，

如果有两个能完美拼接的边缘，可以在涂抹胶水后将它们对齐并摩擦接合到一起。

可以使用更多木工夹，来保证压力均匀分布。交替改变木工夹的朝向以平衡夹持力。

拼接接合的强化

　　拼接接合的接合面是长纹理对长纹理的，属于理想的胶合面。因此，完成胶合的拼接接合件即使没经过任何强化处理也依然具有很高的接合强度。有测试表明，正确刨平并使用现代胶黏剂胶合在一起的拼接接合件比拼接部件自身的强度还要高。

　　所以，我们为什么还要对拼接接合进行强化呢？这是因为，使用饼干榫、圆木榫、方栓或者企口可以更容易地把部件对齐。此外，这些方法还能为拼接接合件提供机械连接，从而强化接合。如果没有这些强化措施，只能依靠胶黏剂完成接合。

　　方栓能帮助拼接接合的部件对齐，且具有装饰效果。胶合板方栓，或者纹理方向横跨接缝的实木方栓，都可以增加拼接接合的强度。方栓的纹理方向与部件纹理方向一致可能制作起来更简单，但这样的方栓也更容易沿纹理方向裂开。

　　企口是另一种有效的强化拼接接合的方式。制作出高强度接合结构的关键在于，以正确的比例设计和制作企口。

烧焦的木板无法很好地胶合在一起。胶合面必须是平整、干净且无扭曲的。

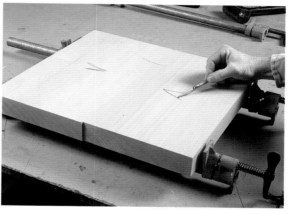

在刨平部件边缘前，先根据纹理方向或外观将部件对齐，并标记出正面。

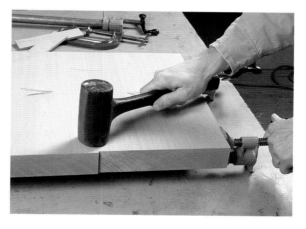

刨削完成后，先对部件进行干接测试，以确保接缝从两面观察时都是完全闭合的。

涂抹胶水并夹紧后，检查部件两面的溢胶情况，并决定是否需要增加木工夹。还要检查部件在压力下是否保持平整。

方栓强化的拼接接合

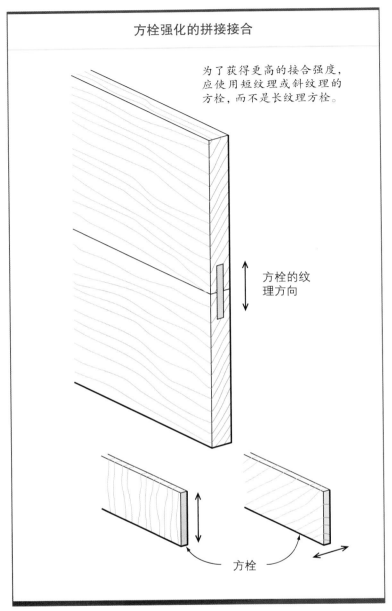

为了获得更高的接合强度，应使用短纹理或斜纹理的方栓，而不是长纹理方栓。

方栓的纹理方向

方栓

封边处理

人造板材是非常好的橱柜材料，但是胶合板裸露的边缘是很难看的。虽然市场上可以买到现成的封边条，但是专门制作的封边条更耐用，同时也更美观。自制封边条可以让它们与部件颜色匹配，尤其是在部件材料不寻常的时候。专门制作的封边条也意味着更多的设计选择，包括作品的整体造型。

封边的可选方式

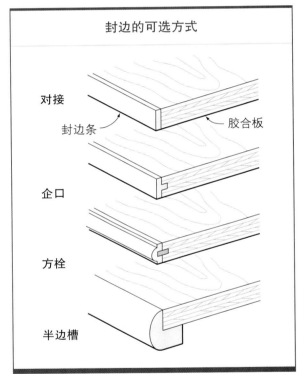

对接

封边条　胶合板

企口

方栓

半边槽

企口可能出现的问题

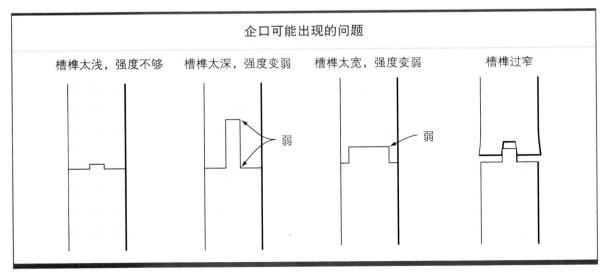

槽榫太浅，强度不够　　槽榫太深，强度变弱　　槽榫太宽，强度变弱　　槽榫过窄

弱　　　　弱

拼接接合操作

手工拼板

    如果手工制作拼板，可以同时刨削两个待接合部件的边缘，这样即使刨削出的边缘不够方正也能接合起来，因为配对边缘的角度是互补的（图A）。

    首先，根据纹理方向和外观在木工桌台面上排列好两个部件。然后将两个部件的正面叠放在一起并将接合边缘对齐。用A形夹将两个部件夹紧并保持其相对位置，放到台钳中固定（图B）。使用长台刨同时刨削两个部件的边缘。8号刨能出色地完成这项工作，因为它的长底座不易受部件边缘任何起伏的影响。

    长程刨削，每次刨削量不要过大，尽量保持手工刨与部件正面垂直（图C）。但即使不能一直保持垂直也不用担心，刨削后的两个边缘角度互补，依然可以实现完美的接合。

    要检查刨削结果，可以将两个部件的边缘对在一起并来回摩擦，感受两块部件在移动时是否存在阻力。如果在摩擦过程中部件总是发生偏转，那么在边缘表面的中部可能存在凸起，需要将其去除。最好的结果是在部件两端感受到阻力，这表明两个部件的边缘都足够平整。确保整个接合面上不存在任何缝隙、撕裂或扭曲。如果要制作弹性拼接接合件，可以用短刨对边缘中部稍做底切（图D）。

    使用刨削台可以保证刨削更精确。将两个部件分别固定在夹具上，并微调你最长的手工刨来刨削部件边缘。让夹具边缘与木工桌边缘对齐，保持手工刨垂直于部件表面进行刨削。

[小贴士]

    在部件下面垫上一小块木楔，这样在刨削时会有更多刨刀部分发挥作用（图T）。

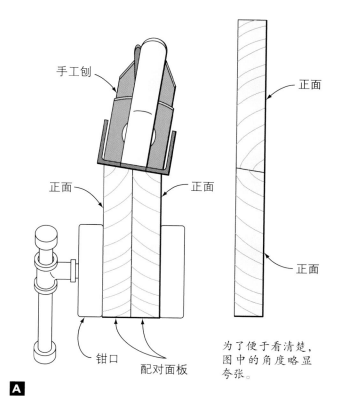

手工刨　正面　正面　正面　正面　正面

钳口　配对面板

为了便于看清楚，图中的角度略显夸张。

A

B

C

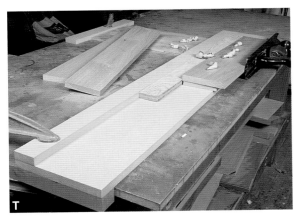

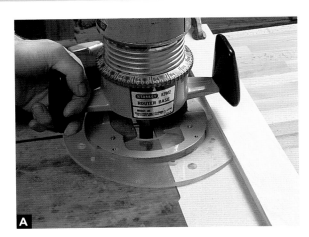

使用电木铣制作拼接接合件

刨削较长或较宽的木板的边缘会有不少问题。大多数平刨的台面都比较短，不能很好地完成长板的刨削，再加上木板的重量较大，使得进料也变得很困难。这种情况下，可以用胶合板或中密度纤维板制作一个电木铣模板来帮助定位要铣削的位置，并引导电木铣完成铣削。

在制作模板时，先将 ¼ in（6.4 mm）厚的板材锯切到 5~6 in（127.0~152.4 mm）的宽度和与部件相同的长度。然后在这块木板上胶合一块 ½ in（12.7 mm）厚、2 in（50.8 mm）宽的中密度纤维板作为电木铣的靠山，确保靠山木板的边缘平直、平整。在电木铣上安装一个大直径铣头。然后对 ¼ in（6.4 mm）厚的中密度纤维板进行一次铣削，建立模板边缘（图A）。

将模板边缘准确定位在需要切割的边缘处，并用木工夹将模板固定到位。沿部件边缘铣削，从左向右顺纹理方向进料。保持电木铣底座一直顶住 ½ in（12.7 mm）厚的中密度纤维板靠山。如果有直边副底座，那么可以将其安装到电木铣上（图B）。

铣削完成后，使用台刨修整部件边缘。在边缘中部额外进行一到两次刨削，可以加工出弹性拼接接合件（图C）。

➤ **参阅第 248 页"弹性拼接接合"。**

使用电木铣台制作拼接接合件

在电木铣台上安装宽直边铣头，并偏置电木铣台的两块靠山，使其像平刨一样工作（图A）。在电木铣台靠山的出料侧设置垫片，模仿平刨的出料台高于进料台的设置。用木工夹将垫片固定在靠山上，然后移动靠山，让垫片与铣头刃口对齐，使铣头相对于靠山表面凸出的量正好等于木皮的厚度（图B）。

以中等速度从右向左进料。注意部件边缘的纹理方向要与铣削方向一致。确保部件能顺畅地移动到出料侧的垫片上（图C）。

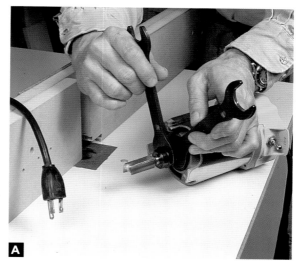

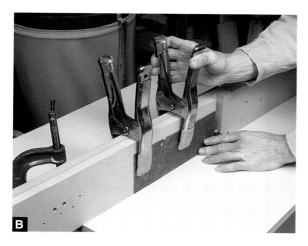

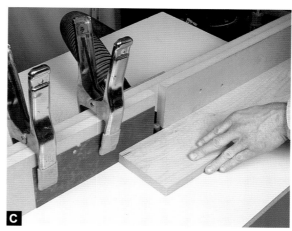

使用电木铣台搭配刨边铣头制作拼接接合件

在电木铣台上使用刨边铣头，需要在电木铣台靠山的出料侧固定一块 ⅛ in（3.2 mm）厚的垫片。移动靠山，使铣头刃口与垫片对齐（图A）。进行一次试切，根据需要调整靠山，让铣头凸出靠山的量刚好满足制作接合件的需要（图B）。最后，调整铣头高度，使加工出的部件边缘能够完美匹配（图C）。

[变式方法]

指接榫铣头同样能够铣削出拼接接合所需的长纹理胶合边缘（图V）。将铣头高度和靠山的位置调整到位。记住，两个部件的正面要分别朝上和朝下进行铣削。

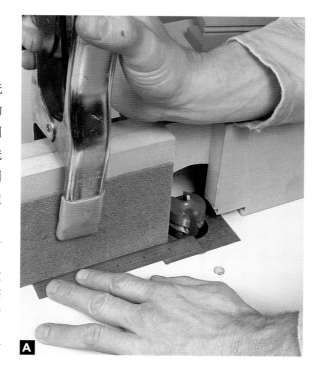

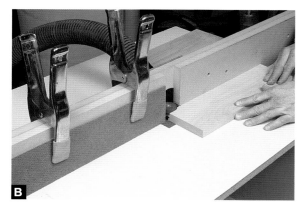

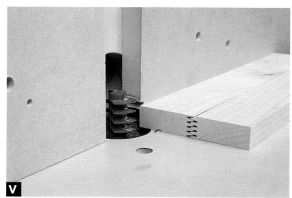

使用平刨制作拼接接合件

使用平刨制作拼接接合件，首先要确定部件的纹理方向和正面并进行排列。标记出要加工的两个边缘，检查平刨的靠山是否与台面垂直。使用直角尺配合光源能更好地完成检查。可能每台平刨在设置靠山时都会遇到不同的问题，因此要通过试切来确定靠山的最终位置（图A）。

根据部件正面的纹理方向排列木板，让刨削方向与纹理方向一致。进行一次刨削，用手将部件紧贴在靠山上，手的位置刚好越过刀头。确保部件在移动到出料台前不要向下对其边缘施加任何压力。如果进料速度足够慢，那么刀头的转速足以消除大部分撕裂。如果还是遇到问题，可以将靠山水平偏斜进行一次角度刨削（图B），或者也可以调转部件的前后端再进行一次刨削。

[小贴士]

如果分别让两个部件的相对面顶住靠山进行刨削，那么即使靠山没有完全垂直于台面也没关系，因为两个边缘在刨削后会形成互补关系。

使用平刨制作弹性拼接接合件

　　要用平刨制作出两个边缘均匀一致的弹性拼接接合件，需要将部件边缘的中间部分刨削掉更多木料，两端的刨削量则应逐渐减少。

　　首先进行一次完整刨削，将边缘刨平。然后再进行一次刨削，不过这次从长度的 1/4 处起始刨削。小心放下部件，使起点接触刀头（图 A）。持续进料，直至刨削到距离另一端 1/4 处，然后小心地提起部件脱离刀头（图 B）。

　　最后再进行一次完整的清理刨削，并在到达前端 1/4 处时对部件施加向下的压力（图 C），在最后的 1/4 的部分释放压力，并持续进料，直到部件全部通过刀头。在两个配对边缘都执行上述操作。

　　然后将两个边缘贴在一起，检查沿长度方向是否稍有内凹。如果尝试旋转它们，在两端会有一定的阻力（图 D）。

➤ 参阅第 248 页"弹性拼接接合"。

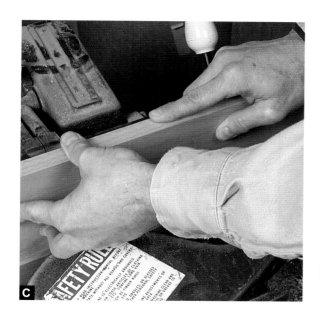

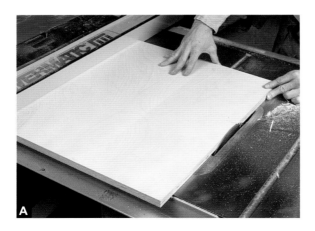

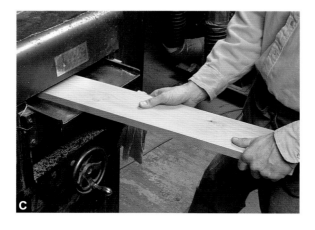

封边处理操作

胶合板的封边处理

胶合板或刨花板的封边处理并不难。封边前一定要确保胶合板的边缘已处理光滑。有些工房会使用平刨刨削人造板材的边缘。使用装配硬质合金刀头的平刨，这样操作完全没有问题，但如果使用普通刀头，它们会很快钝化。如果你不希望损坏刀头，可以用台锯锯切胶合板的一侧边缘（图A），然后翻转部件对该边缘进行第二次锯切。如果锯切后边缘还是不平整，可以再次翻转部件进行第三次修整锯切（图B）。

使用横切锯和压刨来加工封边木板。将封边木板锯切得稍长，厚度（封边条的宽度）刨削到比胶合板厚 $1/16$ in（1.6 mm）的程度。如果在刨削时封边木板进料不是很平稳，可以将封边木板锯切得更长一些（图C）。最后用平刨清理封边木板边缘（图D）。

在台锯上纵切出一条封边条，然后将其边缘用平刨刨平，再进行下一次锯切。锯切时使用推料板进料。封边条的厚度可以根据自己的需要确定。有些人喜欢把封边条做到 $1/8$ in（3.2 mm）厚，使其可以媲美木皮。我个人偏爱 $1/4$ in（6.4 mm）厚的封边条，因为这样的厚度更耐用（图E）。

在胶合封边条时，可以使用遮蔽胶帮助对齐部件（图 F）。在胶合板边缘和封边条上都涂抹足量的胶水，以夹紧后能有少量胶水溢出为宜。在胶水凝固前将溢出的胶水清理干净，同时保证压力在部件的顶面和底面均匀分布。将木工夹在部件的两面交替放置，或者升高部件在木工夹中的位置，以保证夹持力均匀一致。使用垫块有助于夹持力均匀分布（图 G）。

在电木铣台上安装修边铣头修整封边条凸出部件的部分。设置好铣头高度，将胶合板竖起，使铣头轴承顶住胶合板的大面进料。使用较高的靠山可以为部件提供更好的支撑（图 H）。铣削完成后，用刮刀将封边条两侧边缘处理到与胶合板的表面平齐。一把 80 号的木工刮刀很适合这项操作，只是在操作时要确保不会切到胶合板木皮（图 I）。

变式方法

也可以用手工刨完成封边条的最后修整（图 V）。开始操作前要确定封边条的纹理方向，然后保持手工刨向下的压力，确保不会刨削到胶合板木皮。

F

G

H

I

V

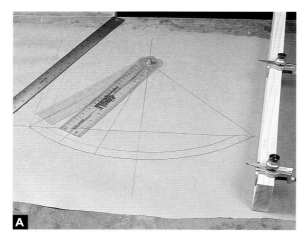

箍桶式拼接接合

箍桶式拼接接合

制作箍桶式拼接接合件，第一步要在图纸上画出最终的曲线以决定每个部件的角度和所需拼板的数量。使用椭圆规画出圆弧，测量其对应角度，并按拼板数量平分，然后标记出每段圆弧对应的角度。取这个角度的一半，即为每块拼板边缘要被锯切的角度（图A）。

将拼板刨削到所需的厚度和宽度，但如果最后完成的作品内外表面都是圆弧的话，拼板的厚度应稍大一些。在长度方面，每块拼板也要比所需尺寸稍长一些。

将台锯锯片倾斜到所需角度，对拼板进行纵切（图B）。用滑动斜角规将平刨的靠山设置成相同的角度（图C）。刨削拼板边缘，保持部件紧贴倾斜的靠山进料。每次刨削后都要检查各边缘是否能够紧密贴合形成平整的大面（图D）。

分段胶合可以最大限度地减少夹持带角度部件时压力分配不均匀的问题。对于每次两块带角度边缘拼板的胶合，可以按照两倍于拼板边缘的角度锯切木板边缘制成夹具，帮助夹持待拼接的部件（图E）。

[变式方法]

也可以在部件边缘引入方栓。锯片保持之前的角度，用部件的内表面紧贴靠山进料（图V）。这样就能在拼板的斜角边缘锯切出垂直于边缘的凹槽。然后在胶合方栓前再次刨削拼板边缘。

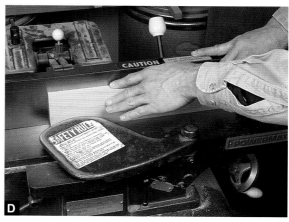

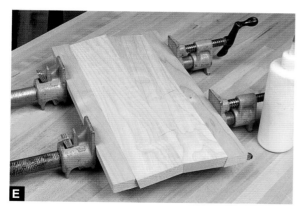

强化的拼接接合

饼干榫强化的拼接接合

饼干榫可以强化拼接接合，但更重要的是，饼干榫可以帮助拼接部件的内外表面在胶合时对齐。饼干榫的强化作用在同时拼接多部件或者拼接较长部件时更明显，否则保持各个部件都平齐会很困难。

将各个拼板的边缘处理平整，标记出饼干榫插槽的位置。注意，不要让饼干榫位于会暴露的位置（图 A）。

设置饼干榫机，使其刀头相对于部件厚度居中。如果所有部件使用相同的基准面标记饼干榫插槽，那么插槽很容易对齐（图 B）。确保插槽的深度与饼干榫片匹配。完成插槽制作后，干接饼干榫片检查部件是否匹配到位。

胶合时确保在饼干榫插槽中和接合边缘涂抹足量的胶水（图 C）。

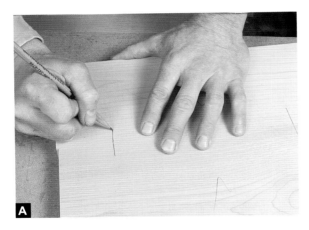

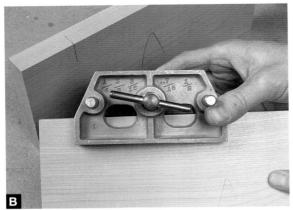

圆木榫强化的拼接接合

圆木榫也能强化拼接接合，但使用它们需要细致的操作，使其能够垂直插入部件边缘，以确保接合表面平整。首先用铅笔在部件上标记出圆木榫的位置（图A）。

将部件固定在台钳中，把圆木榫定位夹具与铅笔标记对齐并固定到位（图B）。在开孔钻头上缠绕遮蔽胶带指示钻孔深度，然后进行钻孔，可以稍微钻深一点来清理孔中的碎屑。钻孔时要确保钻头是垂直向下钻入的（图C）。

使用带螺纹槽或者直槽的圆木榫，以便于胶合时孔中的空气和胶水溢出。因为大多数圆木榫的端面会因干燥失水变成椭圆形，所以应在胶合前把它们放入自制烤箱中烘烤一下（图D），使圆木榫可以更容易地插入孔中，随着胶水中的水分被吸收，圆木榫会重新膨胀充满孔。

在胶合前仔细检查圆木榫的长度能否与孔匹配。提前准备好木工夹，在涂抹胶水后立即夹紧固定（图E）。

燕尾榫插片强化的拼接接合

使用燕尾榫插片强化拼接接合能同时增加装饰效果。

首先，制作出比设计宽度和厚度稍大一些的插片木条。木条最好是直纹理的，且厚度在 1/8~3/16 in（3.2~4.8 mm）（图 A）。使用卡纸或者 1/8 in（3.2 mm）厚的硬质纤维板或中密度纤维板制作一个插片模板。用模板在木条上画线，并用带锯锯切出插片。如果带锯台面可以左右偏转，那么可以将台面分别倾斜 5° 锯切插片的两侧边缘（图 B）。最后用凿子修整插片（图 C）。

使用滚筒砂光机打磨插片两端。然后将加工好的插片在胶合好的接合件上放置到位，用划线刀沿插片轮廓画线，确保将插片角度切割后尺寸较小的一面放置在接合件上。用铅笔加深划刻标记，使其更清晰（图 D）。

> ➤ **参阅第 202~206 页 "蝴蝶榫斜角斜接"。**

在电木铣上安装小直径的直边铣头，尽量靠近标记线铣削。顺铣加工，这样铣头在铣削时会被推离木料，从而更容易靠近标记线，能这样操作也是因为小直径铣头的控制更为轻松（图 E）。

使用凿子沿标记线进行清理，向下的凿切都要与部件表面垂直。图中所使用的插片端面是圆弧形的，因此我在加工榫槽的端面时使用的是圆口凿。使用斜刃平口凿或 1 号斜刃圆口凿来清理榫槽的转角（图 F）。

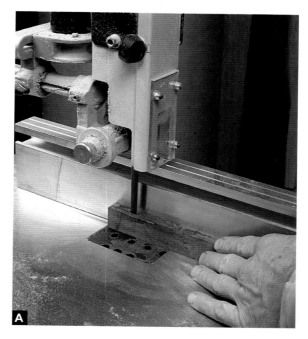

A

B

C

D

E

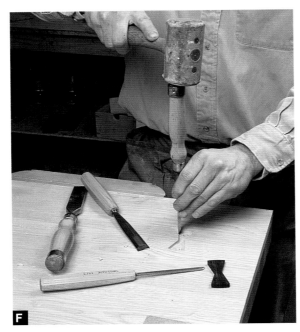

F

在将插片敲入榫槽前先检查匹配情况。将插片用手按入榫槽，然后取出插片观察其边缘发亮的部分，也就是出现摩擦的位置。你当然希望插片能够完全嵌入榫槽中，而边缘发亮的位置就是需要修整的地方。使用斜刃圆口凿将嵌入的插片撬出，可以在凿子下面垫上薄木皮来保护部件表面（图G）。

在榫槽底面和边缘涂抹胶水，在插片底部也稍微涂抹一点胶水。然后用铁锤将插片敲击到位，如果可以，用木工夹夹紧插片。胶水凝固后，用手工刨来修整插片的顶面，直到其与部件表面平齐。在刨削前要确认插片的纹理方向，以免出现撕裂（图H）。

G

H

方栓强化的拼接接合

　　要制作方栓强化的拼接接合件，首先要用台锯在部件边缘锯切出纵向槽，握住部件的边缘进料，使其表面顶住靠山锯切。然后上下翻转部件为另一侧边缘锯切纵向槽，保证纵向槽相对于边缘居中。如有需要，可以使用开槽锯片锯切更宽的纵向槽，但要确保进料速度足够慢（图 A）。

➤ 参阅第 250 页 "方栓强化的拼接接合"。

[变式方法]

　　可以使用电木铣台搭配开槽铣头加工出方栓所需的纵向槽（图 V）。如果需要铣削的纵向槽较浅，可以只露出部分铣头进行铣削，这样操作更安全，并且纵向槽也不需要太深。从右向左将部件推过铣头。

　　用胶合板切割出尺寸合适或稍大于纵向槽的方栓。使用推料板将胶合板推过锯片（图 B）。接下来，可以用刮刀来修整胶合板的表面，使其与纵向槽匹配。方栓的宽度应比两个纵向槽的深度之和稍小一点，这样方栓插入后接缝能够完全闭合（图 C）。

[小贴士]

　　方栓与纵向槽需要紧密匹配，不能过紧或过松，否则接合会失败或者过于松散。

　　硬木制作的方栓较难修整匹配，因为方栓沿长度方向分布的是短纹理，将其插入或拔出纵向槽时容易碎裂。因此可以在大部分的纵向槽中插入胶合板方栓，只在纵向槽的两端使用硬木方栓，以获得更好的外观（图 D）。此时不用担心硬木方栓的纹理方向问题，因为接合任务主要是由胶合板方栓来完成的（图 E）。

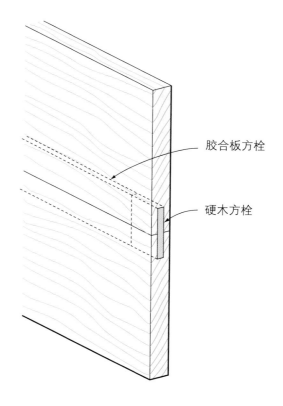

胶合板方栓

硬木方栓

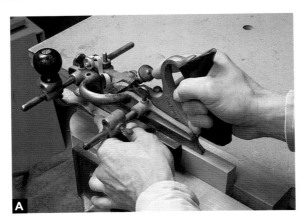

企口加强的拼接接合

手工制作企口拼接接合件

可以手工制作企口拼接接合件。使用多功能刨在接合边缘加工出纵向槽。操作时确保多功能刨的滑板对刨刀提供支撑，但设置得不要比刨刀更宽。顺纹理方向刨削会更轻松（图A）。

使用槽刨来加工榫舌。一把78号槽刨搭配靠山可以定位刨削的位置。你还可以在部件上固定一块木板作为靠山来引导刨削。使用78号槽刨上的深度计或者在部件边缘做标记来指示刨削深度。确保刨刀的宽度刚好与78号槽刨的两侧边缘对齐，以免加工出阶梯式的切口（图B）。

使用78号槽刨沿部件边缘刨削出两个半边槽以得到榫舌。可以利用这种搭接接头将木板拼接在一起，横跨柜子背部作为背板使用，这样的背板能够随木料的季节性形变进行调整，而不会显露任何缝隙。

> **小贴士**
> 将部件固定到台钳中，或者用木工夹固定在木工桌台面上进行加工（图T）。

使用电木铣台搭配直边铣头制作企口拼接接合件

使用电木铣台搭配直边铣头能够加工出精确的榫舌和榫槽。确保纵向槽的宽度不要超过部件厚度的 1/3。在电木铣上安装直边铣头，并将铣削深度调整为 ⅛ in（3.2 mm）。将靠山调整到位，使加工出的纵向槽相对于部件边缘居中。或者可以用部件的内外两面分别顶住靠山铣削，以确保铣削出的纵向槽居中（图 A）。

将部件紧贴靠山铣削纵向槽。分两次铣削，以清理纵向槽中的木屑，或者使用单槽铣头进行铣削，这样可以在加工过程中清除木屑（图 B）。

可以使用相同的铣头来加工榫舌。将部件的大面而不是边缘放置到台面上更便于确定基准面。铣削中产生的撕裂都出现在榫舌边缘，接合后会被隐藏起来。如果将部件竖起用边缘接触台面进行铣削，撕裂就会出现在部件边缘并暴露在外。铣削前调整靠山位置，使铣头只露出所需的部分完成加工（图 C）。

铣削第一个半边槽。如果撕裂过多，那么可以先进行一次顺铣来划刻部件的边缘以切断木纤维，然后再从右向左进料正常铣削。接下来翻转部件，铣削出另一侧的半边槽（图 D）。

➤ 参阅第 14 页"顺铣"。

加工完成后，检查榫舌能否刚好插入榫槽中。如果需要进行微调，可以用台刨修整榫舌或榫槽的边缘，或者用榫肩刨修整榫舌的榫肩（图 E）。

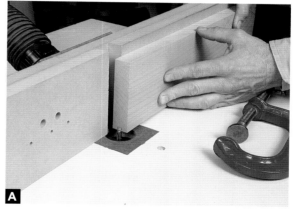

A

B

C

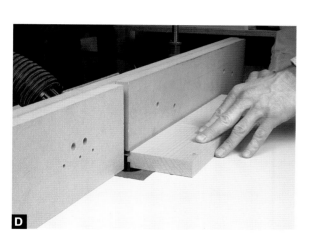

D

E

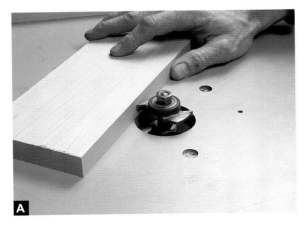

使用电木铣台搭配开槽铣头制作企口拼接接合件

使用电木铣台搭配开槽铣头同样可以加工出企口拼接接合件。先根据榫槽的深度设置开槽铣头的高度，使榫槽相对于部件边缘居中（图 A）。稍稍露出一点开槽铣头进行一次较浅的铣削，可以使加工过程更安全，而且榫槽也不需要很深。依次将部件的两面放置到台面上进行铣削，确保榫槽居中（图 B）。

然后调整开槽铣头高度，铣削榫舌两侧的半边槽。保持靠山不动，将开槽铣头刃口的顶部边缘与半边槽的底部边缘对齐。对榫舌部件进行第一次铣削，从右向左进料。如果出现撕裂，那么可以先进行一次顺铣（图 C）。翻转部件，使其另一面平贴在台面上进行第二个半边槽的加工，制作出榫舌（图 D）。

➤ 参阅 14 页 "顺铣"。

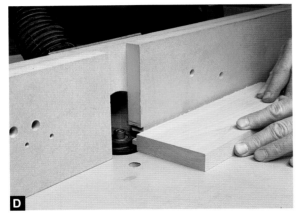

第 15 章
榫卯接合

　　如果想要简化接合的表述，那么可以认为所有的接合要么是拼接接合，要么是榫卯接合。榫卯接合的运用十分广泛，在箱体、框架和桌、椅、凳上都可以见到它们。基本上，榫卯接合可以用于各种类型的家具制作。

　　基础的榫卯接合非常简单：一个部件的凸出部分插入另一个部件的孔洞将两个部件接合在一起。它们的形状则根据接合的用途、制作的方法、制作的效率及其对作品整体外观的影响各不相同。

榫卯接合的优点

　　榫卯接合有许多优点。这是一种承重性能很好，可以轻松应对压力的接合方式。如果使用木楔、销子或木工胶进行强化，榫卯结构还可以很好地对抗张力和扭曲。这种接合在完全失效前会发出各种警示，不会像饼干榫那样毫无征兆地崩坏。同时，榫卯接合件在使用多年后，即使榫头收缩了，甚至部件裂成了两半，都可以保持接合在一起的状态。

　　榫卯结构能够减轻平板框架的重量，较小、较薄的部件制作的平板框架就可以用来固定面板。不仅如此，这种接合方式还可以牢牢固定箱体宽板。无论是直的或是带角度的榫卯部件，几乎存在于各种形式的桌椅中，使它们能通过相对较小、较轻的横撑部件和支撑腿承载较大的重量。接合件中的榫头可以制作成止位的，也可以制作成贯通的并用木楔加固，以获得高接合强度，同时为作品的设计增加额外的细节。

这把作者制作的胡桃木凳子已经使用了 40 年，使用的就是榫卯接合。

榫卯接合的设计

在榫卯接合的设计中，我们需要考虑一些基本因素。第一，榫头和榫眼的尺寸要适合你使用的工具，不要机械地执着于把部件的厚度分成3份。尽量让榫眼的宽度与凿子的宽度、钻头或铣头的直径匹配。

第二，在制作榫眼时不要去除过多木料，以免榫眼壁和榫眼底部所剩的木料过少，造成榫眼过于脆弱。我的经验是，榫眼四壁至少保留 ¼ in（6.4 mm）的厚度。例如，对于一块 ¾ in（19.1 mm）厚的木板，可以制作的榫眼宽度为 ¼ in（6.4 mm），而一块 ⅞~1 in（22.2~25.4 mm）厚的木板，则可以将榫眼宽度制作到 ⅜ in（9.5 mm）。

第三，要了解接合部位承受的应力。如果它将要承受扭转力，那么榫眼周围多保留一些木料有助于增加部件的抗性。可以通过最大限度地增加榫卯部件的胶合面来增加其接合强度。对百叶窗而言，一组裸面短粗榫就可以满足需要了，但对一张餐桌而言，则需要更长的加腋榫来提供所

榫眼的尺寸要根据工具来设定，而不是通过公式获得。

使用更深的榫眼可以为接合提供更多的胶合面，从而提高接合强度。

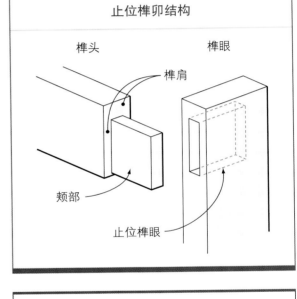

止位榫卯结构

榫头　　　　　榫眼

榫肩

颊部

止位榫眼

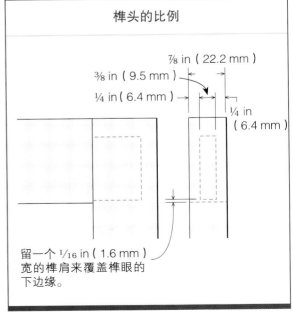

榫头的比例

⅞ in（22.2 mm）

⅜ in（9.5 mm）

¼ in（6.4 mm）

¼ in（6.4 mm）

留一个 ¹⁄₁₆ in（1.6 mm）宽的榫肩来覆盖榫眼的下边缘。

需的接合强度。

裸面榫头是由于榫头部件过薄，无法在其两面制作榫肩的"榫头"。它们多用于需要多个榫头分散承重或对抗应力的情况，例如用于板条结构。在裸面榫头的侧面制作榫肩有助于接合件对抗拉力和扭曲力。在横撑部件上制作宽榫肩可以使接合区域形成三角结构，从而强化接合，使其更牢固。

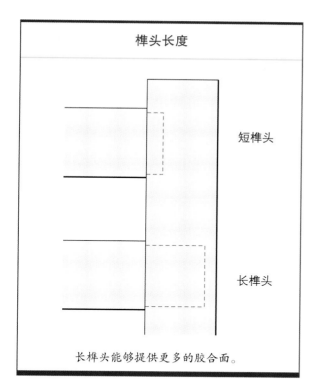

榫头长度

短榫头

长榫头

长榫头能够提供更多的胶合面。

这把朗尼·伯德制作的带雕刻胡桃木扶手椅具有很宽的横撑，能很好地帮助座椅对抗拉力和扭曲力。

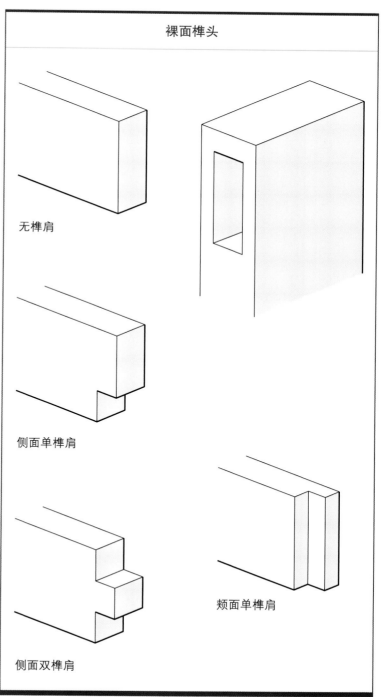

裸面榫头

无榫肩

侧面单榫肩

颊面单榫肩

侧面双榫肩

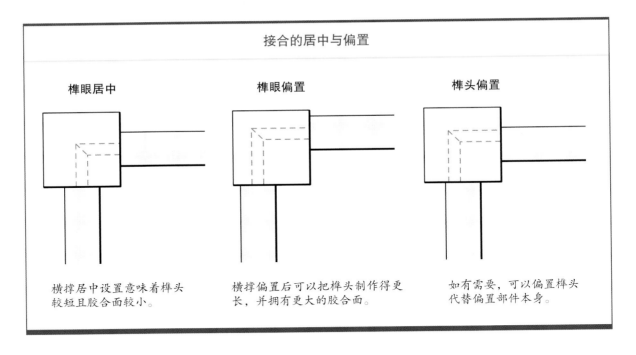

接合的居中与偏置

榫眼居中	榫眼偏置	榫头偏置

横撑居中设置意味着榫头较短且胶合面较小。

横撑偏置后可以把榫头制作得更长，并拥有更大的胶合面。

如有需要，可以偏置榫头代替偏置部件本身。

在榫头基部制作一个小榫尖来隐藏榫眼。

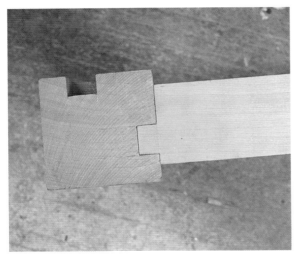

这个餐桌桌腿的俯视图展现了，如果将榫头外移，就可以使其插入更深。铅笔标记就是榫头能够深入到榫眼的位置。

可以利用榫肩来隐藏榫眼和其他任何在制作和匹配过程中残留在榫眼周围的瑕疵。即使一个 1/16 in（1.6 mm）宽的小榫肩也能出色地完成掩盖瑕疵的任务，并防止水分或污物进入榫眼中。

在榫头相遇的位置，比如桌子和椅子腿，将榫头外移（等同于榫眼外移），使其更靠近支撑腿外表面，可以将榫头制作得更长一些，从而获得更高的接合强度。榫头越靠近外侧，两个榫头就可以制作得越长，它们相遇的位置也就越深。在榫眼内，斜接两个榫头可以让它们互不干扰。当横撑不能偏离支撑腿的中心与其接合时，可以偏置横撑上的榫头，来获得相同的效果。

加腋榫可以防止接合区域扭曲。加腋处理通常会在接合件的顶部，也就是你不想暴露榫头的位置，但对于较宽的榫头，也可以在其中央和底部进行加腋处理。

把榫头制作得更宽能够提高接合强度，但也不能过宽，否则会面临木材收缩产生的问题。榫头的宽度如果超过 3 in（76.2 mm），应该将其分成两个或多个小榫头，以最大限度地弱化随着时间的推移木材收缩带来的影响。因为较大的榫头会整体收缩，而多个较小的榫头的收缩则是独立发生的。

确保在设计榫卯接合件时考虑榫头的纹理方

当横撑部件不能相对于支撑腿偏置时，可以选择偏置横撑的榫头。

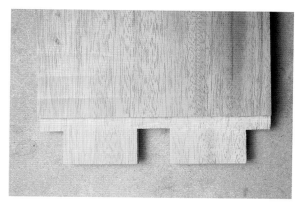

将一个宽榫头拆分成两个小榫头可以最大限度地消除木材收缩的影响。如有需要，还可以在榫头之间以及顶部和底部都做加腋处理。

加腋多头榫

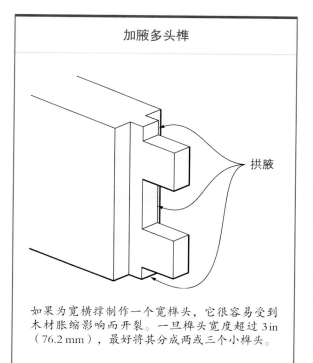

拱腋

如果为宽横撑制作一个宽榫头，它很容易受到木材胀缩影响而开裂。一旦榫头宽度超过 3 in（76.2 mm），最好将其分成两或三个小榫头。

加腋榫头

榫眼周边（侧壁和底部）留下的木料太少会使接合强度变弱。在榫头的顶部进行加腋处理可以增加接合件抗扭曲的能力。

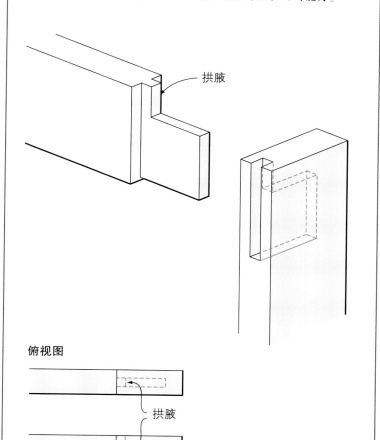

拱腋

俯视图

拱腋

在顶视图上看拱腋应该是方正的，其宽度约为榫头宽度的 1/3。

向（榫头的定向）。首要的原则是最大限度地增加长纹理胶合面。要记住，端面并不是很好的胶合面。如果可能，最好让榫眼的纹理方向与榫头的纹理方向一致。但很显然，这种情况在家具制作中并不容易实现。因此，我们需要考虑纹理方向对木材收缩的影响。

用木楔加固贯通榫头，不仅强化了接合，同时增加了设计元素。

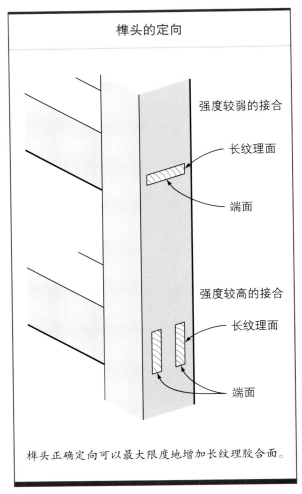

榫头的定向

强度较弱的接合

长纹理面

端面

强度较高的接合

长纹理面

端面

榫头正确定向可以最大限度地增加长纹理胶合面。

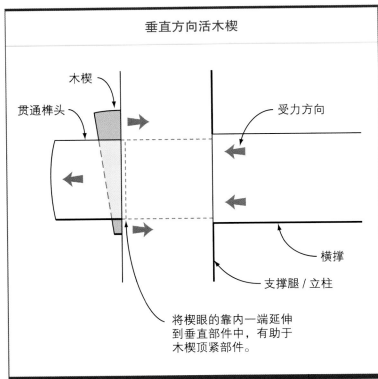

垂直方向活木楔

木楔

贯通榫头

受力方向

横撑

支撑腿／立柱

将楔眼的靠内一端延伸到垂直部件中，有助于木楔顶紧部件。

贯通榫头

当榫眼贯通时，它为接合创造了新的可能性，但也带来了新的问题。榫头会相应地加长，因此获得了更多的胶合面和更高的接合强度。但是因为榫头的端面暴露在外，也更容易吸收和流失水分，使榫头更容易发生胀缩，造成应力超出胶水层的极限。木楔可以减少木材的胀缩，同时增加接合强度。

可以把木楔敲入榫头端面开出的槽中，也可以将木楔贯穿榫头凸出部分的榫眼。木楔可以做成可拆卸的，也可以胶合固定。

榫卯接合的强化

　　有多种方式可以延长榫卯接合件的使用寿命。在接合件上钻孔并销入圆木榫，不管是直线贯通式的还是钻削孔式的，都可以达到强化榫卯接合的目的。钻削孔式强化是使用多个偏置孔将榫头拉入榫眼中并牢牢固定的方式。狐尾楔是在榫眼内部完成强化的。这种方式的确能强化榫卯接合，但需要精确设计。如果木楔过长，会使榫卯接合不能完全闭合；如果木楔过短，又完全不起作用。榫眼的两端也必须制作成合适的角度，来容纳木楔的厚度。

　　在榫头上楔入木楔也可以从外部完成。在榫头端面中部切出一个插槽，用来插入木楔。在插槽底部钻一个泄压孔帮助分散应力。木楔插槽需要成直线，可以手工锯切也可以用带锯加工。你还可以使用对角楔或双斜楔获得同样的效果。

在使用狐尾楔强化的榫头时要确保正确的木楔长度和宽度，以获得最好的接合结果。

木楔插槽底部的泄压孔能分散木楔楔入时产生的应力。

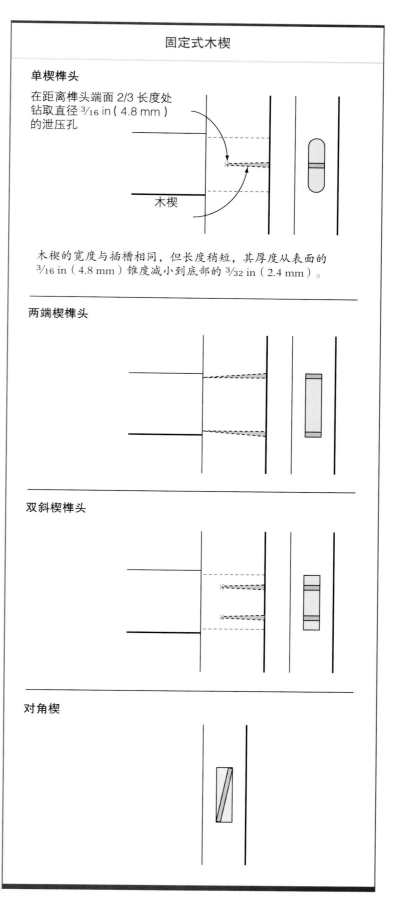

固定式木楔

单楔榫头

在距离榫头端面 2/3 长度处钻取直径 3/16 in（4.8 mm）的泄压孔

木楔

木楔的宽度与插槽相同，但长度稍短，其厚度从表面的 3/16 in（4.8 mm）锥度减小到底部的 3/32 in（2.4 mm）。

两端楔榫头

双斜楔榫头

对角楔

▶ 四方榫头还是圆榫头？

　　贯通榫接合普遍存在一个问题，几乎所有榫卯接合都会面临这个问题：将榫头制成四方的，还是把榫眼加工成圆的。手工制作的榫眼通常都是四方的，因此榫头显然也就应该制作成四方的。车床车削出的榫头是圆形的，那么就需要制作圆形榫眼与之匹配。而电木铣铣削出的榫眼转角是圆角，因此你必须用锉刀和凿子将榫头两侧倒圆，或者用凿子将榫眼转角凿切方正。如果榫眼是贯通的，那么在凿切其转角时需要更加小心，因为所有的处理痕迹都是可见的。

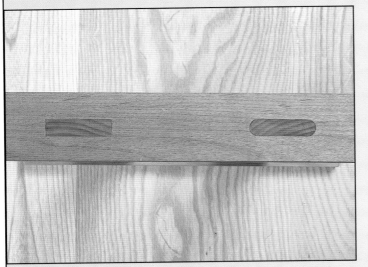

对于机械加工出的榫卯接合件，始终面临将榫眼转角处理方正或是将榫头两侧倒圆的选择。

木楔的位置

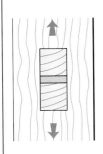 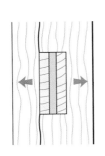 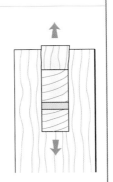

| 处于正确位置的木楔只会对榫眼端面施加压力。 | 木楔的这种楔入方式会对部件的长纹木方向施加压力，使部件容易开裂。 | 木楔过于靠近部件的端面，可能造成短纹理区域开裂。 |

交叉榫头可以将另一个榫头锁定到位。

　　确保安排好木楔插槽的朝向，使其与榫眼周围的木材纹理方向正确匹配，避免木楔楔入后产生针对长纹理的应力。和木头打交道的人都知道，木纤维非常容易沿长纹理方向开裂。此外，也要注意木楔作用于部件端面的应力，这个部分同样会因为短纹理的存在而裂开。

　　多个榫头可以配对交叉互相固定。这样也能避免形成脆弱的短纹理区域。

榫眼的制作

　　木工中制作榫眼的方法有 10 余种。具体使用何种方法需要考虑的因素包括现有工具的种类、对噪声的容忍度、制作效率和制作精度。如果你偏爱手工工具，它们肯定比使用电木铣要安静得多。但如果需要一次制作上百个榫眼，那么手工凿切可能就没有那么"浪漫"了。此外，如果榫眼的尺寸都相同，那么制作速度会更快，选择更经济的机器加工还是更有趣的手工制作，就看你自己了。但无论使用哪种工具，都要先制作榫眼，然后制作与之匹配的榫头。

　　手工制作榫眼时应使用那些专门设计的可以敲击的凿子。榫眼凿、直边榫眼凿、直边平口凿都有足够厚的刀身，能够承受铁锤的敲击。这些凿子大多具有较大的手柄或者末端带金属箍的手柄，可以防止敲击后端面像蘑菇一样散裂，而且它们通常都具有缓冲垫圈。

　　使用电木铣制作榫眼最重要的是做好标记，

使用专门设计的榫眼凿来制作榫眼。

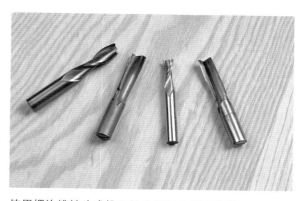

使用螺旋槽铣头或榫眼铣头铣削榫眼更轻松。

确保精确地铣削出榫眼。螺旋槽铣头具有较好的排屑效果，而专门设计的榫眼铣头更高效。水平铣削机在 X、Y、Z 三个方向上可以自由运动，因此能出色地完成各种榫眼的制作。

榫头和榫眼的匹配

榫头与榫眼的匹配就好像穿上一双合脚的皮鞋，而不是宽松的运动鞋或是过紧的牛仔靴。理想的情况是，榫头与榫眼稍用力就可以接合到一起，但是需要使用铁锤敲击才能将它们分开。如果榫卯接合件不匹配，可以将榫头对着光源来找出高反光的区域。这些反光区域是在安装过程中与榫眼壁发生摩擦的区域，需要进行修整。

使用锋利的宽凿或手工刨对榫头进行修整。制作榫卯接合件的手工刨是专门设计用来修整榫肩和颊面的。不要尝试用砂纸或锉刀来处理榫头，因为它们会把榫头的端面倒圆。也可以使用台锯搭配纸垫片来进行修整。

对于接合后需要保持表面平整的部件，应先加工出一个颊面来检查榫头与榫眼的相对位置。将两个部件表面对齐，观察修整过的颊面是否与榫眼的侧壁平齐。待第一个颊面能与榫眼侧壁对齐后，再切割第二个颊面。

在"绿色木工"中，圆形榫头部件需要使用干燥木材制作，而对应的榫眼部件则要用生材或湿材来制作。这样榫眼部件制作好后会因为快速失水收缩牢牢锁紧榫头。如果接合过紧，可以用烤箱或一锅热砂处理榫头部件，使其干燥收缩。

多轴铣削机利用水平安装的电木铣来加工榫眼。将部件固定在可以左右和前后移动的水平台面上。电木铣和铣头则可以在垂直方向上进行调整。

干接榫卯接合件后，找出榫头上反光的区域。用铅笔将这些位置标记出来稍后修整。

在榫卯接合件的内部必须为胶水留出空间，尤其是在榫头颊面和榫眼底部，多余的胶水会在此积聚。通常只在榫眼中涂抹胶水，将胶水涂抹在其四壁，并在入口处多涂一些，这样榫头在进入时会将胶水带入榫眼底部。至于榫头，仅需在颊面涂抹少许胶水。榫头上过量的胶水很容易被榫眼刮掉，溢出到部件表面或者两个部件的夹角处。

▶ 拯救过小的榫头

如果切割出的榫头太小，不用担心，你并不是第一个犯错的人。保存好锯切时的废木料，将其重新胶合到颊面上，因为是从部件上切下来的，所以废木料的颜色和纹理方向可以与部件完美匹配。胶水凝固后，再次锯切榫头，直到其与榫眼完美匹配。还有一种补救的方法，即在榫头颊面胶合木皮，使其增厚到刚好与榫眼匹配的程度。至于圆榫头，可以在其周围胶合一圈刨花来增加尺寸。

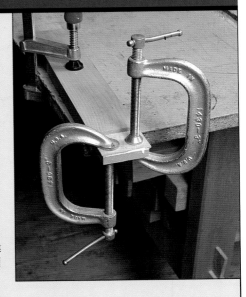

将废木料重新胶合到榫头上，再次锯切，得到与榫眼匹配的榫头。

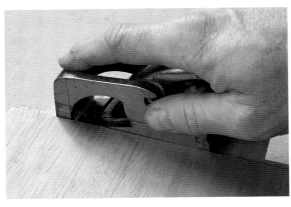

使用一把刨刀宽度与其底座相同的手工刨来修整榫头，只有这样的手工刨才能顶住榫肩对榫头的整个颊面进行刨削。

在这个榫头锯切夹具上，可以在靠山和部件之间夹上一片纸垫片来精修颊面。

当榫头只有一个颊面被加工出来时，可以用它贴住榫眼的外表面，观察榫头的外表面能否与榫眼内壁平齐。

对整个榫眼涂抹木工胶，并在入口处多涂一些。榫头的话，只需在颊面上涂抹少许就足够了。

基础榫眼制作

使用榫眼凿手工制作榫眼

手工制作榫眼，首先要用尺子或卷尺在部件端面测量，标记出榫眼的位置。用铅笔搭配直角尺横向于纹理画线，标出榫眼的两端（图 A）。

接下来，设置榫眼规或划线规，标记出榫眼的宽度。可以参考榫眼凿的宽度，将榫眼凿置于榫眼规的两个刀片之间设置划线规（图 B）。然后移动划线规的靠山，将其贴靠在部件的相应边缘。标记出榫眼的宽度线，划线时保持划线规的靠山紧贴部件边缘移动。尽量不要让划刻线越过铅笔标记线（图 C）。

将榫眼凿置于榫眼宽度线之间，在榫眼中部进行第一次凿切。依靠凿子的宽度建立榫眼的两侧侧壁，注意保持凿子垂直于部件表面向下凿切（图 D）。继续凿切，此时应将凿子倾斜一定角度，继续向榫眼的中心凿切，直到榫眼的全深度。持续凿切并撬出榫眼中的废木料，直到接近榫眼的两端。凿切两端时，保持凿子沿标记线垂直向下凿切。可以稍稍底切榫眼两端侧壁，以帮助榫头进入（图 E）。

凿切出榫眼后，对其侧壁进行清理，并用一个标准件检查其整体宽度是否一致。标准件是一片宽度与榫眼相同的薄木片（图 F）。标准件被卡住的位置即为需要修整的位置。凿切侧壁时，注意保持修整后的侧壁依然平整且彼此平行。

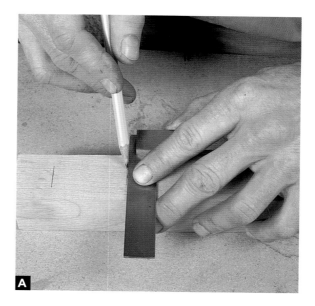

A

B

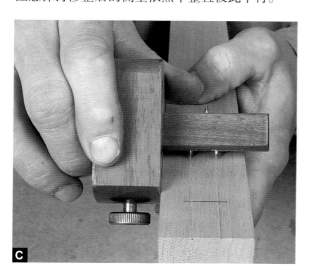

C

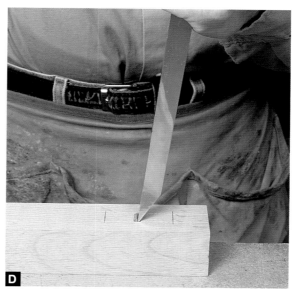

D

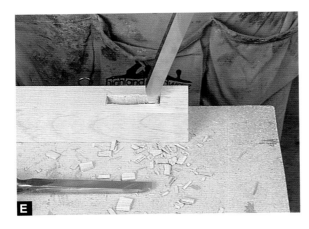

使用手摇钻和木工凿手工制作榫眼

先用铅笔标记出榫眼的两端，然后用榫眼规划刻出榫眼的两侧侧壁，参考凿子的宽度设置榫眼规（图 A）。

使用手摇钻钻孔去除大部分废木料（图 B）。在钻头上粘贴遮蔽胶带指示钻孔深度。如果使用的是麻花钻头，要确保将钻头尖端的长度计算在钻孔内，否则可能会将部件钻穿。握住手摇钻使其垂直于部件表面，为了更好地观察手摇钻的姿态，可以从部件的端面观察操作。

先钻出榫眼两端的孔，然后钻出榫眼中心的孔（图 C）。

> **变式方法**
>
> 还可以使用手持式电钻代替手摇钻钻孔（图 V）。钻孔时从部件端面观察钻头姿态，使钻头尖端与部件表面保持垂直。

使用锋利的宽凿清理钻孔中的圆角区域。保持凿子背面贴靠榫眼侧壁，利用钻孔引导凿子竖直向下切削（图 D）。

接下来，将榫眼两端凿切方正。使用之前设置榫眼规的宽凿，将其放置在榫眼端面的标记线处，由榫眼壁提供引导，轻轻向下凿切（图 E）。清理掉废木料，继续向下凿切。凿切时应保持凿子的刃口斜面朝向榫眼内部，而清理时则要使凿子的刃口斜面朝向榫眼底部，这样便于更轻松地控制凿切过程。在清理榫头的同时，也要清理榫眼的侧壁。

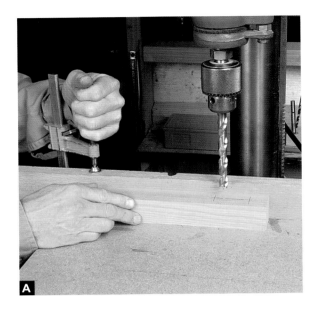

使用台钻制作榫眼

要更精确地去除榫眼中的废木料，应使用台钻搭配靠山进行钻孔。在部件上标记出榫眼的两端和长度中心。然后用标记好的部件设置并固定靠山。将钻头中心与榫眼中心对齐（图 A）。将钻头的深度标尺归零并设置钻孔深度。钻头顶部越过刃口部分的尖端同样需要计算在钻孔深度内（图 B）。

首先钻取榫眼两端的全深度孔（图 C），然后在钻中心孔时稍深一些。要确保中间部分始终留有足够的木料，使钻头的尖端能够咬入，否则钻头会发生偏移。如果你足够小心并缓慢钻孔，可以去除榫眼中大部分的废木料，只留下很少一部分需要后续清理（图 D）。

接下来，用钻头清理第一次钻孔后钻孔之间残留的圆弧部分。确保在操作时部件被牢牢固定。最后用一把锋利的宽凿对榫眼进行清理。

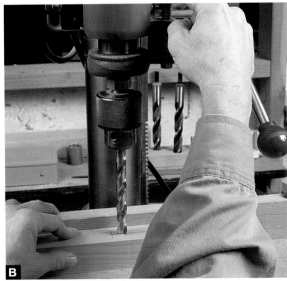

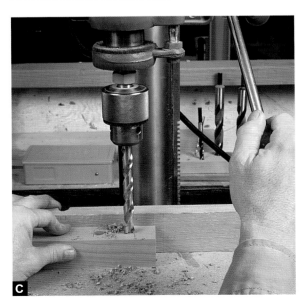

使用配有可滑动台面的台钻制作榫眼

可以使用装有滑动台面的台钻，安装加工金属的端面立铣刀加工榫眼。可滑动台面可以在钻头下方来回运动（左右移动）以加工榫眼（图 A）。最好先钻孔去除废木料可以加快后续的切割速度，并减少钻头的震动（图 B）。

先钻出榫眼两端的孔，然后在残余的废木料部分继续钻孔。钻头的直径可以比榫眼的最终宽度小一些（图 C）。

接下来，先将可滑动台面的底架设置好，并将台面放在上面。把标记好的部件用木工夹固定在可滑动台面的靠山上。然后安装好立铣刀，并将其与榫眼对齐。最后用木工夹或螺栓将可滑动台面的底架固定到位。

在可滑动台面上固定限位块来限制其行程，并设置好榫眼的长度（图 D）。如果需要加工多个部件，那么可以在靠山上固定限位块，来限定部件在靠山上的位置。操作时每次都小幅钻入，然后从左向右移动台面进行铣削。这样能保持部件朝着钻头的旋转方向移动，使部件顶紧到靠山上，并减小钻头震动（图 E）。

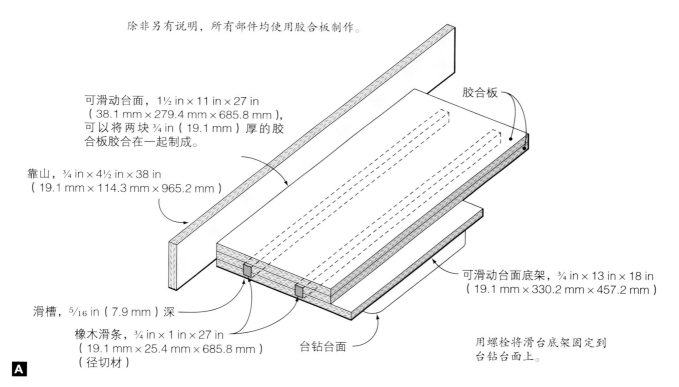

除非另有说明，所有部件均使用胶合板制作。

胶合板

可滑动台面，1½ in × 11 in × 27 in（38.1 mm × 279.4 mm × 685.8 mm），可以将两块 ¾ in（19.1 mm）厚的胶合板胶合在一起制成。

靠山，¾ in × 4½ in × 38 in（19.1 mm × 114.3 mm × 965.2 mm）

可滑动台面底架，¾ in × 13 in × 18 in（19.1 mm × 330.2 mm × 457.2 mm）

滑槽，5/16 in（7.9 mm）深

橡木滑条，¾ in × 1 in × 27 in（19.1 mm × 25.4 mm × 685.8 mm）（径切材）

台钻台面

用螺栓将滑台底架固定到台钻台面上。

A

B

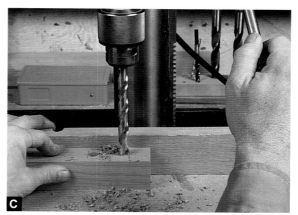

C

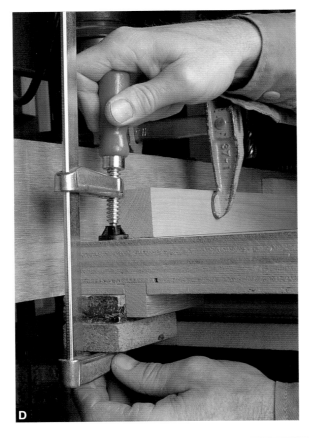

使用空心凿开榫机制作榫眼

空心凿开榫机是专门设计用来制作榫眼的机器。它的控制臂利用杠杆原理在使用钻头去除大量废木料的同时，可以让空心凿进行凿切。当然，这种钻头和空心凿的协同组合操作需要它们经过了完美地研磨和精细的调试才能获得。在研磨钻头和空心凿后，将钻头安装到空心凿中，使钻头底部的刃口与空心凿的尖端之间保留约 1/32 in（0.8 mm）的间隙。否则，可能会面临烧刃或者它们无法进入部件中的问题。此外，还要保证空心凿与靠山平行（图 A）。

在部件标记出榫眼的位置和尺寸，并设置靠山，将空心凿定位到榫眼的正上方（图 B）。设置好榫眼的加工深度，将部件夹紧固定，如有需要，可以在木工夹和部件之间夹入间隔木。首先完成榫眼两端的加工，再处理中间部分。确保每次加工时都留下一些木料，以便定位钻头和空心凿，否则它们在压入的过程中会偏离标记（图C）。此外，空心凿的退出孔应朝向两侧，以免高温木屑飞到你的手上，或者可以在退出孔附近设置集尘器（图D）。

变式方法

可以在台钻上安装一个空心凿开榫附件。你需要取下台钻的夹头来安装空心凿紧固器，然后再把夹头重新装回（图V）。

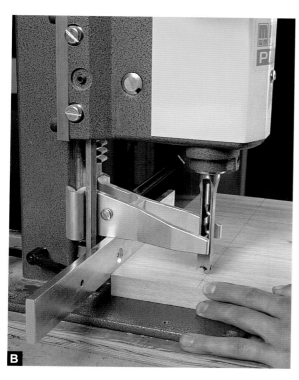

B

C

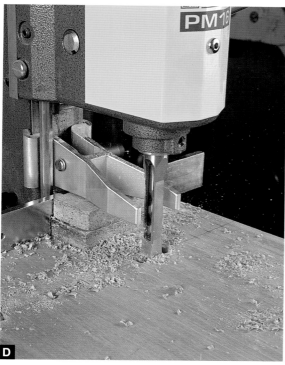

D

V

使用压入式电木铣搭配靠山制作榫眼

当要在较窄的部件上使用压入式电木铣加工榫眼时，可以将多个部件一起固定在工作台上，为电木铣提供更好的支撑。

首先，在部件上标记出榫眼（图 A）。在电木铣靠山上安装一个辅助靠山可以获得更好的支撑和加工精度（图 B）。把铣头贴到部件表面作为深度的零刻度（图 C），然后使用电木铣上的深度计设置榫眼所需的深度（图 D）。调整靠山位置，使铣头正对榫眼，然后将靠山锁定。每次向下铣削约 1/8 in（3.2 mm）的深度。

用铅笔在榫眼两端做标记，限定电木铣每次铣削的位置。具体做法是，将铣头刃口与铅笔标记对齐，并在部件上标记出电木铣底座的位置，每次铣削时都让电木铣底座到达标记处（图 E）。

更可靠的方式是在部件上固定限位块，来限定电木铣的移动范围（图 F）。让电木铣在铅笔标记或是限位块之间来回移动，直至完成榫眼的全深度铣削（图 G）。

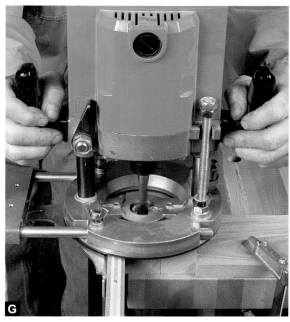

使用压入式电木铣搭配通用夹具制作榫眼

通用夹具可以帮助压入式电木铣和靠山更好地与部件上的标记对齐。使用一个尺寸合适的夹具，几乎可以在任何大小和形状的部件上加工榫眼。铣削时靠山要顶住夹具的外表面，铣头则铣削固定在夹具内的部件。如有需要，可以在部件下方垫一些间隔木抬高部件进行加工（图 A）。

在压入式电木铣上安装好铣头和靠山。将铣头刀刃与榫眼末端对齐。因为我的夹具安装有一个永久的末端限位块，所以我会让靠山先顶住这个限位块，再将部件放入夹具并固定，使铣头和榫眼末端标记对齐（图 B）。这样在靠山顶住末端限位块后就可以制作出榫眼的另一端。

接下来，将铣头与榫眼的另一端对齐，并在夹具上固定一个限位块来限制电木铣的行程。这样就确定了榫眼的长度（图 C）。将铣头贴在部件表面，确定深度的零刻度，在电木铣的深度计上设置好榫眼所需的深度（图 D）。

在两个限位块之间移动电木铣铣削到所需深度，铣削时保持靠山一直紧贴夹具（图 E）。为了能够重复加工，可以在部件一端固定一个限位块，确定后续部件在夹具中的位置。

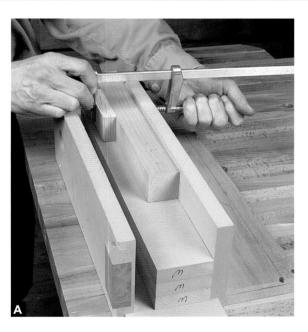

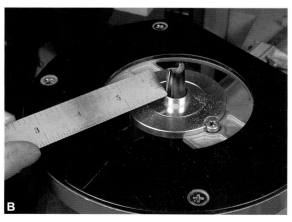

使用压入式电木铣搭配模板制作榫眼

要为作品制作相同尺寸的榫眼，可以制作一个榫眼模板与电木铣搭配。在电木铣底座上安装引导轴套，并搭配直边铣头，就可以每次铣削出尺寸相同的榫眼了。加工出的榫眼在部件上的位置不仅取决于榫眼模板上的榫眼槽位置，还取决于榫眼模板放置到部件上的方式。榫眼模板同样可以用来在长部件的末端制作榫眼，因为榫眼模板能为电木铣底座提供较大的支撑面。

先在一块 1 in（25.4 mm）厚、3 in（76.2 mm）宽、12 in（304.8 mm）长的木板上用胶水和钉子固定一块 ¼ in（6.4 mm）厚的绝缘纤维板（美森耐纤维板）或中密度纤维板。确保纤维板的边缘相对于木板边缘回退一点（图 A）。然后测量出榫眼铣头相对于引导轴套的偏移量（图 B）。在榫眼长度的基础上增加两倍的偏移量就是模板上榫眼槽的长度。在模板的内面标记出榫眼的尺寸（图 C）。使用与引导轴套直径相同的直边铣头加工榫眼槽。（如果没有与轴套直径相同的铣头，可以通过多次铣削获得榫眼槽的全宽度。）

调整电木铣台靠山的位置，使榫眼模板榫眼槽与所需的榫眼居中对齐。记得把榫眼模板靠山的 1 in（25.4 mm）厚度计算在内，这样可以使电木铣台靠山的设置更为简单。先在纤维板的末端试切几次，检查设置是否到位（图 D）。

在部件上标记出榫眼。如有需要，可以在榫眼模板的靠山上添加一个限位块，但这样会使榫眼模板只能为平板框架加工出一半的榫眼，且需要制作另一个模板来加工框架的另一半榫眼。如果使用的是无限位块的榫眼模板，只需将榫眼与榫眼槽的偏移量计算出来，并在榫眼旁边做好标记（图 E），每次进行加工时只需将榫眼模板榫眼槽与偏移量标记对齐，然后固定榫眼模板。

将电木铣放置到榫眼模板上，压下铣头接触部件，设置深度的零刻度。将电木铣的深度限位条上移合适的量（图 F）。下压电木铣，使引导轴套进入榫眼模板榫眼槽进行铣削，确保铣削时榫眼槽不会被木屑堵塞（图 G）。可以准备好吸尘器随时清理木屑，或者直接在电木铣上安装集尘软管，边铣削边吸尘。

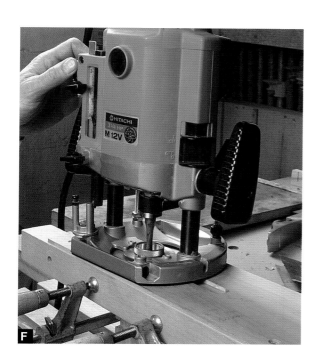

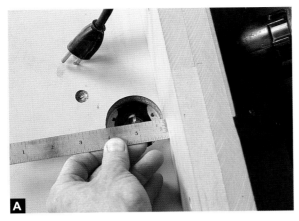

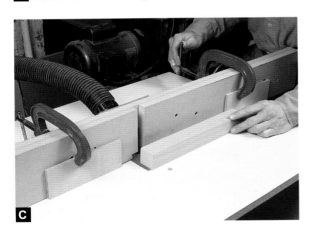

使用电木铣台制作榫眼

可以使用电木铣台制作较浅的榫眼。在部件上标记出榫眼，然后测量出榫眼侧壁与部件边缘的距离，用这个距离设置好铣头与电木铣台靠山。如果铣头直径与榫眼宽度一致，那就是设置铣头刃口与靠山的距离（图 A）。设置铣头第一次的铣削深度为 ⅛ in（3.2 mm）（图 B）。这样较浅的铣削能减轻电木铣的负荷。在电木铣台靠山上固定限位块来限制铣削的行程（图 C），也就设定了榫眼的长度。

开始铣削时，将部件一端顶住远端限位块，另一端悬空，然后缓缓将悬空的一端放下接触铣头。在放下部件的过程中要让其紧贴靠山。当部件接触铣头后，将部件稍微前后移动，并保持铣头下压，直到设定深度。这样能最大限度地减少没有中心刃口的铣头灼烧部件（图 D）。在完成第一次铣削后，将铣削深度增加 ⅛ in（3.2 mm）继续铣削（图 E）。重复上述操作，直到加工出全深度的榫眼。

变式方法

对于大多数倒装在电木铣台上的电木铣，其铣削深度在每次调整后可能都不一致。铣削后部件表面会出现阶梯，这是铣头没有保持在电木铣底座中心造成的。要提高加工精度和制作榫眼的效率，可以将铣头设置成榫眼的全深度，并通过垫片来调整每次的铣削深度（图 V）。每次铣削后抽出一层垫片，直到完成全深度的铣削。这些垫片可以使用任何人造板制作，在上面制作好榫眼槽，使铣头能够伸出。

E

V

使用多轴铣削机制作榫眼

多轴铣削机本质上是一种电木铣被水平安装的铣削系统，是市场上众多使用标准电木铣和可移动台面完成操作的设计之一。多轴铣削机有3个轴，因此可以在上下、前后和左右3个方向运动。电木铣的底座安装在竖直面板上，操作时将电木铣装入底座，并为其安装榫眼铣头（图A）。工件台上有一个小靠山，用来定位部件。将部件顶住小靠山和一个安装在工作台上的尼龙销。使用安装在台面上手钳或者气动夹将部件固定到位（图B）。设置水平方向的铣头，使其与部件上的榫眼标记对齐。

A

通过升降竖直面板和电木铣来确定铣头的位置，然后将竖直面板固定到位（图C）。接下来，根据榫眼长度设置水平平台的左右移动范围。先让铣头与榫眼的一端对齐，设置好对应的限位器。然后水平移动铣头，使其与榫眼的另一端对齐，设置好另一端的限位器（图D）。要设置榫眼的深度，首先使铣头接触部件确定零刻度，然后用尺子在对应的限位器上量出榫眼深度（图E）。在所有限位器固定到位后，就可以开始铣削了。完成这套设置的时间要比实际的铣削时间长得多，但结果是令人满意的。使用水平平台上的两个把手来控制部件的前后和左右运动，使铣头缓慢地靠近部件，每次切入少许，然后左右平移完成一次铣削（图F）。重复这样的操作，直到铣削出全深度的榫眼。

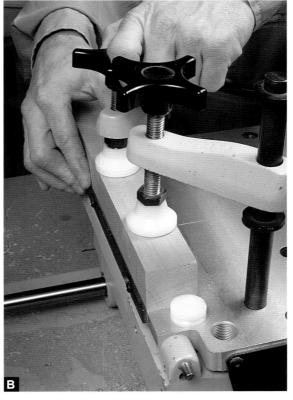

B

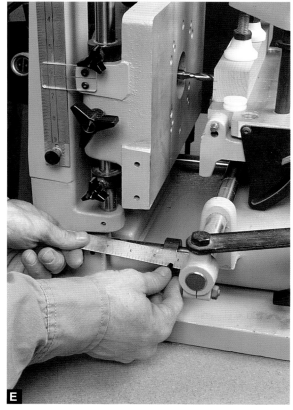

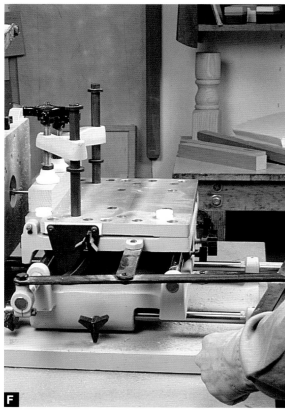

使用重型榫槽机制作榫眼

重型榫槽机是可以持续完成榫眼制作的工业标准机器。首先在部件上做好榫眼的标记，并用木工夹将部件固定在短靠山上。然后将铣头靠近部件设定其高度，调整台面高度，直到铣头与榫眼标记对齐（图 A）。

参考榫眼标记，通过安装在台面下方的限位杆限制部件的左右移动范围，从而确定榫眼的铣削长度（图 B）。榫眼的铣削深度通过铣头旁边的限位杆进行设置。先使铣头接触部件确定零刻度，然后设置铣削深度（图 C）。

进行加工时，先将铣头切入部件较浅的深度，然后左右平移台面来完成一次铣削。接下来持续压入铣头进行渐进式铣削，直到加工出全深度的榫眼（图 D）。

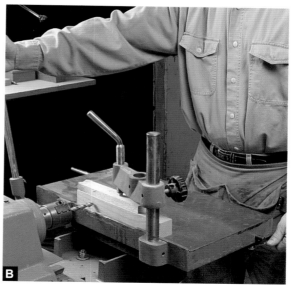

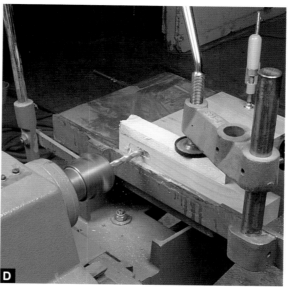

A

B

基础榫头制作

手工制作榫头

手工制作榫头需要仔细的画线、锋利的工具和耐心的组装。榫头的制作一般都在榫眼完成后进行。因为在检查接合件的匹配情况时，修整榫头使其匹配榫眼要比修整榫眼简单得多。

使用划线规标记出榫眼的长度（榫肩线的位置）。具有轮式划线刀的划线规最适合横向于纹理画线（图 A）。部件的内外表面都要做标记。然后用铅笔和尺子或者继续使用划线规标记出榫头的厚度线（也就是颊面线）（图 B），颊面线要延伸到部件的端面和两侧边缘。

首先锯切榫肩，将部件牢牢抵靠在挡头木上或者用木工夹将部件固定在木工桌台面上进行操作（图 C）。

变式方法 1

在部件上固定靠山引导手锯进行锯切（图 V1）。如果仔细地将靠山与部件两面的榫肩标记对齐，并在锯切时保持锯子一直顶住靠山，就可以锯切出整齐一致的榫肩。设置靠山时可以使用组合角尺来辅助确定靠山的位置。

C

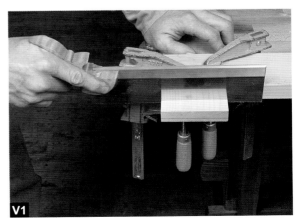

V1

完成榫肩的锯切后，使用开榫锯或夹背锯锯切颊面。如果部件较宽，可以分多次完成锯切，而不是一次性锯切出整个颊面，以免出错。先将部件竖起并倾斜一定角度固定在台钳中，以便你在操作的同时观察部件端面和近边缘的颊面线（图 D）。从靠近身体的边角向下锯切，直到接近榫肩线。翻转部件重新成角度固定，在部件另一侧锯切相同的颊面，直到接近榫肩线（图 E）。然后将部件竖直固定在台钳中，从部件端面竖直向下锯切到榫肩处（图 F）。

[变式方法 2]

如果部件较窄，可以直接从端面垂直向下锯切颊面（图 V2）。

完成第一个颊面的锯切后，最好先用榫肩刨或牛鼻刨修整第一个颊面，再锯切第二个颊面。这样如果你在修整时刨削掉了过多的木料，那么还有机会调整第二个颊面的锯切。

在两个颊面锯切完成后，检查榫头是否能与榫眼匹配。榫头稍厚一点没有关系，可以用凿子或手工刨修整颊面，实现最终的匹配（图 G）。

D

E

F

G

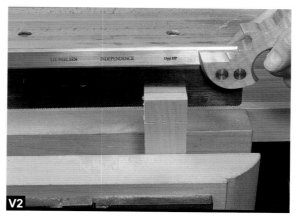

V2

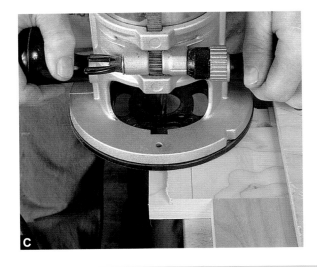

使用压入式电木铣搭配直角夹具制作榫头

可以用手持式电木铣搭配靠山或直角夹具铣削榫头。首先测量出铣头刃口与电木铣底座边缘之间的距离（图A），这个距离对于设定靠山非常重要。用木工夹将部件固定在木工桌台面上，可以在部件旁边并排放置一块木板，用来支撑电木铣底座和直角夹具。用一把直角尺定位直角夹具，并将直角夹具固定到位（图B）。设置铣削深度，逐渐放低铣头渐进式铣削，如果铣削深度较浅，可以直接将铣头设置到全深度进行铣削。

从部件的端面开始铣削，将电木铣从左向右横跨部件移动，朝着榫肩方向逐步铣削。如果铣削速度过慢，部件的端面会出现灼痕，因此需要保持中等偏快的铣削速度。

铣削榫肩时，要保持电木铣底座的某个点始终顶住直角夹具。继续铣削，直到接近榫肩线，但是在靠近部件另一侧时要停止铣削，然后将电木铣从直角夹具上移开，从部件另一侧继续进行铣削，以避免部件边缘出现撕裂（图C）。

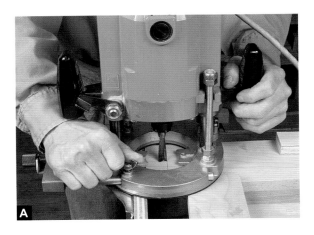

使用压入式电木铣搭配靠山制作榫头

在压入式电木铣上安装一个辅助靠山后就可以用来加工榫头了。在部件上标记出榫头，然后将部件固定到木工桌台面上，并用另一块木板顶住部件远端，支撑电木铣。将铣头与榫肩标记对齐，并固定辅助靠山。确保将铣头的刃口旋转到合适位置与标记对齐（图A）。

从部件的端面开始铣削，从左向右横跨部件

进行铣削。在铣削端面时要确保为电木铣底座提供良好的支撑（图 B）。铣削出榫肩后就完成一个颊面的加工，铣削速度可以稍快，以免端面被灼烧。将辅助靠山顶住部件的端面，尽量铣削到榫肩处（图 C）。

注意，在靠近部件另一侧时要停止铣削，将电木铣从部件上移开，从另一侧边缘向内铣削出整个榫肩，这样可以避免部件边缘出现撕裂。整个加工过程都要保持辅助靠山紧紧顶住部件端面（图 D）。

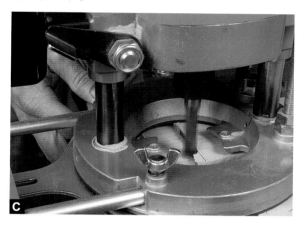

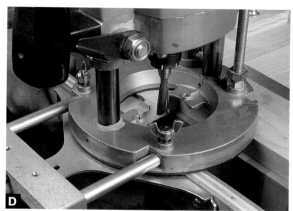

使用电木铣台垂直加工榫头

如果部件足够宽，可以在竖起的情况下顺畅地通过电木铣台和铣头周围的空隙，那么也可以用电木铣台垂直加工榫头。较窄的部件很容易掉入铣头周围的空隙中，因此不能竖起进行加工。使用推料板从右向左推动部件迎着铣头的旋转方向进料（图 A）。

保持铣头只露出一点来铣削部件的表面，较小的铣削量能有效防止部件边缘撕裂。接下来，重新设置靠山，使铣头能够铣削出颊面，加工出居中的榫头（图 B）。

> ⚠ **警告**
>
> 保持铣头始终是被靠山包围的，以使部件在进料时卡在靠山和铣头之间。否则，当你从右向左进料时，铣头接触的是部件的外侧而不是靠山一侧，部件会很容易被铣头带动回抛或者从你的手中拖走，这是很危险的。

使用电木铣台水平加工榫头

使用电木铣台制作水平榫头的第一步是，为电木铣安装一个宽铣头。旋转铣头，使其刃口位于距离靠山最远处。测量这个距离或者直接用榫肩标记来设置靠山的位置，并将靠山固定到位（图A）。按照颊面的全深度设置铣头高度，同样可以用标记好的榫头进行设置（图B）。

在铣削前，先用带锯锯掉部分废木料，以减少铣头的磨损和可能出现的撕裂（图C）。保存好切下的废木料，以防万一榫头被铣削得过小。如果榫头锯切过小，只需将废木料重新胶合到榫头上，然后再次锯切。

在使用电木铣台铣削时，可以用一块垫板支撑部件。否则，较窄的部件可能会在顶住靠山移动时摇晃。从部件端面开始铣削，从右向左迎着铣头的旋转方向进料。将部件逐渐向靠山移动，使铣头逐渐靠近榫肩以进行渐进式铣削（图D）。最后，将部件和垫板一起顶住靠山进料，完成榫肩的铣削（图E）。

使用多轴铣削机制作榫头

使用像多轴铣削机这样电木铣被水平安装的铣削系统可以有多种引导方式来完成榫头的加工。我将一个自制的装有尼龙销的直角靠山安装到工作台面上（图 A），并在其末端安装了一个自制的限位块。这样每次加工时可以准确定位部件的位置（图 B）。

在电木铣上安装榫眼铣头或者螺旋槽铣头。使用榫肩线设置铣头的铣削深度，并将锁定控制台面前后移动的限位器（图 C）。然后利用颊面线设置好铣头高度。这个设置需要两个限位器，分别对应部件的上下两个颊面（图 D）。

每次少量铣削，直至加工出榫头（图 E）。

变式方法

多轴铣削机也可以搭配安装在工作台面的榫头模板来制作榫头（图 V）。一根带有滚珠轴承的唱针式随动杆可以沿模板运动，让你能够铣削出特定尺寸的榫头。还有配合尺寸稍有不同的铣头来加工同一尺寸榫头的稍大或稍小的模板。

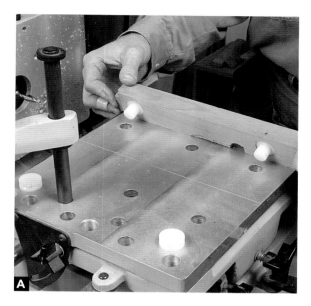

A

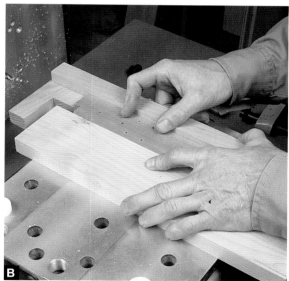

B

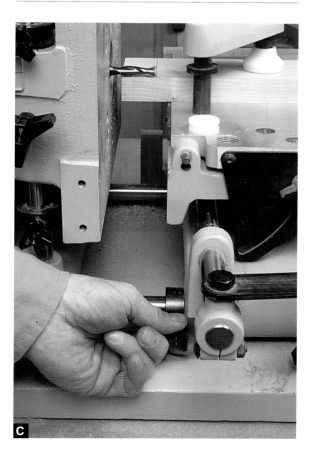

C

D

使用配有滑动台面的复合斜切锯制作榫头

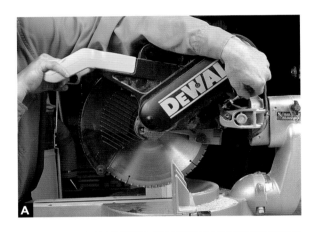

配有滑动台面的复合斜切锯可以用来粗切榫头。在部件上标记出榫头，并利用标记设置好锯片的锯切深度。你可能需要一个加宽或加高的靠山来引导锯片在特定的锯切深度下全程移动。在设置好这些之前不要进行下一步操作（图A）。

在靠山上固定限位块以限定榫肩的锯切。该限位块要固定在部件要被锯切的一端（图B）。只有这样，锯切时产生的木屑才会出现在部件和限位块之间，将部件推离靠山，确保锯切不会越过榫肩标记。如果把限位块固定在部件的远端，木屑可能会将部件推离限位块使得锯切越过榫肩标记。

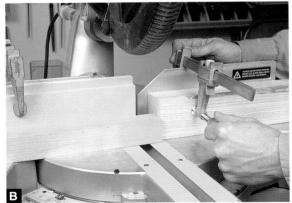

通过多次渐进式锯切加工出榫头的颊面。在锯切出第一个颊面后，翻转部件，继续锯切出另一个颊面（图C）。

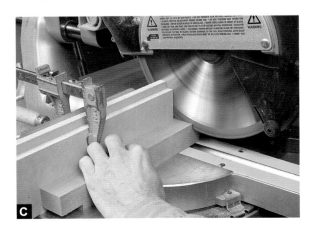

使用带锯制作榫头

在使用带锯加工榫头前，要先在部件上做好榫头标记。然后设置好靠山锯切榫肩。确保将榫肩线与背离靠山的锯齿对齐（图 A）。

锯切榫肩，直到接近颊面线，锯切时可以用一块同样顶住靠山的垫板支撑部件（图 B）。图中这样的窄板在顶住靠山移动时很容易晃动，除非为其提供支撑。或者，如果你的带锯配有定角规的话，也可以使用定角规辅助进料。

接下来锯切榫头的颊面，在锯片接近榫肩线时要减慢进料速度。因为榫肩线附近所剩的木料很少，如果没有做好准备，很容易损伤榫肩。当然，也可以在靠山上固定一个限位块来防止这种情况发生。如果榫头是居中的，锯切完一个颊面后，可以直接翻转部件锯切第二个颊面。切下来的废木料最好暂时保存，万一榫头锯切得过小可以用它们来补救：将废木料重新胶合到榫头上，然后重新锯切（图 C）。

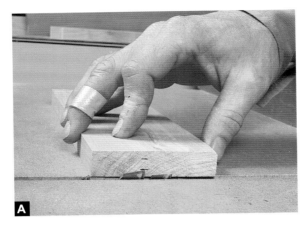

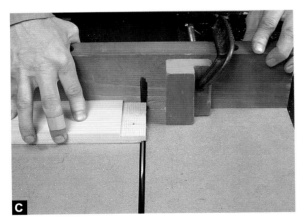

使用台锯横切制作榫头

也可以借助横切夹具在台锯上横切榫头。根据榫头标记设置锯片高度（图A）。接下来，在夹具靠山上固定一个限位块来限定榫肩的锯切位置。我通常在靠近锯片的部件边缘标记榫头的长度（榫肩线），以便榫肩线与锯片对齐（图B）。

进行多次渐进式锯切，直到锯切出第一个颊面。然后翻转部件，锯切出第二个颊面（图C）。

锯切后颊面会留下许多脊线，这是组合齿锯片锯齿尖的研磨角度不同造成的。要把这些脊线清理掉，可以先用水沾湿手指以便更好地握持部件，然后推动部件，使颊面正好处于锯片最高点的上方，来回移动部件进行清理。因为有限位块的存在，所以不用担心移动幅度过大损伤榫肩。完成清理后，稍微移动横切夹具使其远离锯片，再进行一次清理。不要着急，耐下心来将整个颊面清理干净（图D）。

变式方法

开槽锯片当然是快速切除大量废木料的不二选择。使用定角规辅助进料，确保开槽锯片锯切出平整的颊面。进行这样的操作时，可以使用台锯靠山作为限位装置限定榫肩的锯切（图V）。

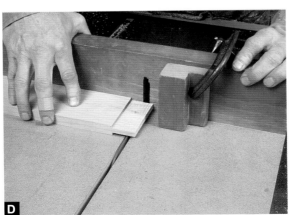

使用台锯搭配自制夹具制作榫头

使用台锯制作榫头时，要先使用横切夹具和固定在夹具靠山上的限位块锯切出榫肩。锯切高度要略低于颊面线（图 A）。

小贴士

用带锯去除掉颊面上的大部分废木料。这样能避免在后续锯切时废木料被抛飞，并且还能使颊面的锯切更轻松、更准确。

设置锯片高度，使其略低于榫肩线（图 B）。你需要自制一个榫头夹具支撑部件，让部件能够竖直通过锯片。将榫头夹具和部件一起放到锯片旁，根据榫头标记设置台锯靠山（图 C）。把部件牢牢固定到榫头夹具上，稳固地握持夹具使其紧贴靠山，垂直于台面进料。

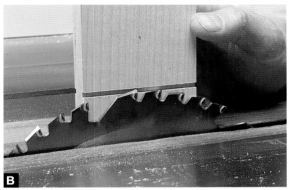

如果榫头居中，在完成一个颊面的锯切后，可以直接翻转部件加工另一个颊面，然后检查榫头与榫眼的匹配情况（图 D）。如果榫头只是稍大一点，并且你不想调整靠山，可以使用垫片调整设置对榫头进行修整。在榫头夹具和部件之间夹上一张纸垫片，将部件稍微推离夹具（图 E）。

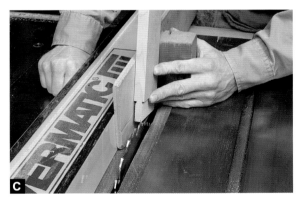

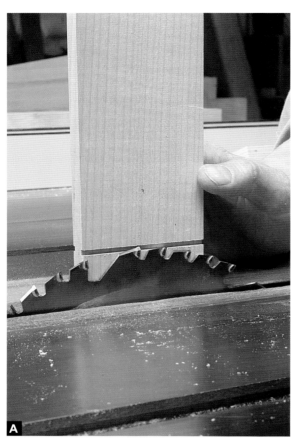

使用台锯搭配商品夹具制作榫头

使用商品夹具，首先要设置锯片高度，使其略低于榫肩线（图 A）。将部件固定到商品夹具上并设置夹具，确保其与台锯台面垂直，且能在台面的滑槽中不偏斜地顺畅滑动。使用调节手柄对商品夹具的位置进行微调（图 B）。在进料过程中对商品夹具施加连贯一致的力，让组件慢慢通过锯片（图 C）。

| 变式方法 |

也可以使用开槽锯片锯切颊面和榫肩（图 V）。开槽锯片每次的锯切量较大，因此要确保锯片足够锋利，且部件被牢牢固定。同样还要进行试切，确保锯片能加工出平整的榫肩，且没有锯齿会损伤榫肩。

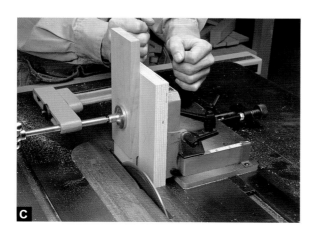

手工倒圆榫头侧边

制作榫卯接合件始终会面临一个选择：是将榫眼加工方正，还是将榫头的侧边倒圆以实现两者的匹配？比较好的选择是，将部件固定在台钳中，手工倒圆榫头侧边缘。

用铅笔在榫头边缘标记宽度的中线（图 A）。使用粗锉刀对榫头侧边进行倒圆。将锋利的锉刀放在靠近榫肩的位置起始第一次锉削（图 B）。这样做能避免锉刀不小心滑向榫肩，对榫肩造成损坏。倒圆两条榫头的侧边，并用凿子修整榫肩附近（图 C）。

使用榫眼部件的废木料制作一个模板检查倒圆工作（图 D）。在经过数十次这样的操作后，即使不借助模板，你应该也可以熟练地完成倒圆榫头操作。

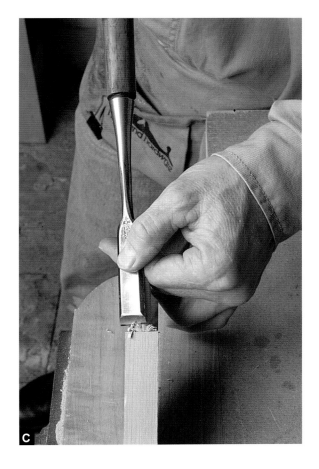

使用电木铣台倒圆榫头侧边缘

如果使用电木铣台倒圆榫头的侧边，需要为电木铣安装圆角铣头，其尺寸为榫头厚度的一半，例如，如果榫头的厚度为 ½ in（12.7 mm），那么应使用 ¼ in（6.4 mm）的圆角铣头。设置铣头高度，使滚珠轴承顶部与放平后的榫头上颊面平齐（图 A）。

可以徒手握持部件完成铣削，但操作时必须特别小心，不要损伤榫肩。仔细观察铣头的刃口，熟悉铣削的起始和终止位置。更安全的方法是设置靠山，只露出一部分铣头。沿靠山放置一把平尺，移动平尺，当其接触铣头的滚珠轴承时，将靠山锁定到位（图 B）。

在靠山上设置限位块限制铣头的加工范围。先设置限位块完成榫头两条侧边的铣削（图 C）。然后重新固定限位块，铣削另外两条侧边。操作时用部件端面顶住限位块，从靠近榫肩的位置开始铣削，逐渐将部件后拉使其离开限位块并通过铣头（图 D）。

铣削完成后，还需要进行修整。使用凿子把榫肩附近未铣削的部分处理圆滑（图 E）。

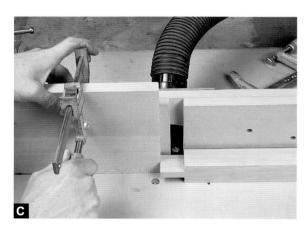

圆形榫眼制作

使用手摇钻制作圆形榫眼

制作圆形榫眼的传统方法是使用手摇钻。勺形钻头是一种制椅工匠常用的钻头，可以轻松地改变钻孔角度。在正式加工前先做一些练习，熟悉手摇钻的使用技巧。因为勺形钻头没有中心尖刺，所以在钻孔的起始阶段很容易偏移（图 A）。

为了获得最佳接合结果，榫眼的纹理方向最好与榫头的纹理方向一致。这样榫头和榫眼能够在主要的形变方向，即年轮的切线方向，保持同步形变。在一块弦切板的表面钻取榫眼后，需要将榫头制作成与其纹理方向匹配的样式。

开始钻孔并调整勺形钻头，使其相对于榫眼宽度居中钻孔（图 B）。

变式方法

一根螺旋尖端的麻花钻头更容易进行定位和钻孔（图 V）。不过在使用麻花钻头时要防止撕裂木料。当制作止位榫眼时，确保在计算钻孔深度时把钻头尖端计算在内，否则会有钻穿部件的风险。

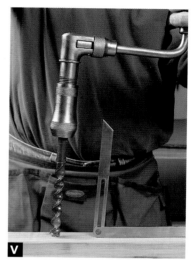

使用手持式电钻制作圆形榫眼

使用手持式电钻搭配布拉德尖钻头或者麻花钻头制作圆形榫眼。布拉德尖钻头的尖端可以轻松定位钻孔的中心。可以在布拉德尖钻头上缠绕一条遮蔽胶带指示钻孔深度（图 A）。

先用钻头的外边缘划刻出孔的范围，注意不要施加过多向下的压力。这样能防止孔周边出现撕裂（图 B）。

钻孔到所需深度，可以使用设定好的滑动斜角规提供辅助，从侧面观察钻孔角度（图 C）。

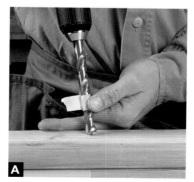

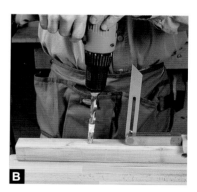

使用台钻制作圆形榫眼

任何优质钻头都能在部件上钻出垂直的榫眼。如果钻取带角度的榫眼，需要使用平翼开孔钻头或布拉德尖钻头。平翼开孔钻头的外边缘几乎是连续的，能准确定位到部件上进行此类钻孔。制作带角度的榫眼类似于钻取斜孔，相比调整台钻的台面，使用一个角度夹具会更简单。将滑动斜角规设置到所需角度，然后调整角度夹具，直到滑动斜角规的刀片与麻花钻头的钻柄平行。接下来用平翼开孔钻头替换麻花钻头，并将角度夹具固定到位。在角度夹具上固定一个靠山来定位钻孔的位置（图 A）。找到钻孔中心钻孔至设定深度（图 B）。

手工制作圆形榫头

当要制作一个能与钻孔加工出的榫眼匹配的榫头时，先使用制作榫眼的钻头在硬木废料上钻孔加工榫眼模板，然后用榫眼模板和铅笔在榫头部件上标记出榫头。

先用鸟刨对榫头部件进行塑形（图 A）。持续刨削，直到接近铅笔标记。用铅笔涂抹榫眼模板的整个孔壁，然后将榫头插入榫眼模板的孔中检查匹配情况。拔出榫头，刨削去除有铅芯痕迹的部分（图 B）。

"绿色木作"会同时使用干材和湿材制作接合件，这样随着湿材的水分流失和收缩，接合会变得牢固。将干材制作的榫头与湿材制作的榫眼匹配，两者的纹理方向要在主要的形变方向上保持同步（图 C）。随着湿材的水分流失，随之发生的收缩是围绕榫头进行的，这样就可以将榫头牢牢固定。可以使用临时干燥窑（干燥炉）或热砂加快榫头的局部干燥（图 D）。局部干燥是一种在制作温莎椅时特别重要的技术，用来制作两端是干燥榫头、中间是湿润榫眼的横档部件。

| 变式方法 |

当榫头与榫眼接近匹配时，可以将榫头穿过一个圆木榫模板来获得相应的尺寸（图 V）。如果榫头过大，不要强迫其通过钢板，否则榫头很容易断裂或者变形。

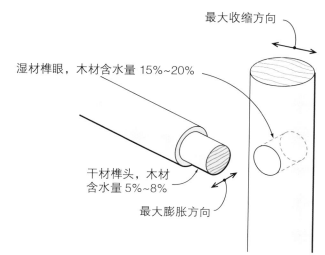

最大收缩方向

湿材榫眼，木材含水量 15%~20%

干材榫头，木材含水量 5%~8%

最大膨胀方向

使用手持式电钻搭配开榫钻头制作圆形榫头

可以使用手持式电钻搭配开榫钻头来制作圆形榫头，用于乡村风格的木作。图中使用树枝作为例子进行技术的演示。为了能使开榫钻头更容易工作，可以先用鸟刨对榫头末端进行修整，然后标记出榫头的长度（图A）。

接下来用开榫钻头加工树枝。握牢手持式电钻，保持开榫钻头与树枝成直线钻入（图B）。持续钻取，直到榫头的长度标记处。最后用雕刻刀清理并修整粗糙的榫肩边缘（图C）。

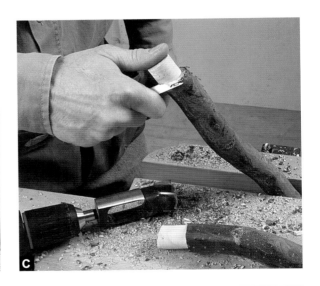

使用车床制作圆形榫头

使用车床可以在圆柱形部件或方料部件的端面车削出圆形榫头。以方料为例，首先在部件的端面画对角线确定端面的中心点（榫头圆心）。可以使用组合角尺上的45°斜面来帮助定位中心点（图A）。

用夹背锯沿对角线稍微锯切出凹槽（图B）。然后用铁锤将车床顶尖敲入部件中。把部件安装到车床上牢牢固定，确保在开机前部件能够自由旋转。

开机后先以低转速运行，用一把圆口车刀将部件车圆（图 C）。设置卡规，使其比榫头的直径尺寸稍大。持续车削榫头，直到卡规能够刚好滑入榫头（图 D）。

最后使用斜刃车刀将榫头修整到所需尺寸。将卡规重新设置到所需尺寸并不时检查榫头，直到榫头修整到位（图 E）。

［变式方法］

也可以使用榫头量规辅助加工（图 V）。在一把卷边车刀或切断车刀上固定榫头量规并将其设置到位。先粗车出榫头形状，然后使用榫头量规继续加工。确保量规末端紧靠旋转的榫头并对其施加压力，当榫头车削到设置好的尺寸时，量规会从榫头上滑落。

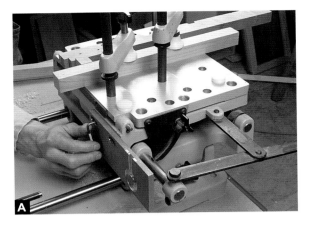

使用多轴铣削机制作圆形榫头

可以在多轴铣削机上安装圆形榫头模板来制作圆形榫头。找到与圆形榫头模板匹配的铣头（图A）。安装好铣头后，将标记好的部件放到铣头下方，根据榫头标记设置铣削深度。将随动杆移动到圆形榫头模板上并固定到位（图B）。

因为加工全长度榫头需要用到铣头的全长，所以需要耐心地进行渐进式铣削（图C）。如有可能，最好先用带锯粗切榫头，然后再进行铣削。

使用台锯制作圆形榫头

台锯也可以用来加工圆形榫头，但部件必须是圆柱形的。在横切夹具的靠山上固定一个限位块来限定榫头的长度（图A）。设置锯片高度，每次只锯切少量木料（图B）。

将横切夹具前推，在锯片锯切到部件的同时转动部件进行粗切。然后将横切夹具拉回，并沿靠山推动部件，使其更靠近限位块，再次前推横切夹具进行锯切。重复操作，直到部件顶住限位块（图C）。重新设置锯片高度，持续锯切，直

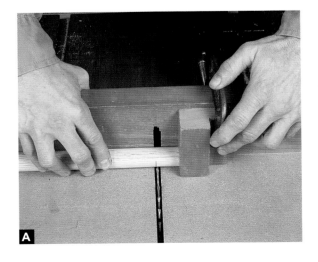

到榫头接近所需直径。最后进行修整锯切。将榫头移动到锯片的最高点正上方，然后横向移动部件，直至其顶住限位块，同时转动部件进行修整，直到完成榫头的制作（图D）。

活榫头

使用压入式电木铣搭配模板制作活榫头

使用活榫头的榫卯接合在连接较长的部件时特别有用，因为在长部件上直接加工榫头比较麻烦。使用一个榫眼模板就能为压入式电木铣提供良好的支撑。测量铣头相对于引导轴套的偏移量（图A、图B），在制作榫眼模板时要将这个偏移量计算在内。

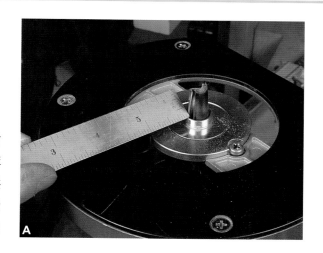

将长部件以一定角度固定在台钳中（图C）。在部件端面标记出榫眼的位置，要把上面的偏移量计算在内（图D）。通常会在接合两个不同厚度的部件时使用活榫头。一般为较厚的部件制作榫眼模板，而较薄的部件则可以配合垫片将榫眼模板定位到正确的位置（图E）。将电木铣放到榫眼模板上进行铣削，直到所需深度（图F）。

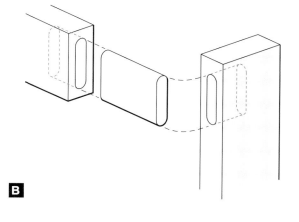

➤ 参阅第286页"使用压入式电木铣搭配模板制作榫眼"。

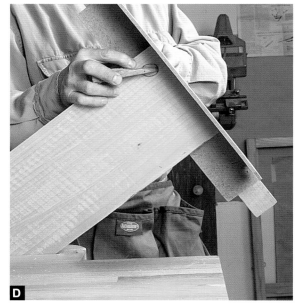

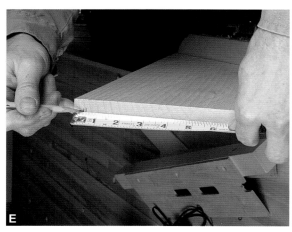

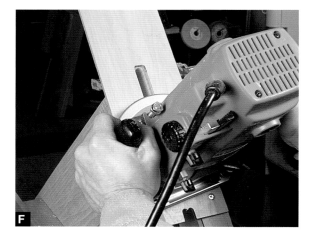

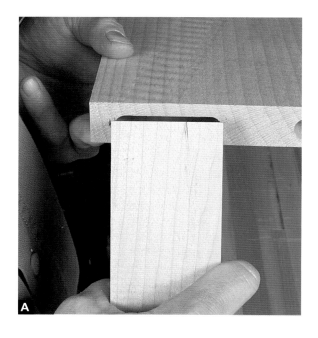

活榫头的制作

在加工活榫头木条时，要确保其长度足够，可以安全地操作。刨削木条的一个大面和一侧边缘，然后将其锯切到与榫眼匹配的宽度（图 A）。

用带锯将木条粗切到大致厚度。如果木条出现弓形或瓦形形变，则需要用压刨将其重新刨削到所需厚度（图 B）。如果木条很薄，可以使用垫板防止木条在进料辊的压力下弓弯（图 C）。

> **变式方法**
>
> 也可以使用台锯将活榫头木条锯切到所需厚度，确保进料时使用推料板（图 V）。

用台锯在活榫头上加工出溢胶槽。这些浅槽

可以在安装活榫头时让胶水和空气从榫眼中逸出（图 D）。接下来，用电木铣将木条边缘倒圆，铣头尺寸应为木条厚度的一半。比如活榫头厚度为 ½ in（12.7 mm），则应使用 ¼ in（6.4 mm）的圆角铣头进行倒圆（图 E）。

　　相比一次性将活榫头插入并胶合到两侧榫眼中，我会将活榫头胶合到一侧榫眼中并敲入到底，检查其凸出部分的长度以确保长度合适（图 F）。

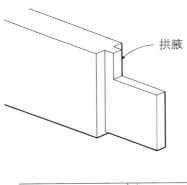

拱腋

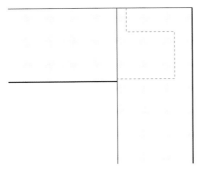

A

B

加腋榫接合

手工制作加腋榫接合件

可以使用手工工具制作加腋榫接合件（图A）。首先在部件上标记出榫眼和拱腋的位置。

➤ **参阅第277页"使用榫眼凿手工制作榫眼"。**

在部件边缘横向于纹理画垂直线，标记出榫眼和拱腋的两端（图B）。拱腋宽度约为榫头宽度的1/3。设置榫眼规或划线规标记榫眼的宽度，可以参考榫眼凿的宽度设置榫眼规的两个划线刀之间的距离。然后设置榫眼规的靠山，定位榫眼在部件厚度方向上的位置（图C）。之后，将榫眼规的靠山紧紧顶住部件边缘，划刻出榫眼的宽度线（图D）。

接下来将榫眼凿切到所需深度。从榫眼的中间部分开始凿切，依靠榫眼凿的宽度建立榫眼侧壁，并保持榫眼凿垂直于部件表面向下凿切。清理废木料，这时可以以一定角度倾斜榫眼凿向着中间部分凿切。在加工拱腋端面时，则要垂直向下凿切（图E）。

榫眼切割完成后，将其侧壁清理并修整干净。可以使用一块标准件来检查榫眼的宽度。标准件就是一块宽度能推进榫眼最宽处的薄木片。榫眼内标准件不能推入的位置就是需要继续凿切修整的部分。在修整侧壁的时候，仍要保持侧壁平整且互相平行。

C

D

变式方法 1

也可以使用台钻以钻孔的方式去除榫眼中的废木料（图 V1）。

然后用手锯锯切拱腋凹槽的两侧。在部件的端面标记出拱腋的深度（图 F）。使用榫眼凿或槽刨清理并修整拱腋凹槽的底部（图 G）。

变式方法 2

对于和部件长度一样的镶板槽，可以使用 45 号组合刨将贯通槽和拱腋加工到所需深度（图 V2）。

用划线规在榫头部件表面标记出榫肩线（榫头的长度线）。配有轮式划线刀的划线规横向于纹理划刻的效果最好（图 H）。使用铅笔搭配尺子或者使用划线规在部件边缘标记榫头的颊面线（榫头的厚度线）。部件的两侧边缘和端面都要做标记（图 I）。

➤ **参阅第 292 页 "手工制作榫头"。**

将部件牢牢固定在挡头木上或者用木工夹固定在木工桌台面上，首先锯切榫肩。在锯切到接近榫肩线时停下，使用开榫锯或夹背锯来锯切颊面。在完成第一个颊面的锯切后，使用榫肩刨或牛鼻刨清理并修整颊面，稍后继续锯切第二个颊面。这样做是因为，如果在锯切第一个颊面时去

E

F

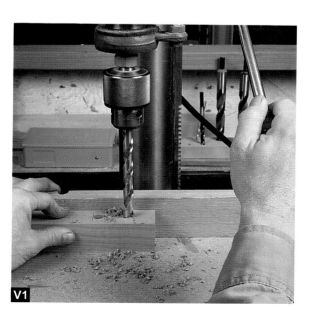

V1

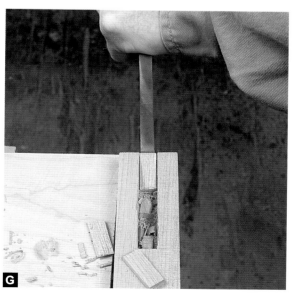

G

除了过多木料，还有机会在锯切第二个颊面时进行调整。

　　在完成两个颊面的锯切后，检查榫头是否能与榫眼匹配。可以把榫头的边角插入榫眼中检查两者的松紧程度。一般来说，可以把榫头制作的稍厚一点，这样可以使用手工刨精修颊面，最终获得完美匹配的接合件（图J）。

　　接下来，在榫头上标记出拱腋的尺寸，并将拱腋纵切到所需宽度。使用夹背锯将拱腋横切到所需长度（图K），并用凿子完成修整。要检查拱腋与拱腋凹槽是否适配，可以翻转部件，将拱腋插入拱腋凹槽中查看。

使用电木铣制作加腋榫接合件

当用电木铣为窄部件加工榫眼时，可以将多块木板并排固定，为电木铣提供更好的支撑。首先，在部件上标记出榫眼的位置（图 A）。然后下压铣头接触部件，设定深度的零刻度（图 B）。接下来，测量出榫眼的深度，利用电木铣的深度计设定铣削深度（图 C）。同时用电木铣底座上的旋转限位塔设置拱腋凹槽的铣削深度。可以使用螺丝刀或扳手对限位器进行微调，将其锁定在正确的位置（图 D）。

> ➤ **参阅第 284 页"使用压入式电木铣搭配靠山制作榫眼"。**

将电木铣放置到部件上，铣头正好位于榫眼一端的上方，然后在部件上固定一个限位块顶住电木铣底座（图 E）。首先铣削拱腋凹槽。在加工部件的端面时，记得为电木铣提供支撑。留在底座上的引导轴套固定器可以用来对电木铣提供支撑（图 F）。

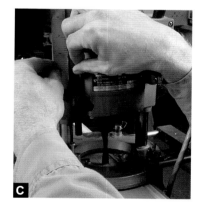

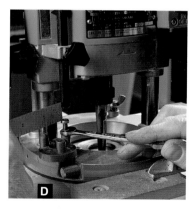

> **变式方法**
>
> 也可以使用直边铣头搭配靠山和限位块来加工拱腋凹槽（图 V）。可以把限位块适当抬高，使木屑从限位块的下方被吹走，而不会持续堆积影响锯切精度。

在加工出拱腋凹槽后，旋转底座上的限位塔，将铣削深度设置为榫眼的全深度（图 G）。在榫眼的一端将限位块固定到位。使用铅笔标记出铣头到达榫眼另一端时电木铣底座的位置，每次铣削靠近这个标记时都要减慢电木铣的移动速度（图 H）。

榫眼加工完成后，选择合适的方式制作榫头。

> ➤ **参阅第 292~293 页"手工制作榫头"。**

加腋榫的优点在于，它在进行匹配时有一个边角的木料已经被去除了。这样就可以用台锯或电木铣进行精修，来检查部件的匹配情况。即使拱腋过小，也不会造成任何影响，只需重新调整靠山再次修整榫头。

利用榫眼画线标记榫头，以免配对部件出现

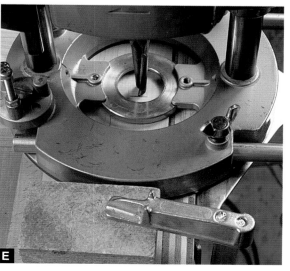

尺寸偏差（图 I）。在榫头的底部制作一个小榫肩来覆盖接缝。然后用带锯将榫头锯切到所需宽度（图 J）。使用台锯搭配横切夹具锯切出拱腋的端面，设置锯片高度使其略低于带锯锯缝，以免锯下的废木料被卡在限位块和锯片之间（图 K）。

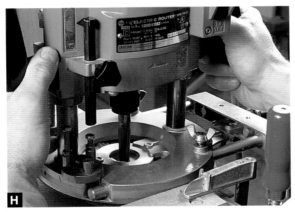

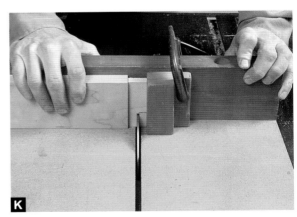

隐藏的加腋榫接合

制作隐藏的加腋榫接合件，第一步仍然是布置榫眼并画线（图 A）。

➤ **参阅第 314 页"手工制作加腋榫接合件"。**

制作好榫眼后，使用凿子以一定角度加工出拱腋凹槽（图 B）。确保凹槽距离端面尚有一段距离，不会露出在外。

使用手锯将榫头锯切到拱腋的宽度线，然后粗锯出加腋的高度（图 C）。最后用凿子将拱腋修整到最终尺寸和所需角度（图 D）。

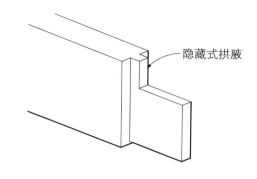
隐藏式拱腋

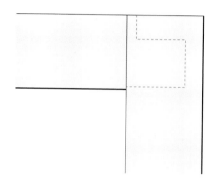

A

B

C

D

多重榫眼

使用电木铣搭配模板制作双榫卯接合件

可以使用电木铣制作双榫卯接合件。将双榫眼模板在部件上固定到位。用铅笔在部件上画出一个榫眼和双眼榫模板偏移量的标记（图A），然后将电木铣放置到双眼榫模板上，下压铣头接触部件设置零刻度（图B）。

将榫眼铣削到所需深度，操作时可以在电木铣上连接集尘袋或者吸尘器接口来清理木屑。在清理完榫眼中的木屑后，要小心处理榫眼的两端，因为有木屑时你需要用较大的力气才能移动电木铣，完成清理后如果还保持同样的力量移动电木铣，很容易铣削过头（图C）。

使用完成加工的榫眼标记双榫头。为压入式电木铣安装辅助靠山以铣削榫肩。将榫头制作得稍短一些，这样接合后榫眼底部能为多余的胶水留出空间。加工榫头时要仔细设置铣头的铣削深度（图D）。

从榫头端面向榫肩铣削。确保电木铣底座在加工过程中一直都有良好的支撑。在铣削榫肩时以中等偏快的速度进料，以免灼烧木料（图E）。

使用带锯将双榫头锯切到所需宽度（图F）。

使用压入式电木铣铣削出双榫头之间的榫肩（图G）。这里需要重新设置铣头的铣削深度，使其能穿透部件。在操作时不要铣削到榫头，并保证靠山一直顶住榫头端面。这样才能保证铣削出的榫肩与已有的榫肩位于一个平面上。最后用凿子修整榫头和榫肩的转角。

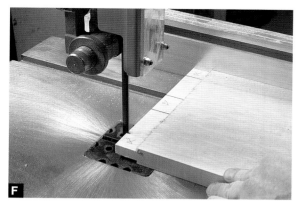

手工制作加腋双榫卯接合件

在开始手工制作加腋双榫卯接合件前，先标记出一个榫眼的一端（图 A）。接下来测量并标记出该榫眼的另一端。继续标记第二个榫眼。两个榫眼两端画线都是横跨纹理垂直于部件边缘的（图 B）。将凿子置于榫眼规的两个划线刀之间设置榫眼宽度，然后划刻出榫眼的宽度线，并根据榫眼到部件边缘的距离将划线规的靠山固定到位（图 C）。将划线规靠山紧贴部件边缘在部件表面划刻出榫眼。注意划刻线不要越过榫眼两端的铅笔标记（图 D）。

先从榫眼的中间开始凿切（图 E），然后从两个方向带角度分别朝中间进行凿切，直到接近榫眼的底部，再垂直凿切。在两个榫眼的两端垂直向下凿切，并对侧壁进行清理，直到所有侧壁平整且两个榫眼的大小一致。

> ➤ 参阅第 277 页"使用榫眼凿手工制作榫眼"。

使用一个标准件检查榫眼宽度是否均一。榫

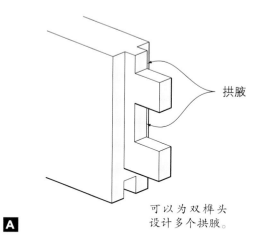

拱腋

可以为双榫头
设计多个拱腋。

眼内标准件不能插入的位置就是需要进一步修整的区域。

当两个榫眼都制作好后，在底部拱腋的对应位置上凿切出一个端面，作为手锯的限位面。但是在锯切时不要用力撞击限位面，否则在接合件安装到位后会将榫头的底部暴露在外。

在榫眼的端面做出拱腋凹槽的深度标记，或者将遮蔽胶带粘到手锯上来指示锯切深度。使用夹背锯锯切拱腋凹槽（图F）。保持锯片与榫眼侧壁在一条直线上，垂直向下锯切到榫眼深度。然后用凿子清理拱腋凹槽。

因为双榫头的榫肩比较长，在加工时最好使用靠山来引导锯切。可以用一把组合角尺来辅助设置靠山，用木工夹将靠山在部件上固定到位。在横切锯的锯片上粘贴一条遮蔽胶带，并在上面标记出锯切深度。保持锯片紧贴靠山运动，在部件的两面都锯切出榫肩（图G）。

使用一把宽凿从部件端面凿入去除大部分废木料，注意部件的纹理方向，以免榫头开裂波及榫肩（图H）。使用榫肩刨顶住榫肩将颊面刨削到所需深度。榫肩刨只会刨削出一条凹槽（图I），

后续还需要用短刨或台刨刨削除去剩余的废木料，得到最终的颊面（图 J）。待一个颊面全部完成后，再开始加工第二个颊面。

当榫头的一角能与榫眼匹配，或者榫头能插入到拱肩凹槽的底部时，标记出榫头和拱肩的两端（图 K）。

在两个榫头之间沿标记线垂直向下锯切，直到拱肩画线。切记，始终保持锯片在标记线的废木料侧锯切（图 L）。从部件的两侧边缘横切出顶部和底部拱肩。然后使用线锯将两个榫头之间的废木料锯切掉（图 M）。

用凿子加工出中间拱肩的顶部（N），从两侧向中间凿切，以免撕裂部件。然后将榫头和榫眼进行匹配，直到榫头完全插入榫眼中。

〔小贴士〕

可以在双榫头部件的底部加工出一条小榫肩，用来掩盖榫眼边缘的瑕疵。

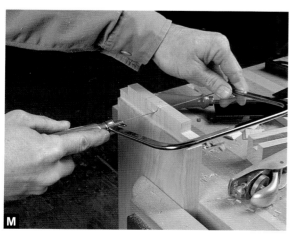

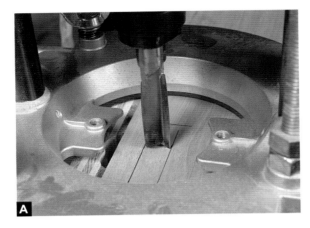

A

B

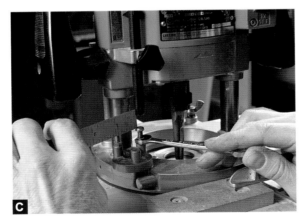

C

使用电木铣制作加腋双榫卯接合件

用木工夹将部件固定在木工桌台面上，并准备好两块与部件厚度相同的支撑板。一块支撑板放在部件边缘，另一块支撑板放在部件的端面，这样电木铣在铣削任何位置时，部件都不会出现侧倾。

在电木铣上安装直边铣头，并使铣头接触部件确定铣削深度的零刻度（图 A）。通过深度计设定好铣削深度（图 B）。旋转限位塔，设置另一个铣削深度来加工拱腋凹槽（图 C）。在电木铣上安装辅助靠山，将电木铣定位到正确的位置加工榫眼。在部件上固定一个限位块让电木铣的底座顶住，以便于铣削拱腋凹槽。电木铣从部件的另一端直接铣削穿过，将整个拱腋凹槽加工到所需深度（图 D）。

接下来，旋转限位塔到榫眼模式，将榫眼铣削到全深度。在部件上夹持另一个限位块来限定电木铣的行程，专门加工榫眼（图 E）。

用凿子将榫眼两端和拱腋的端面凿切方正。可以对这些端面稍做底切（图 F）。然后使用带辅助靠山的压入式电木铣铣削双榫头。从部件的端头开始铣削，并逐渐接近榫肩。

可以利用榫头部件的一角来检查铣削深度是否合适，因为这个角稍后会被去除以加工出拱腋（图 G）。当榫头厚度与榫眼匹配后，将榫头锯切到所需宽度。使用一把竖锯或者带锯从部件端面竖直锯切，直到拱腋线附近。可以在带锯靠山上固定限位块限定锯切的范围（图 H）。

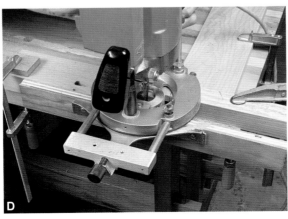

D

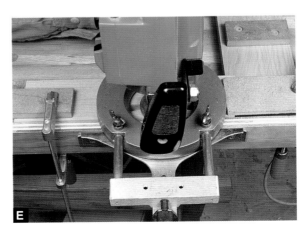

E

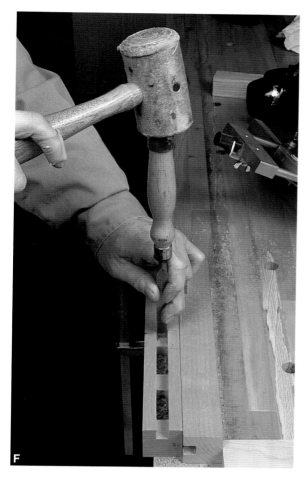

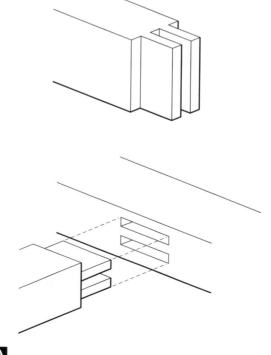

异面双榫头

当出现制作一个榫眼会极大地削弱接合强度的情况时，就需要制作异面双榫头了。将一个榫眼分成两个可以为横撑部件底部保留更多木料，从而加强横撑支撑的作用（图 A）。

在使用台钻前，在部件上为两个榫眼画线，确保不用更改靠山和限位块的设置就能完成两个榫眼的加工。当然，你需要在靠山和部件之间放置间隔木才能完成第二个榫眼的钻孔。

➤ 参阅第 280 页 "使用台钻制作榫眼"。

首先将靠山定位到加工外侧的榫眼的位置，并固定好限位块对应榫眼的长度（图 B）。先在榫眼的两端钻孔，再清理中间部分的废木料，钻孔时要确保钻头的尖端要能吃入木料，以确保钻头在钻孔时不会偏移（图 C）。然后放置间隔木，

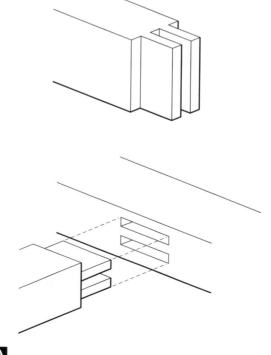

A

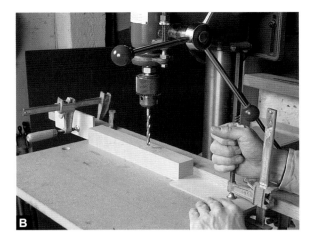

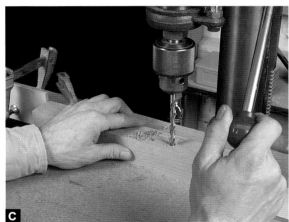

进行第二个榫眼的钻孔（图 D）。

用划线规在榫头部件上标记出榫肩，首先切割外侧榫头的外侧榫肩。

> **参阅第 292~302 页内容，选择榫头的制作方法。**

如果你的目标是两个部件接合后能够表面对齐，那么在制作榫头的第一个颊面后应用它贴靠榫眼部件检查对齐情况。将颊面贴靠在对应榫眼的外表面，如果榫头部件的表面能与榫眼侧壁对齐，那么在榫头插入榫眼后两个部件的表面就能对齐（图 E）。如果榫头部件的表面不能与榫眼侧壁对齐，可以进一步修整第一个颊面，直到两者对齐。

接下来，加工出榫头的第二个颊面。使用台锯或带锯来锯切出两个榫头的内侧颊面，并用凿子凿切出中间部分的榫肩。

带角度的榫头

榫肩带角度的正常榫头

要想比较轻松地制作榫肩带角度的榫头，需要部件的端面和榫肩的角度一致。使用一把滑动斜角规标记出榫肩的角度和位置（图 A）。制作一个带角度的横切靠山，或者将一块废木料切割到所需角度并安装到普通横切夹具的靠山上。这个角度要与榫肩的角度互为余角。例如，一个82°的榫肩需要一个8°的靠山。

在部件的内外两面各锯切出榫头的一侧榫肩。可以在角度配件上附加一个靠山或者固定一个单独的靠山限定锯切的位置（图 B）。如果部件的两端都要加工出榫头，那需要翻转部件分别锯切出两个榫头对应的榫肩。第二条榫肩的锯切需要使用另一个角度靠山，或者翻转角度配件完成加工。必须仔细地定位限位块，保证每个榫头两侧的榫肩在同一平面上（图 C）。

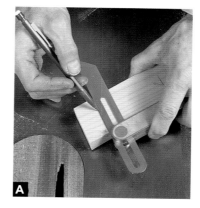
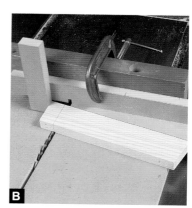

变式方法 1

可以将定角规的靠山朝向两个方向分别引导榫头两侧榫肩的锯切（图 V1）。

用带锯粗切出榫头，因为需要将部件抬起一定角度进行锯切，所以必须小心地进行操作，并保证为部件提供良好的支撑。榫头两面都完成锯切后，不要着急改变带锯的设置，除非能确定两侧榫肩是平齐的（图 D）。

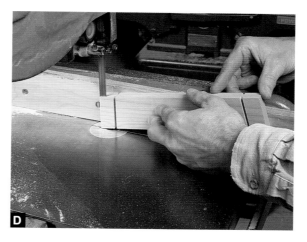

变式方法 2

水平安装的电木铣非常适合用来制作带角度的榫肩。可以使用一个标准的榫头靠山搭配角度垫片设置角度，把垫片夹在靠山和部件之间即可。然后铣削出两条榫肩（图 V2），榫肩带角度的榫头就完成了。

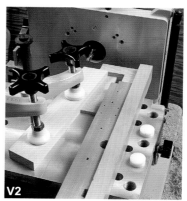

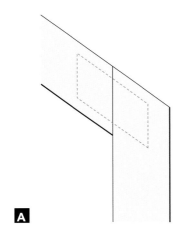

A

榫肩带角度的活榫头

为活榫头制作带角度榫肩比较容易（图A）。这是因为只需完成榫眼部件端面的带角度横切就可以了。只要榫眼不会影响部件强度，就可以使用活榫头。

在台锯上使用定角规把两个部件的端面横切到所需角度（图B）。使用水平安装的电木铣分别平行于部件边缘和端面铣削榫眼（图C）。

变式方法

可以先用模板引导电木铣加工出榫眼，然后再对部件端面进行带角度横切（图V）。

B

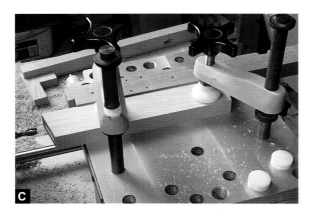

C

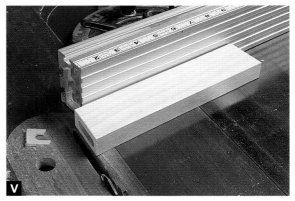

V

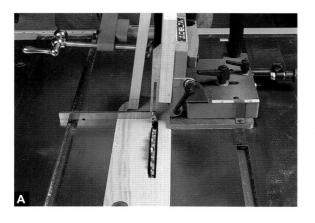

A

角度榫头

在台锯上安装开槽锯片，搭配开榫夹具竖直锯切部件，加工出带角度的榫头。先将开榫夹具设置成所需的角度（图A）。注意，制作出的榫头角度不宜过大，否则榫头末端会出现短纹理问题（图B）。设置好锯片高度后锯切出一侧的颊面和榫肩（图C），然后再锯切另一侧的颊面和榫肩（图D）。

变式方法 1

将部件平放进行锯切（图 V1）。先将锯片倾斜到所需角度锯切出榫肩，然后保持锯片角度不变，将部件竖起搭配开榫夹具锯切榫头的颊面。

变式方法 2

用多轴铣削机制作带角度榫头（图 V2）。将部件台面调整到所需的角度，即可一次性加工出榫头带角度的颊面和榫肩。

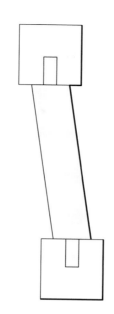

B

C

D

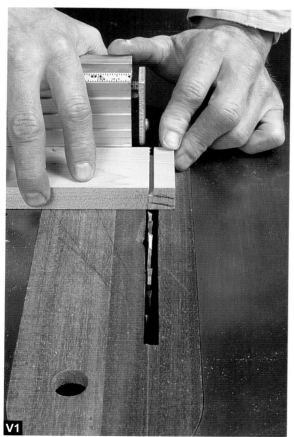

V1

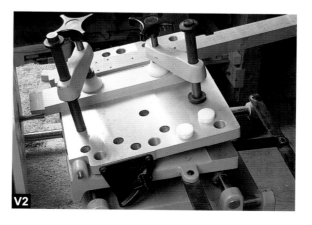

V2

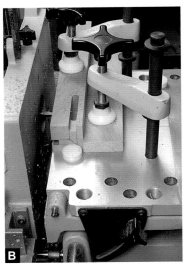

A

B　**C**

配对榫头

斜接榫头

当两个榫头在桌腿内部相遇时，必须对两个榫头进行配对，才能使其正常插入榫眼中且不会互相干扰（图 A）。最好将榫头向桌腿部件的外侧偏置，以获得足够的榫头长度。

> 参阅第 270 页"接合的居中与偏置"。

为两个榫头分别制作榫眼（两个榫眼都位于桌腿上），设置铣削深度，使其比榫眼的全深度稍小一点。这样第一个榫眼的底部不会对另一个榫眼的侧壁造成妨碍（图 B）。

> 参阅第 277~291 页内容，选择榫眼的制作方法。

使用凿子清理除去两个榫眼侧壁的残余废木料（图 C）。

使用你偏爱的方法加工榫头。

> 参阅 292~302 页内容，选择榫头的制作方法。

使用斜切锯斜切榫头的端面。这里的斜切并不是为了将部件接合到一起，只是为了腾出空间，让两个榫头互不干扰，因此不用担心是否能配对斜接的问题（图 D）。

| 变式方法 |
用台锯搭配定角规斜切榫头的端面（图 V）。

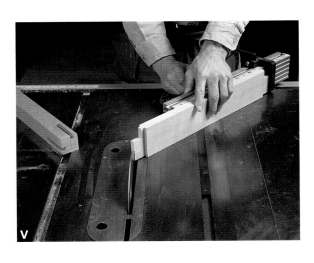

D　**V**

带切口的榫头

除了斜切榫头的端面，也可以为榫头制作切口，使两个榫头能够搭接在一起（图 A）。不过，这样虽然解决了榫头互相干扰的问题，但也减少了胶合面。

先在一个榫头上标记出切口的位置和尺寸。切口的高度要比榫头宽度的一半稍大一点。然后在配对榫头上标记出对应的切口（图 B）。使用夹背锯手工锯切出两个切口（图 C）。

> **变式方法**
> 也可以先在台锯上搭配横切夹具切割出切口的肩部，然后再用带锯纵切得到切口（图 V）。

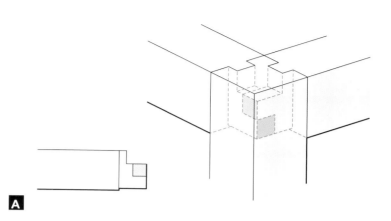

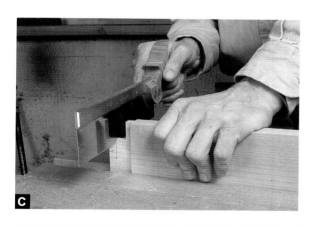

互锁榫头

互锁榫头是通过二号榫头的插入将一号榫头锁定到位的（图 A）。不要在一号榫头上制作太宽的榫眼，否则会留下容易崩坏的短纹理。使用压入式电木铣搭配靠山加工出榫眼和拱腋凹槽。

> ➤ **参阅第 317~318 页"使用电木铣制作加腋榫接合件"。**

使用两套铣削深度设置进行加工。先铣削出

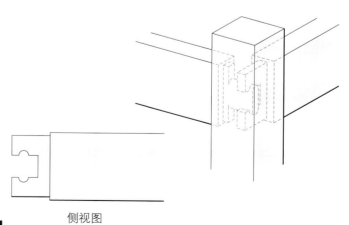

侧视图

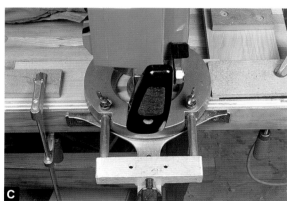

拱腋凹槽（图 B），然后重新设置铣削深度，铣削出双重榫眼，通过限位块来限定电木铣的移动范围（图 C）。

　　在台锯上修整双榫头，使其与榫眼匹配。清楚地标记出拱腋线，并在锯切榫头时不要越过标记线。也可以在靠山上固定限位块来限定锯切范围（图 D）。

　　夹持双榫头安装到榫眼中，并穿过榫头制作出相交的榫眼（图 E）。切割单榫头，使其与穿过双榫头的榫眼在宽度上匹配（图 F）。用锉刀将单榫头的边缘倒圆，使其与双榫头上的榫眼匹配（图 G）。

变式方法

　　还可以使用圆木榫实现两个部件的互锁（图 V）。

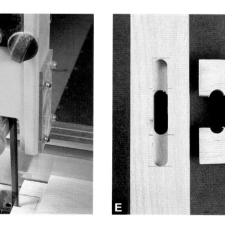

平板框架和面板

石匠式斜角斜接

可以在平板框架或门组装完成后对其内边缘进行简单的倒角，为部件添加一点手工制作的细节修饰（图 A）。

使用你偏爱的方法加工榫眼。

➤ 参阅第 277~291 页内容，选择合适的制作方法。

将平板框架胶合起来并清理正反两面。使用手持式电木铣搭配一个 45° 的倒角铣头对平板框架内边缘进行倒角（图 B）。

用凿子完成部件内边缘转角处的细节修整。利用部件的倒角标记凿子的凿切终点，然后根据终点标记完成相交处的凿切（图 C）。要注意，因为倒角相交的位置在端面，所以表面处理后会相较周边的木材颜色更深（图 D）。

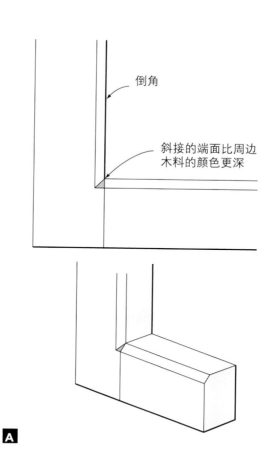

倒角

斜接的端面比周边木料的颜色更深

A

B

C

D

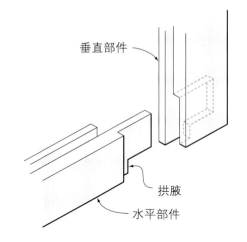

垂直部件

拱腋

水平部件

A

B

榫肩偏置的榫头

手工制作的框架 - 面板接合件有时需要在榫头部件上偏置榫肩（图 A）。当面板是通过半边槽从框架的背面嵌入时，需要用槽刨在框架部件上刨削一直贯通到端面的半边槽。这就需要在榫头部件的背面制作一个稍长的榫肩与榫眼部件的半边槽匹配。如果使用铣削的方式加工半边槽，就不需要制作偏置榫肩，因为你可以根据框架的干接情况在适当的位置停止半边槽的铣削。

使用直角尺作为深度计，用铅笔在部件上标记出榫眼和半边槽的深度线（图 B）。用凿子将榫眼修整到所需深度（图 C）。

➤ 参阅第 314~315 页 "手工制作加腋榫接合件"。

在榫眼部件的背面，使用装配靠山的槽刨刨削出半边槽。设置靠山，使刨削出的半边槽与榫眼侧壁对齐。

同样在榫头部件上加工出半边槽（图 D）。

C

D

使用配有轮式划线刀的划线规在榫头部件上划刻出榫肩线。先在水平部件背面标记长榫肩，然后在部件正面标记短榫肩（图 E）。接下来，使用铅笔搭配尺子或者使用划线规标记出榫头的厚度线。

首先锯切出两个榫肩，然后使用开榫锯锯切出榫头的颊面。使用榫肩刨或牛鼻刨先修整好一个颊面，然后再锯切另一个颊面。最后使用夹背锯锯切割出拱腋。

使用卡盘铣头制作榫卯接合件

卡盘铣头有多种样式，但配件较少。这种配对的铣头都是用来为框架 - 面板的木门加工凹槽，以及与凹槽在一条直线上的短榫卯部件和装饰边缘。因为胶合面很小，所以除非使用螺丝或圆木榫穿过接合件对其进行加固，否则框架的接合强度不会很高。

先使用有调速功能的电木铣台位垂直部件加工出纵向槽和装饰边缘。电木铣的转速设置为 10000 转 / 分。先用废木料进行试切确定铣头的正确高度，记住使用推料板进料（图 A）。

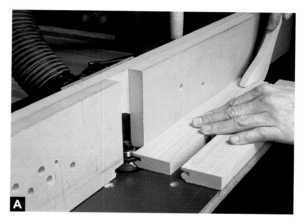

小贴士

为了安全，铣削时要使用靠山，并将其与滚珠轴承对齐。

使用榫舌铣头在水平部件的端面加工出榫舌。铣削时将垫板与部件并排在一起进料，以避免部件边缘撕裂。将部件顶住靠山可以获得更好的支撑面（图 B）。

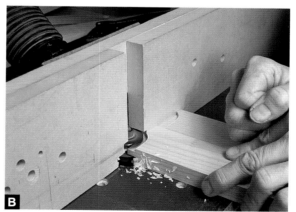

变式方法

可以使用可反转铣头分别加工两个部件（图 V）。这种铣头价格比较便宜，但在使用时需要花些时间来转换刀头。

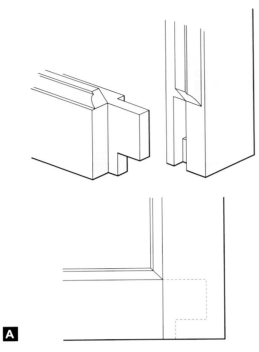

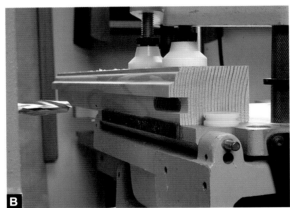

A

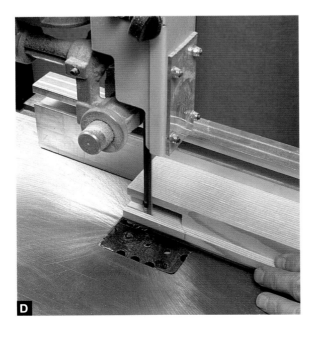

B

D

在带有斜接装饰件的门框上制作榫卯接合件

在带有斜接装饰件的门框上制作榫卯接合件可以大大提高框架接合强度（图 A）。可以购买带有装饰件的材料，或者自己制作装饰件来制作门框。制作切割清单，确保在水平部件的端面将装饰件的宽度计算在内。

在部件上制作出榫卯接合件（图 B）。

➤ 参阅第 277~302 页内容，选择合适的制作方法。

将门框部件组装到一起后，定位斜接接合的起始位置，在垂直部件上标记出水平部件的宽度（图 C）。用带锯搭配靠山切掉垂直部件上从端面到标记之间的装饰件。尽量靠近铅笔标记纵切，或者在靠山上固定限位块限定锯切（图 D）。

在垂直部件上固定一个切削夹具，对垂直部件和水平部件上的装饰件进行斜切，并检查匹配情况（图 E）。

C

E

强化的榫头

圆木榫强化的榫头

要确保榫头能够长久不松动，可以用圆木榫穿过接合件进行加固（图 A）。即使胶合失效了，圆木榫依然能保证榫头和榫眼接合在一起。

在接合件胶合固定后，使用布拉德尖钻头在接合件上钻孔。如果圆木榫贯通接合件两面皆可见，可以在框架下垫上废料板，再钻取贯通孔，以免撕裂部件。如果不需要贯通孔，仔细设置好钻孔深度，以免钻头的尖端将部件钻穿（图 B）。

为圆木榫的端面倒角，并在榫孔中涂抹一点胶水，然后将圆木榫敲入到位（图 C）。还有一种更朴素的办法，即使用八角形的木销钉入圆形榫孔中（图 D）。

变式方法

图中的八角形木销能够自锁在榫孔中，这是因为它们的棱角能切入周围的木料中。使用短刨为木销坯料塑形，并将其端面倒角，然后将木销敲入榫孔中（图 V），要避免木销过大。

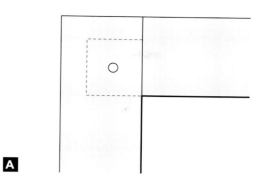

A

B

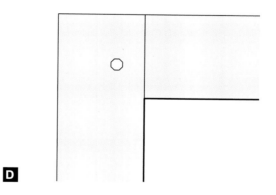

D

C

V

偏置木销孔强化的榫头

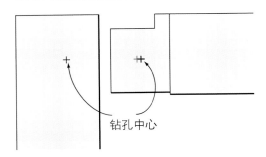

钻孔中心

偏置木销孔强化的槽式榫眼

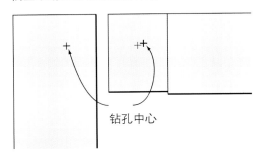

钻孔中心

A

偏置木销孔强化的榫头

偏置木销孔其实更适合建筑木工，而不是家具制作，但如果精心设计，家具接合件也可以使用这种强化形式。榫头上的钻孔要比榫眼上的钻孔更靠近榫肩，偏置约 1/32 in（0.8 mm）（图 A）。钉入木销时，榫肩会被拉向榫眼，从而使接合更紧密。对于托榫接合或槽式榫卯接合，榫头上的钻孔要比榫眼钻孔更接近榫肩，同时位置更高，这样才能在插入木销后将榫头向下、向内拉向榫眼。当然，如果榫头钻孔的偏置量过大，木销就不能穿透钻孔，甚至会将榫头推离榫眼。

先制作好榫眼，然后再制作榫头与其匹配。

➤ **参阅 277~302 页内容，选择合适的制作方法。**

在接合件匹配后将榫头与榫眼部件分开，用台钻搭配布拉德尖钻头在榫眼部件上钻孔。为了避免撕裂榫眼侧壁，需要降低钻头转速，或者在榫眼内填充一块废木料（图 B）。

重新组装接合件，使用同一布拉德尖钻头在榫头部件上标记出榫眼钻孔的中心点（图 C）。取下榫头部件，参考榫眼钻孔的中心点，在更靠近榫肩的位置标记出榫头钻孔的中心点（图 D）。在榫头下垫上垫板，为悬空的榫头提供支撑，为榫头钻取贯通孔（图 E）。

在木销端面进行大斜面倒角。这样在接合件完成胶合后，通过用铁锤敲打木销，可以使其一路贯穿整个接合件。从接合件的另一面钻入的倒角螺栓可以帮助木销贯穿接合件，并将榫头和榫眼部件拉紧（图 F）。

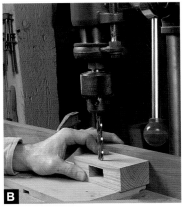

B

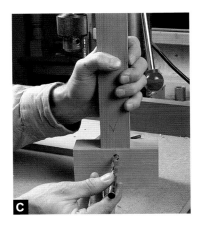

C

D

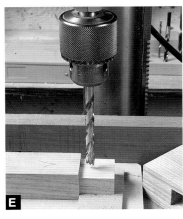

E

F

狐尾楔强化的榫头

狐尾楔或者隐藏式木楔同样可以强化榫卯接合（图A）。但其在制作的过程中很容易出错，因此其价值大打折扣。

首先用凿子加宽榫眼底部，注意控制好分寸（图B）。然后用手锯或带锯在榫头上锯切出木楔插槽，插槽要尽量靠近榫头两侧（图C、图D）。

对于狐尾楔强化的榫头，要想获得最佳效果，需要狐尾楔的长度和厚度都非常合适。

➤ 参阅第 355 页 "木楔的制作"。

如果狐尾楔太长，楔子会先顶到榫眼底面而不是将榫头撑开使接合更紧密；如果狐尾楔太薄，则不能将榫头撑开，因而起不到任何加固作用（图E）；如果狐尾楔太厚或者插槽太深，那么榫头会容易开裂（图F）。

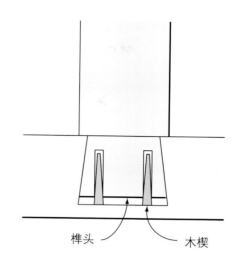

榫头　　木楔

A

B

C

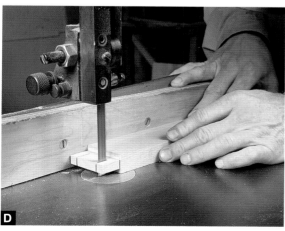

D

E

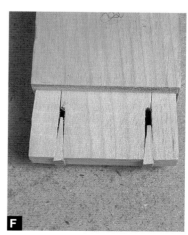

F

方栓加固的榫头

如果榫头部件较宽，可以使用方栓来防止部件扭曲。使用方栓的附加优点是，不需要从榫眼部件上去除过多木料。

先在台锯上搭配横切夹具锯切出榫头部件的榫肩，然后重新设置锯片高度或者使用开槽锯片锯切榫头颊面，将榫头加工到所需尺寸（图 A）。

换回普通锯片，并将其升高准备锯切方栓插槽。调整榫头夹具，使方栓插槽相对于榫肩居中（图 B）。锯切出一侧方栓插槽后将部件翻面，对称地锯切出另一侧的方栓插槽（图 C）。

小贴士

如果榫头过小或者榫头损坏需要修复，同样可以使用方栓进行补救。将过小的榫头切掉，然后在部件端面开槽，插入匹配的方栓作为新的榫头（图 T）。

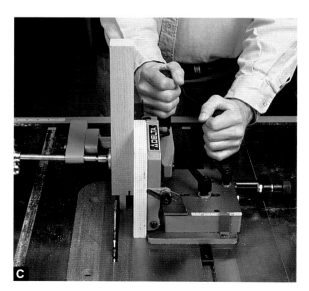

特殊榫卯接合

斜面榫肩的榫头

在接合侧边曲线曲率很大的部件时，可能会在塑形过程中损坏榫肩，此时可以使用斜面榫肩。通过斜切榫肩制作出斜面端面可以消除短纹理的问题。横梁必须稍长一些，具体的量由榫肩嵌入的量决定（图 A）。制作并组装好榫卯接合件。

> **参阅第 277~302 页内容，选择合适的制作方法。**

以横梁的底面为基准面设计和标记榫头，这样在制作出斜面榫肩后，榫头不会暴露在外。在桌腿或立柱上标记横梁底面的位置。然后从这个点出发，在桌腿上用铅笔画出斜面线。为嵌入的榫肩部分画线，并将画线一直延伸到斜面线上。榫肩嵌入 ¼ in（6.4 mm）就足够了（图 B）。从斜面线和嵌入榫肩线的交点出发垂直于桌腿边缘画线。重新组装榫头和榫眼部件，将前述的交点标记到横梁上，作为斜面起始的位置（图 C）。

使用带锯搭配靠山沿桌腿上的榫肩嵌入线的废木料侧锯切，直到斜面线处（图 D）。然后使用凿刨或刨头被取下的牛鼻刨来清理锯切面。保持对刨子后部施加稳定的压力，以免刨刀吃入木料中（图 E）。最后将 45° 的切削夹具固定到部件上，用凿子加工出斜面（图 F）。

最终，将横梁的榫肩加工出与桌腿匹配的斜面（图 G）。如图所示，带有斜面榫肩的接合件经过塑形后，整个曲线保持连续无中断（图 H）。

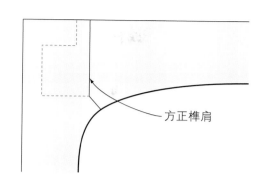

方正榫肩

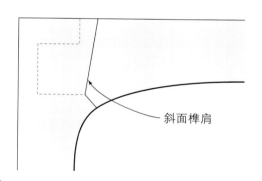

斜面榫肩

A

B

C

D

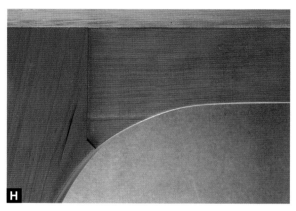

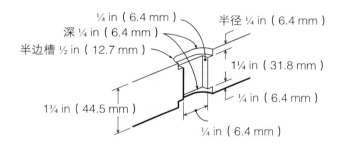

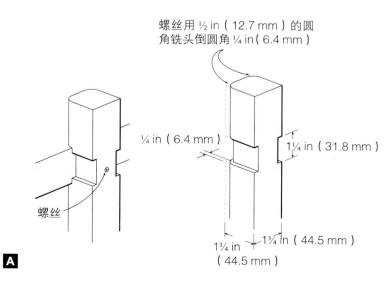

A

雕塑式（马洛夫式）榫卯接合

图中所示的这种带切口的椅子用接合件是使用配对铣头制作出来的（图 A）。先在座面和椅腿上标记出切口，注意座面的切口，它会因在座面的上下两面制作半边槽而变小。座面切口的位置要相对于端面稍微回退，以免出现短纹理区域。

在椅腿的三面分别加工出 ¼ in（6.4 mm）深的横向槽。锯切时，为横向槽的远端设置限位块，并用间隔木引导横向槽近端的锯切（图 B）。在座面上加工出一个 ¼ in（6.4 mm）深的横向槽切口，其宽度与椅腿开槽后的宽度一致（图 C）。

使用 ¼ in（6.4 mm）高、直径 1 in（25.4 mm）的开槽铣头在座面切口的顶部和底部铣削出半边槽（图 D）。铣削后半边槽会有 ½ in（12.7 mm）半径的圆角。进入切口时要小心，不要铣削到座面的侧边缘。在将铣头退出切口时，减慢铣削速度同样很重要，以免撕裂切口边缘，虽然这种慢速铣削可能会灼烧端面。也可以先划刻切口边缘切断纹理，或者先进行顺铣，来避免撕裂切口边缘。

在电木铣台上安装 ½ in（12.7 mm）的圆角铣头，将椅腿内侧的角倒圆，与座面切口上的圆角匹配（图 E）。然后将座面和椅腿组装在一起，检查接合是否匹配，并做必要的修整。如果椅腿太宽，可以稍微刨削几下，并再次将边角倒圆。如果椅腿的切口太大，则可以用榫肩刨来修整横向槽（图 F）。

在椅腿上钻一两个孔。先用布拉德尖钻头钻取埋头孔，再钻穿椅腿加工出引导孔（图 G）。

将接合件组装并胶合到一起，然后拧入螺丝，最后对接合件进行塑形（图 H）。

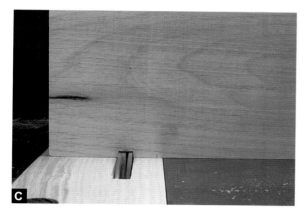

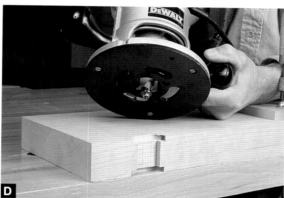

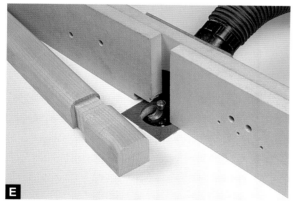

步骤 1
画线并切割榫眼，切割第一个斜面。

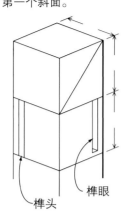

榫头　　榫眼

步骤 2
切割榫头。

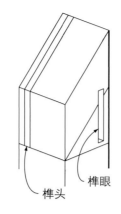

榫头　　榫眼

步骤 3
切割第二个斜面。

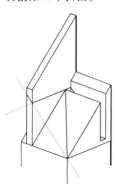

步骤 4
修整榫头。

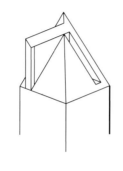

步骤 5
用凿子进行清理。

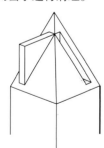

完成接合的粽角榫。

A

B

粽角榫接合

要制作精致的粽角榫，你必须具备极强的耐心和高度精确的操作（图 A）。为了简单一些，最好将所有部件都处理方正，并加工成同样的尺寸。同时调试台锯和定角规，确保能精确地进行45° 锯切。每个部件都要加工出完全相同的两个斜面、一个榫眼和一个榫头。每个部件的端面都要稍长一些，长出的量就是各自配对部件的宽度。比如，对于一张桌子，横梁的总长度要加上两个桌腿的宽度，同时桌腿要加长一个横梁的宽度。这些多余的木料就是用来加工接头的。

首先，在部件上标记出斜面、榫眼和榫头。从一侧端面的边角延伸出 45° 斜线。然后从这条线的终点出发，用直角尺横跨两个内侧面画垂线。从垂线到端面的距离应与部件的侧面宽度相同。然后向下再量出一个侧面的宽度，同样横跨内侧面画垂线。接下来，在两条垂线间画对角线，使其平行于第一条斜线。在两个内侧面的两条垂线之间标记出榫头和榫眼，榫眼要从底部画线上移 $1/16$ in（1.6 mm）。铅笔阴影线代表要被去除的部分（图 B）。

接下来制作出榫眼。

➤ **参阅第 277~291 页，选择合适的制作方法。**

榫眼的宽度和深度取决于部件。在示例中，我制作的是 $3/8$ in（9.5 mm）宽、$7/8$ in（22.2 mm）深的榫眼，并让其距离边缘 $3/8$ in（9.5 mm）。

接下来，对所有部件的端面进行 45° 斜切。

➤ **参阅第 183~184 页"斜角的锯切"。**

重新调整锯片的高度，以 45° 角锯切榫头的第一个斜面榫肩。将部件的斜切端面顶住靠山来确定榫肩的锯切位置（图 C）。重新设置定角规，使其朝另一个方向倾斜 45°，并重新设置锯片高度，锯切出第二个斜面榫肩（图 D）。

使用 45° 角的开榫夹具辅助锯切榫头的颊面，但在锯切内侧的颊面前，应先用带锯或手锯去除大部分废木料。这样能防止使用台锯锯切时废木料卡在夹具和锯片之间。锯切外侧的颊面时则不用担心，因为废木料会自行落到一旁的台面上（图 E）。

接下来，从部件背面的顶角出发锯切第二个斜面，确保定角规的 45° 面朝向正确（图 F）。

修整榫头的高度，使其与榫眼匹配。横切榫头到所需高度，注意不要锯切到斜面（图 G）。

最后用凿子进行修整，凿切要始终横跨纹理方向进行。使用带锯将榫头锯切到所需宽度。然后在榫头底部制作一个与榫眼匹配的小榫肩，用来隐藏接缝（图 H）。

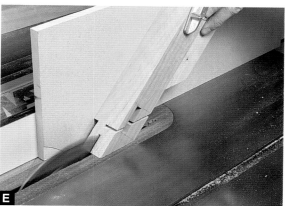

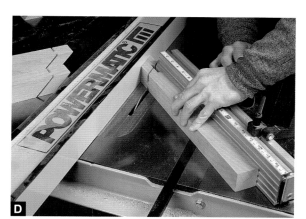

贯通榫眼

手工制作贯通榫眼

使用凿子来凿切出四壁方正的贯通榫眼。

➤ 参阅第 277 页 "使用榫眼凿手工制作榫眼"。

在部件上测量出榫眼两端的位置,用铅笔横向于纹理垂直于边缘做标记。将榫眼的两端标记线垂直延伸到部件的另一面,并在该面标记出榫眼。仔细检查标记的位置和榫眼的大小是否符合要求。部件两面对应的榫眼标记线都应该与部件端面的距离相同(图 A)。

使用凿子来设定榫眼的宽度。将凿子置于榫眼规的两个划线刀之间确定榫眼宽度,然后将榫眼规的靠山贴靠在榫眼部件相应的位置。在部件的两面都划刻出榫眼的宽度线(图 B)。

为了加快榫眼的制作,可以先用台钻去除榫眼中的大部分废木料。在台钻上安装直径比榫眼宽度稍小的钻头,并使用靠山来准确定位钻孔的位置。先在榫眼两端钻孔,逐渐过渡到中间部分。可以在部件下面垫上一块垫板来保护台钻的台面,并避免撕裂部件(图 C)。

从部件两面进行凿切,从榫眼的两端向中间推进,以保证榫眼在部件两面的位置和大小完全相同(图 D)。

使用台钻制作贯通榫眼

使用台钻搭配靠山可以精确制作贯通榫眼。

➤ 参阅第 280 页 "使用台钻制作榫眼"。

从部件的一面钻取贯通孔。可以安装一个辅助台面，并为其垫上垫板，将它们一起用木工夹固定在台钻的台面上，以免加工时晃动（图 A）。因为有垫板，钻孔深度可以设置得稍大一些，以保证一次钻穿部件（图 B）。

先在榫眼两端钻孔，逐步向中间推进，除去中间部分的废木料（图 C）。每次操作都要保证钻头的中心尖端能够吃入木料，这样钻孔时钻头才不会偏移。钻孔完成后可以保持榫眼两端的圆角，将榫头两侧倒圆与之匹配，也可以使用凿子来将榫眼两端凿切方正。

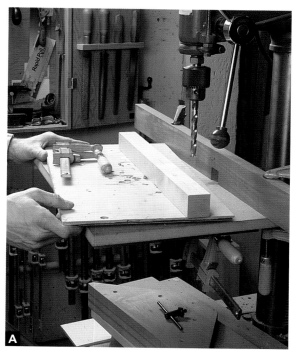

A

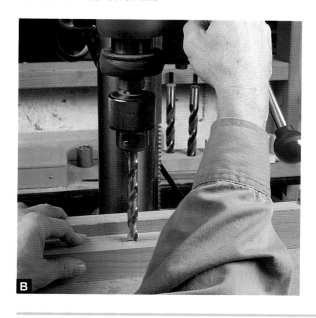

B

C

使用压入式电木铣搭配靠山制作贯通榫眼

可以使用压入式电木铣制作圆角的贯通榫眼。

➤ 参阅第 284 页 "使用压入式电木铣搭配靠山制作榫眼"。

然后可以倒圆榫头使其与榫眼匹配。使用足够长的铣头钻取贯通榫眼，以免铣头不够长，它

A

B

C

的柄脚或者固定铣头的夹头螺母对榫眼边缘造成损伤。可以在部件下方垫上垫板，让铣头一次性穿透部件，也可以精确设定铣削深度，在剩下很薄的一层木料处停下。我喜欢后一种方式，因为这样能避免误切台面。准备两块与部件厚度相同的木板支撑电木铣，分别放在部件的一侧和靠近钻孔的端面。

在部件的一面标记出榫眼，并设置好电木铣靠山，以确保准确铣削（图A）。可以用一张卡纸垫片来设定铣削深度，确保不会过量铣削。下压电木铣，使铣头接触卡纸，然后锁定深度限位杆就可以了（图B）。接下来铣削贯通榫眼，残余的废木料可以用铅笔从部件的另一面轻松顶穿（图C）。

使用凿子和圆形锉将榫眼清理并修整到位。

A

B

使用压入式电木铣搭配模板制作贯通榫眼

还可以使用压入式电木铣搭配模板制作贯通榫眼。

► 参阅第286~287页"使用压入式电木铣搭配模板制作榫眼"。

这样制作出的贯通榫眼需要将榫头倒圆来与之匹配。确保铣头足够长，能够贯通部件，避免固定铣头的夹头螺母损坏榫眼边缘。在部件下面垫上垫板可以避免铣削时边缘发生撕裂，也可以铣削到只剩一层薄木料的位置。将模板放置到位，并将电木铣放在模板上设置铣削深度。在台面上放一张纸垫片，下压电木铣，使铣头接触垫片，然后锁定深度限位杆（图A）。

铣削到距对面还有一层薄木料的深度后取下模板，下压电木铣让铣头压穿木料薄层（图B）。使用凿子和圆形锉完成榫眼的清理和修整。

贯通榫头

带楔贯通榫头

　　木楔的宽度需要与榫头的宽度一致，这样楔入后才能让榫头贴紧榫眼的端面而不是两侧，从而避免榫眼部件的长纹理开裂。首先，制作出榫眼，并使榫头的颊面与之匹配。

▶ **参阅第 292~302 页内容，选择合适的制作方法。**

　　然后，用带锯修整榫头，使其宽度与榫眼长度匹配。利用榫眼的两端检查匹配情况（图 A）。如果榫眼为圆角，那么需要对榫头进行倒圆处理。

▶ **参阅第 303~304 页"倒圆榫头侧边"。**

　　木楔楔入后榫头受力较大存在开裂的风险，特别是用干材制作的榫头部件，因此不能制作过长的榫眼。过长的榫眼会增加木楔楔入后榫头开裂的风险。尽量保证榫眼的长度不变，专注于制作较小的木楔，以产生足够的压力锁紧榫头。

　　为了避免木楔楔入后榫头的底部开裂，可以使用台钻在距离榫头端面 2/3 处钻取一个直径 $^3/_{16}$ in（4.8 mm）的泄压孔（图 B）。泄压孔能将来自木楔的压力分散到周围，而不是使压力集中在木楔槽的底部，这里正是可能容易开裂的位置。使用带锯锯切木楔槽，直到泄压孔处，可以使用靠山来引导锯切（图 C）。锯缝，也就是木楔槽的宽度约为 $^3/_{32}$ in（2.4 mm）。

▶ **参阅第 273 页"固定式木楔"。**

变式方法

　　作为一种设计细节，可以在贯通榫头上使用对角楔或双斜楔（图 V）。使用手锯锯切出对角线木楔槽。

　　制作木楔的木料要比榫头木料更硬。制作出的木楔厚度约为木楔槽宽度的两倍，同时也制作几个更厚的木楔。如果木楔楔入木楔槽过于轻松，那么就在剩余的榫头上使用更厚的木楔。木楔的长度要达到木楔槽全长的 3/4。你会发现，木楔楔入后产生的压力会使贯通榫头周边原有的缝隙

A

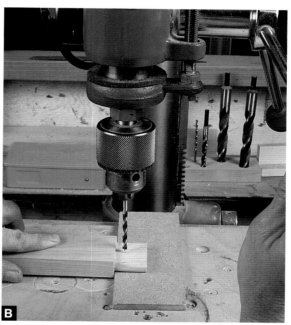

B

C

都被填满。

在木楔槽中均匀涂抹胶水，并用铁锤将木楔敲入。当敲击声从清脆变沉闷时，木楔就楔入到位了（图D）。

➤ 参阅第 355 页 "木楔的制作"。

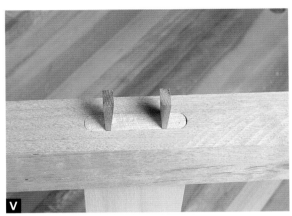

两侧带楔的贯通榫头

对于两侧方正的贯通榫头，可以在其两侧使用木楔。这种木楔在楔入后不会引起榫头开裂，因为它们是从外部对榫头施加压力，而不是楔入榫头内部。

➤ 参阅第 273 页 "固定式木楔"。

使用你喜欢的方式制作出榫头和榫眼。

➤ 参阅第 277~302 页内容，选择合适的制作方式。

用凿子修整榫眼两端，使木楔可以楔入。用木楔来检查修整角度是否合适（图A）。

➤ 参阅第 355 页 "木楔的制作"。

在楔入木楔前，要确保榫头完全插入榫眼中。可以支撑榫头部件或者用木工夹将两个部件固定住，以免在楔入木楔时部件发生移动。楔入前在木楔槽中稍微涂抹一点胶水（图B）。

带楔贯通燕尾榫头

带楔贯通燕尾榫头兼具燕尾榫的力学优势和木楔的固定能力（图 A）。从榫头的内侧或外侧楔入木楔都是可以的。随着木楔的楔入，其对榫头施加的压力会将带角度的榫头牢牢锁定在榫眼中。

首先制作出贯通榫眼。

➤ **参阅第 277~291 页内容，选择合适的制作方式。**

接下来，将榫眼的两端按照外侧标记的两条平行线加工成斜面。这条线的角度是根据木楔的角度得到的，为 7°~8°。确保加工好的榫眼两端平整，加工时从外侧向内凿切，以免撕裂榫眼边缘（图 B）。

榫头两侧的角度可以使用带锯或手锯加工。这个角度必须与榫眼两端的角度一致。榫头的一侧不要制作榫肩，因为木楔需要从这一侧楔入。

➤ **参阅第 292~302 页内容，选择合适的制作方式。**

将榫头和榫眼组装在一起，楔入木楔将接合件锁紧（图 C）。可以通过修整木楔和榫头的角度来实现接合件的匹配。

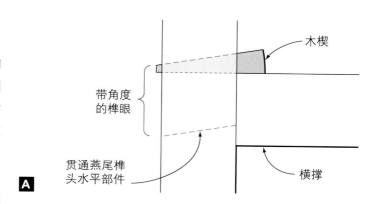

垂直方向的楔固贯通榫头

在外凸的榫头上安装贯通的木楔可以将榫头牢牢固定。木楔可以是活动的，也可以胶合固定。榫头本身可以加工成与榫眼松散匹配的可拆卸结构，因为榫肩和木楔就可以完成接合件的固定任务。也可以将榫头和榫眼制作成紧密匹配的样式进行胶合。

确保榫头足够长，以免木楔楔入后榫头的端面会崩坏。为此，一般榫头需要超出榫眼 2~3 in

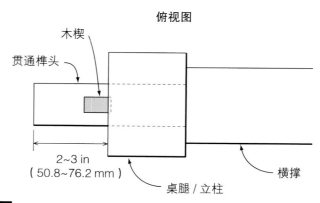

（50.8~76.2 mm）（图 A）。在榫头部件上制作两个宽榫肩，这样在楔入木楔后榫头才能紧紧顶住榫眼部件。在榫头的上下两侧加工出两个小榫肩可以帮助掩盖榫眼周边的瑕疵。木楔的尺寸是由榫头的厚度决定的。楔眼需要足够窄，以免削弱榫头两个颊面的强度，同时也要足够厚，以提供足够的结构强度。

将榫头完全穿过榫眼接合到位，并在榫头的顶部标记出榫眼的外表面（图 B）。拆下榫头部件，在榫头上标记出楔眼的位置和尺寸（图 C）。将楔眼的内侧壁延伸到榫眼中，这样木楔在楔入后就不会因为被楔眼壁顶住而失去作用。楔眼的两端都制作成带角度的，尽管只有外侧壁需要与木楔的角度匹配。加工楔眼时将台钻的台面倾斜7°~8°并锁定（图 D）。

使用布拉德尖钻头或平翼开孔钻头在榫头上加工出楔眼。先在楔眼的两端钻孔，然后再清除中间部分的废木料。在榫头下方垫上一块废木料不仅可以为部件提供支撑，还能避免撕裂楔眼边缘（图 E）。

然后，用凿子只将楔眼的外侧壁加工方正（图 F）。木楔的角度要与榫头颊面的画线一致。如果楔眼的内侧壁制作得足够靠内，可以让其保留圆角，无须凿切方正。对楔眼的底部边缘稍微倒边，以免木楔楔入后边缘出现撕裂（图 G）。

➤ **参阅第 126~127 页"活木楔加固的贯通榫卯"。**

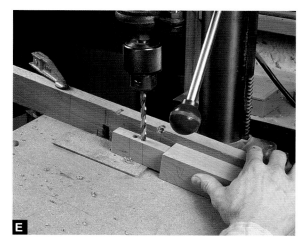

水平方向的楔固贯通榫头

水平方向的楔固贯通榫头的优势在于，相比在榫头的宽度方向制作楔眼，在榫头的厚度方向制作楔眼要更简单（图 A）。

倾斜台钻的台面加工出楔眼。

> **参阅第 351~352 页内容，选择合适的制作方式。**

将楔眼的外侧壁修整方正，同时要与木楔 7°～8° 的斜面角度匹配（图 B）。在用凿子凿切楔眼壁时最好在榫头部件下面垫上垫板。记住将楔眼的内侧壁延伸到榫眼内，这样才能保证木楔在楔入楔眼后顶住榫眼部件的外表面，而不是被楔眼自身限制住。

用铁锤把木楔敲击到位（图 C），当铁锤的敲击声从清脆变沉闷时，说明木楔已经楔入到位了。可以用胶水将木楔胶合到位，也可以不用胶水固定以便于拆卸。

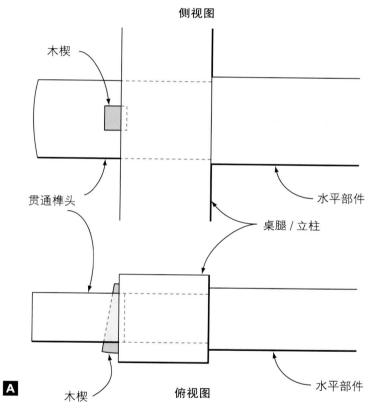

侧视图

木楔 / 贯通榫头 / 水平部件 / 桌腿 / 立柱 / 木楔 / 俯视图 / 水平部件

A

B

C

互顶楔或
双斜楔

水平部件

桌腿／立柱

A

使用互顶楔的贯通榫头

互顶楔或双斜楔既可以垂直使用，也可以水平使用（图 A）。两根木楔通过互相顶紧，在楔入贯通榫头上的直壁楔眼后将整个接合件固定为一体。这种方法也让楔眼的制作变得更简单。

在榫头的顶部标记出榫眼外的边缘（图 B）。将接合件分开后，在榫头上标记出完整的楔眼，确保楔眼的内侧壁延伸到榫眼内部，这样木楔在楔入后才不会被楔眼自身顶住而失去紧固作用。使用台钻在榫头上垂直钻取贯通孔，加工时在榫头下方垫上垫板为部件提供支撑，同时避免撕裂钻孔边缘（图 C）。然后只将楔眼的外侧壁凿切方正（图 D）。

制作出配对的互顶楔，然后将其轻松穿入楔眼固定。

➤ **参阅第 356 页"大型贯通木楔"。**

将木楔的斜面切割到 7°～8°。可以通过修整木楔的平直背面来调整它们的楔入量（图 E）。

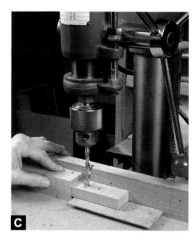

木楔的制作

楔入榫头内部和贯通榫头的木楔需要不同的尺寸，它们的制作方法也不尽相同。

小型内嵌木楔

先用带锯粗锯出制作小型内嵌木楔的木条，得到木楔的大致宽度和厚度。然后使用台锯将木条修整到所需宽度，此时的厚度还需要比最终厚度稍厚一点。

使用较高的推料板进料，其厚度要能轻松通过锯片与靠山之间的通道将木条推过锯片（图A）。测试木条宽度，使其与榫眼宽度一致（图B）。如果需要修整，可以使用台刨来完成，直到木条可以轻松地插入榫眼中。

将木条竖起固定在夹具中，将台锯锯片倾斜到8°的位置。设置台锯靠山，使锯切出的木楔的最终厚度约为木楔槽宽度的两倍（图C）。

使用手锯将木楔锯切到设计长度，其长度应该为木楔槽全深度的3/4（图D）。

> ⚠ **警告**
>
> 确保台锯的嵌板要为零间隙板（与锯片没有缝隙），这样木条在锯切时才不会掉到锯片上。也可以用一块胶合板覆盖锯片区域，或者直接将木条固定在夹具上。

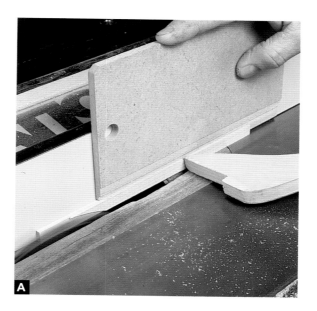

A

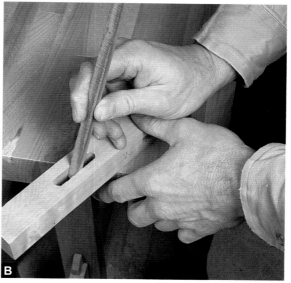

B

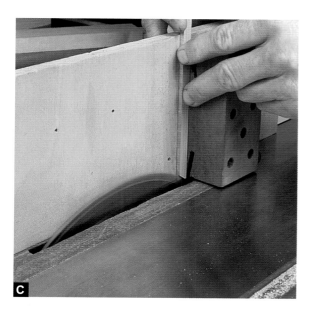

C

D

大型贯通木楔

先用带锯粗锯出制作大型贯通木楔的木条，然后使用压刨将木条刨削到设计厚度，或者用台锯将木条锯切到接近所需的厚度。接下来，用手工刨去除机器的加工痕迹，将木楔加工到最终厚度。利用楔眼来检查木楔的厚度是否合适。

使用胶合板或中密度纤维板制作一个简单的锥度夹具，用来引导带锯为木楔锯切出斜面。在锥度夹具部件上画出木楔的角度，并锯切出一个整齐的切口，确保斜面角度为7°~8°。横切木条得到所需长度，然后将木条固定到锥度夹具的切口中。调整带锯靠山，将木楔锯切到所需宽度（图E）。

木楔的形状多种多样，因此你可以自己设计最适合作品的木楔。将台刨固定在台钳中当作平刨使用，清理掉木楔表面的机器加工痕迹，并将其修整到最终尺寸。操作时使用小推料块来推动木楔，以保护手指（图F）。

➤ 参阅第 127 页 "活木楔的制作"。